द्वितीय हरित क्रांति की ओर राष्ट्र के बढ़ते कदम

द्वितीय हरित क्रांति की ओर राष्ट्र के बढ़ते कदम

लेखक :

बी०पी० भट्ट

पूर्वी क्षेत्र के लिए भारतीय कृषि अनुसंधान परिषद् का अनुसंधान परिसर, पटना

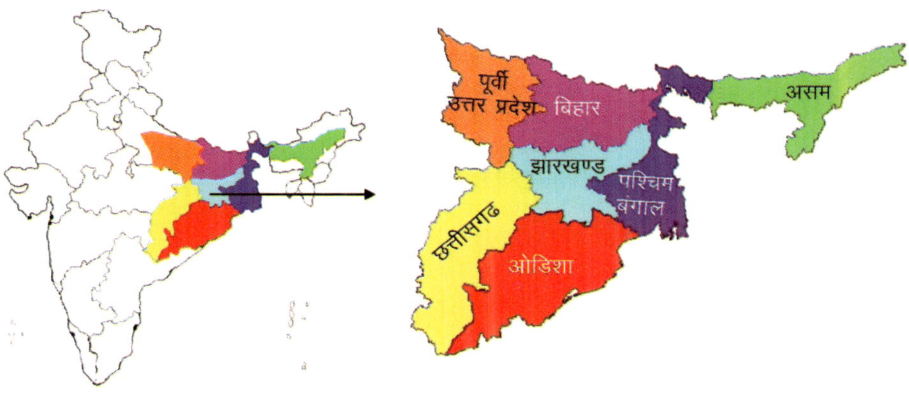

सतीश सीरियल पब्लिशिंग हाउस

दिल्ली–110 033

Published by :

SATISH SERIAL PUBLISHING HOUSE
403, Express Tower, Commercial Complex, Azadpur, Delhi-110033 (INDIA)
Phone : 011-27672852 Fax : 91-11-27672046
E-mail : info@satishserial.com, hkjain1975@yahoo.com

ISBN 978-93-85055-68-3

Typeset at: **Harminder Kharb** *for* **Laxmi Art Creations**
Printed at: Salasar Imaging Systems, Delhi-35

विषय सूची

अध्याय **1**

पूर्वी क्षेत्र की जनसंख्या

पूर्वी भारत की कुल जनसंख्या 406.98 मिलियन है जो कि भारत की कुल जनसंख्या का 33.62 प्रतिशत है (तालिका–1)। सभी पूर्वी राज्यों की ग्रामीण आबादी राष्ट्रीय स्तर से 10 प्रतिशत ज्यादा है (कृषि एवं सहकारिता विभाग, 2015अ)। पूर्वी राज्यों में आर्थिक रूप से पिछड़े लोगों की जनसंख्या भी बहुत अधिक है। राष्ट्रीय स्तर पर आर्थिक रूप से अति पिछड़े 150 जनपदों में से, सर्वाधिक 69 जनपद पूर्वी राज्यों में स्थित हैं। ओडिशा (18 जनपद), बिहार (15 जनपद), झारखण्ड (14 जनपद) तथा छत्तीसगढ़ राज्य (10 जनपद) में सर्वाधिक अति पिछड़े जनपद हैं।

तालिका–1. पूर्वी राज्यों की जनसंख्या (मिलियन)

राज्य	जनपदों की संख्या	कुल जनसंख्या	ग्रामीण आबादी (प्रतिशत में)
असम	25	31.21	87.28
बिहार	38	104.10	89.53
छत्तीसगढ़	27	25.55	79.92
झारखण्ड	24	32.99	77.75
ओडिशा	30	41.97	85.03
पूर्वी उत्तर प्रदेश	27	79.89	79.22
पश्चिम बंगाल	20	91.28	81.91
पूर्वी क्षेत्र	191	406.98	82.95
भारत	665	1210.57	72.18

राष्ट्रीय औसत की तुलना में पूर्वी राज्यों में जनसंख्या घनत्व लगभग दोगुना है। विभिन्न पूर्वी राज्यों में बिहार का जनसंख्या घनत्व अधिकतम (1106 व्यक्ति/वर्ग किमी) तथा छत्तीसगढ़ का न्यूनतम (189 व्यक्ति/वर्ग किमी) है। अधिकतर पूर्वी राज्यों में कृषि ही आजीविका का मुख्य आधार है (रेखाचित्र–1)।

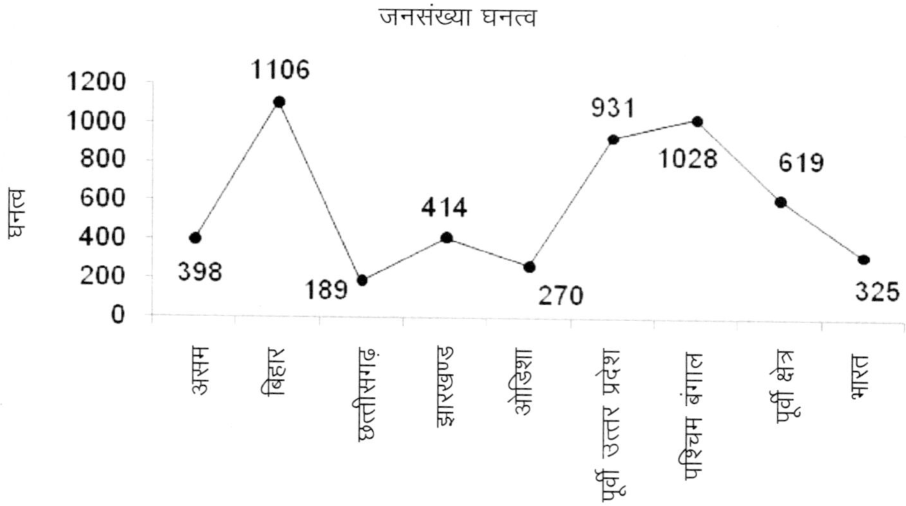

रेखाचित्र–1. पूर्वी राज्यों में जनसंख्या घनत्व (संख्या/वर्ग किलोमीटर)

□□□

अध्याय 2

भौगोलिक क्षेत्रफल

पूर्वी राज्यों का कुल भौगोलिक क्षेत्रफल 71.84 मिलियन हेक्टेयर है (कृषि एवं सहकारिता विभाग, 2015ब)। जहाँ तक मिट्टी के प्रकार का प्रश्न है, पूर्वी क्षेत्र में जलोढ़ (40.5 प्रतिशत), लाल एवं पीली मिट्टी (25.45 प्रतिशत), लाल रेतीली मिट्टी (13.60 प्रतिशत), लाल बलुई मिट्टी (8.70 प्रतिशत), तराई मिट्टी (6.05 प्रतिशत), लैटेराइट मिट्टी (5 प्रतिशत) तथा धूसर एवं भूरी मिट्टी (0.70 प्रतिशत) पायी जाती है। पूर्वी क्षेत्र का बहुत बड़ा भूभाग (7.5 मिलियन हेक्टेयर) अम्लीय मिट्टी से आच्छादित है। उसी प्रकार, क्षारीय मिट्टी का क्षेत्र 3.81 मिलियन हेक्टेयर है (भट्ट एवं समूह, 2011)। अतः, पूर्वी क्षेत्र मे कुल भाग का 15.7 प्रतिशत क्षेत्रफल अम्लीय एवं क्षारीय मिट्टी से भरपूर है जो कृषि की पैदावार बढ़ाने में बाधक है (तालिका–2)।

तालिका–2. पूर्वी राज्यों का भौगोलिक तथा शुद्ध बुआई क्षेत्रफल (मिलियन हेक्टेयर)

राज्य	भौगोलिक क्षेत्रफल	शुद्ध बुआई क्षेत्रफल
असम	7.844	2.753
बिहार	9.416	5.665
छत्तीसगढ़	13.519	4.727
झारखण्ड	7.972	1.536
ओडिशा	15.571	5.624
पूर्वी उत्तर प्रदेश	8.644	5.296
पश्चिम बंगाल	8.875	5.485
पूर्वी क्षेत्र	71.84 (21.85%)	31.086 (42.27%)
भारत	328.726	140.861

□□□

अध्याय 3

मृदा की पोषक स्थिति

पूर्वी राज्यों की मिट्टी में पाये जाने वाले आवश्यक पोषक तत्वों का विवेचन निम्नलिखित तालिका में दिया गया है। मध्य एवं निचले गांगेय क्षेत्र में मृदा जैविक कार्बन बहुत कम (0.26 प्रतिशत) पाया जाता है (भट्ट एवं समूह, 2013)। जबकि उपलब्ध नाइट्रोजन, फॉस्फोरस एवं पोटाश सभी जलवायु क्षेत्रों में अधिकांश रूप में मध्यम से उच्च श्रेणी के अंतर्गत पाये गये हैं (तालिका–3)।

तालिका–3. पूर्वी क्षेत्र की मृदा की पोषक स्थिति

कृषि जलवायु क्षेत्र	जैविक कार्बन (प्रतिशत में)	उपलब्ध नाइट्रोजन (कि०ग्रा० / हे०)	उपलब्ध फॉस्फोरस (कि०ग्रा० / हे०)	उपलब्ध पोटाश (कि०ग्रा० / हे०)
निचला गांगेय क्षेत्र	कम (0.47)	कम से मध्यम (116–450)	मध्यम से उच्च (23.5–32.6)	मध्यम (260–295)
मध्य गांगेय क्षेत्र	कम (0.26)	मध्यम (276–372)	मध्यम (10–13.3)	मध्यम से उच्च (120–354)
पूर्वी पर्वतीय एवं पठारी क्षेत्र	कम (0.45)	कम से मध्यम (147–353)	कम से मध्यम (6.9–16.2)	मध्यम (180–280)
पूर्वी तटीय मैदानी एवं पर्वतीय क्षेत्र	मध्यम (0.65)	कम से मध्यम (201–350)	मध्यम से उच्च (11.3–35.9)	मध्यम से उच्च (205–301)

मध्य गांगेय क्षेत्र में यदि 7 टन धान एवं 4 टन गेहूँ प्रति हेक्टेयर की पैदावार सुनिश्चित करनी हो तो इसके लिए औसतन प्रति हेक्टेयर 300 किलोग्राम नाइट्रोजन, 30 किलोग्राम फॉस्फोरस तथा 150–200 किलोग्राम

पोटाश की आवश्यकता होगी। इसके अलावा पूर्वी राज्यों में 7.3 मिलियन हेक्टेयर अम्लीय भूमि, जिसमें एलुमिनियिम, मैंगनीज तथा आयरन की अत्यधिक मात्रा फसलों के उत्पादन बढ़ाने में मुख्य बाधक है, में सुधार किये जाने की नितान्त आवश्यकता है (अय्यप्पन, 2010)।

❑❑❑

अध्याय 4

राष्ट्रीय खाद्य सुरक्षा मिशन

पूर्वी राज्यों में कुल 191 जनपद हैं जिनमें से विभिन्न राज्यों में 85 जनपद धान की पैदावार बढ़ाने हेतु भारत सरकार द्वारा चयनित किये गये हैं। इन सभी जनपदों में धान की पैदावार बढ़ाने हेतु भारत सरकार द्वारा विशेष बल दिया जा रहा है। जहाँ लगभग सभी राज्य धान की पैदावार बढ़ाने हेतु चिह्नित किये गये हैं, वहीं गेहूँ की पैदावार बढ़ाने के लिए बिहार के 10 जनपद तथा पूर्वी उत्तर प्रदेश के 13 जनपद चिह्नित किये गये हैं। इस भूभाग में दलहन की पैदावार बढ़ाने की असीम संभावना को देखते हुए लगभग सभी पूर्वी राज्य चिह्नित किये गये हैं जिसका एक कारण यह भी हो सकता है कि पूर्वी क्षेत्र में धान परती भूमि की बहुतायत है (रेखाचित्र–2)।

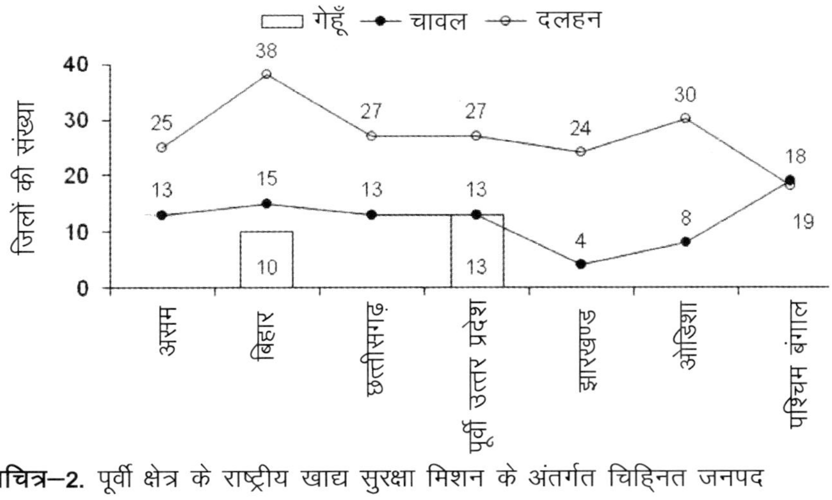

रेखाचित्र–2. पूर्वी क्षेत्र के राष्ट्रीय खाद्य सुरक्षा मिशन के अंतर्गत चिह्नित जनपद

अध्याय **5**

कृषि–मौसमी विज्ञान आँकड़ों का अवलोकन

वर्षा

पिछले 14 वर्षों में यद्यपि वर्षा की मात्रा में विभिन्न राज्यों में विशेष परिवर्तन नहीं पाया गया परन्तु लगभग सभी राज्यों में वर्षा की मात्रा में कमी पायी गयी। मानसून सत्र के वर्षा आधारित आँकड़ों की विवेचना करने पर यह पाया गया कि पश्चिम बंगाल एवं ओडिशा को छोड़कर सभी राज्यों में सामान्य से कम वर्षा हुई है। ओडिशा एकमात्र राज्य है जिसमें सामान्य से अधिक (6.6 प्रतिशत) वर्षा दर्ज की गई है जबकि पश्चिम बंगाल में वर्षा सामान्य पायी गई (1097 मिलीमीटर)। असम (21.4 प्रतिशत) तथा पूर्वी उत्तर प्रदेश (16.8 प्रतिशत) राज्यों में वर्षा सामान्य से काफी कम पायी गई। इन्हीं आँकड़ों का कृषि जलवायु के आधार पर विवेचन करने पर पाया गया कि निचले एवं मध्य गांगेय क्षेत्र में सामान्य से 14 प्रतिशत से कम वर्षा हुई जबकि अन्य राज्यों में सामान्य से 4 प्रतिशत कम वर्षा अंकित की गई (भट्ट एवं समूह, 2013; मीणा एवं समूह, 2015)।

पूर्वी राज्यों में औसत वर्षा वर्ष 2013 में आधार वर्ष (2000) की तुलना में 7 प्रतिशत कम पायी गयी। औसत वर्षा के आधार पर निचले गांगेय क्षेत्र में 2000 मिलीमीटर से अधिक वर्षा मापी गयी जबकि मध्य गांगेय में 1000 मिलीमीटर। इसी प्रकार, पठारी एवं तटीय में 1250 मिलीमीटर वर्षा मापी गयी (रेखाचित्र–3)।

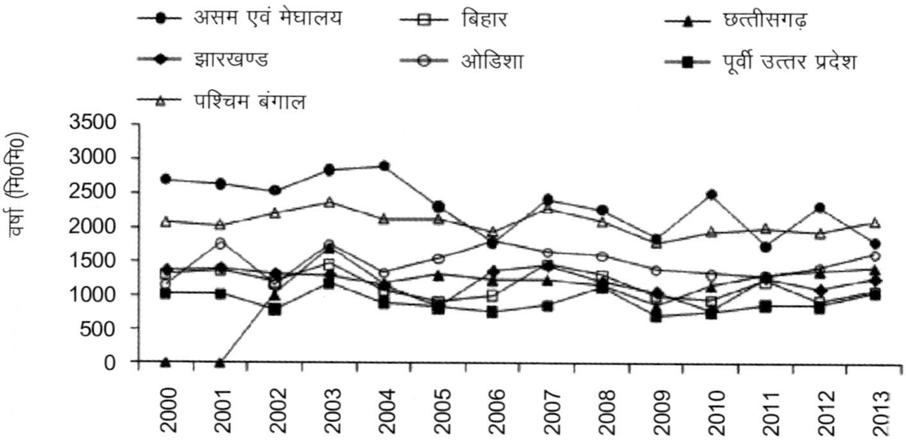

रेखाचित्र–3. कृषि–मौसमी विज्ञान आँकड़ों का अवलोकन

तापमान

इसी प्रकार, पिछले 10 वर्षों में औसत अधिकतम तापमान छत्तीसगढ़ (33.74 डिग्री सेन्टीग्रेड) एवं ओडिशा (33.15 डिग्री सेन्टीग्रेड) में दर्ज किया गया जबकि औसत न्यूनतम तापमान (8.1 डिग्री सेन्टीग्रेड) पश्चिम बंगाल में दर्ज किया गया। बाकी सभी पूर्वी राज्यों में औसत न्यूनतम तापमान 19.30 से 20.19 डिग्री सेन्टीग्रेड पाया गया। कृषि जलवायु क्षेत्र के आधार पर विश्लेषण करने पर यह पाया गया कि मध्य गांगेय एवं पठारी भूभाग में औसत अधिकतम तापमान 30 डिग्री सेन्टीग्रेड से ज्यादा है जबकि औसत न्यून्तम तापमान (14.1 डिग्री सेन्टीग्रेड) निचले गांगेय क्षेत्र में पाया गया (रेखाचित्र–4अ एवं 4ब)।

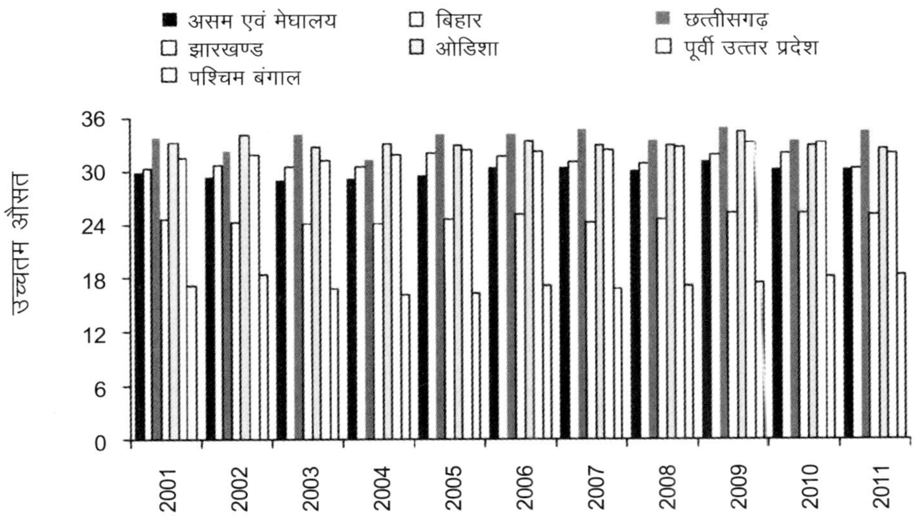

रेखाचित्र–4अ. औसत अधिकतम तापमान (डिग्री सेंटीग्रेड)

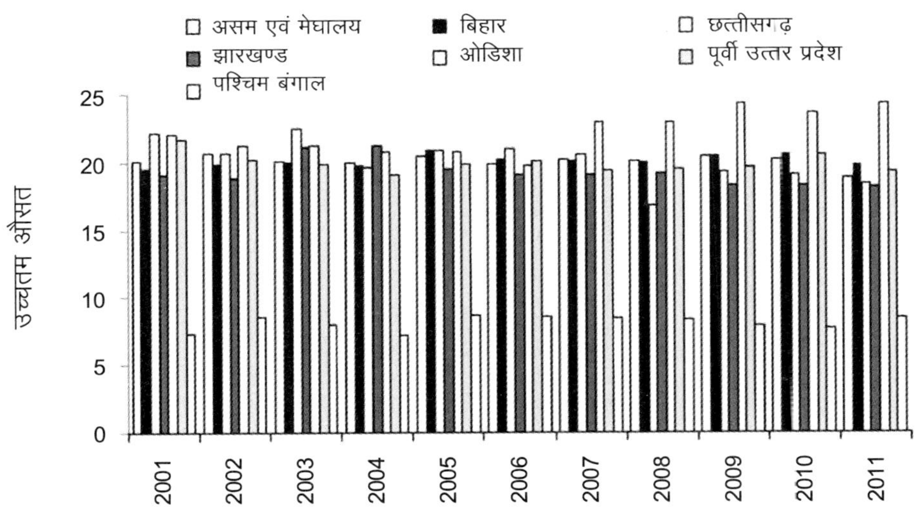

रेखाचित्र–4ब. औसत न्यूनतम तापमान (डिग्री सेंटीग्रेड)

❑❑❑

अध्याय **6**

आर्द्र एवं परती भूमि

आर्द्र भूमि

राष्ट्रीय स्तर पर 15.26 मिलियन हेक्टेयर आर्द्र भूमि है जिसका 4.05 मिलियन हेक्टेयर क्षेत्रफल पूर्वी क्षेत्र में स्थित है (पाठक एवं सनूह, 2015)। पश्चिम बंगाल में आर्द्र भूमि के अंतर्गत अधिकतम क्षेत्र (1.1 मिलियन हेक्टेयर) है और उसके बाद असम (0.752 मिलियन हेक्टेयर) आता है। विभिन्न पूर्वी राज्यों में झारखंड में आर्द्र भूमि का सबसे कम क्षेत्र है जिसका नुख्य कारण यहाँ की पर्वतीय एवं पठारी कृषि पारिस्थितिकी तंत्र है (रेखाचित्र–5)।

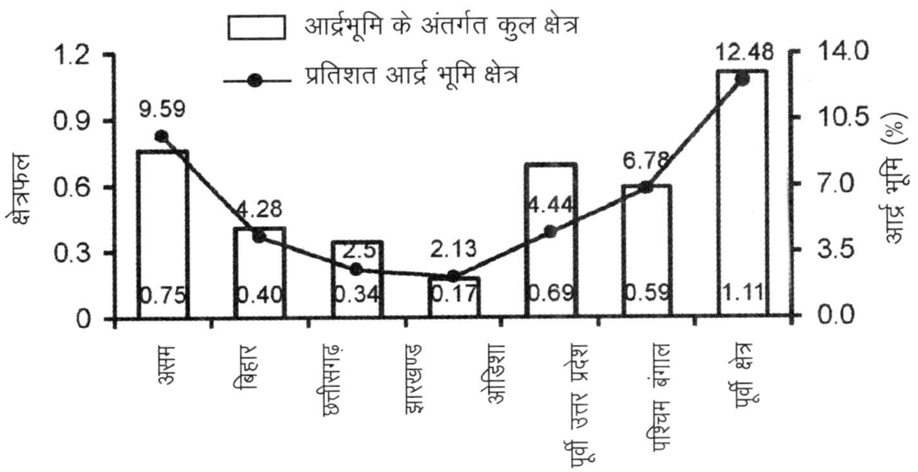

रेखाचित्र–5. आर्द्र भूमि का क्षेत्रफल (मिलियन हेक्टेयर) तथा राष्ट्रीय स्तर पर अनुपात

परती भूमि

पूर्वी राज्यों में कुल भौगोलिक क्षेत्रफल में से 6.16 मिलियन हेक्टेयर, अर्थात 8.58 प्रतिशत, क्षेत्र बंजर भूमि के अंतर्गत आता है (भट्ट एवं समूह, 2011)। विभिन्न राज्यों में झारखंड में अधिकतम बंजर भूमि (14.84 प्रतिशत) है और उसके बाद असम (11.20 प्रतिशत) तथा ओडिशा (10.69 प्रतिशत) आते हैं। ग्रामीण लोगों के ईंधन, चारा एवं लकड़ी की माँग के अलावा कृषि उत्पादन के लिए भूमि के औसत आकार को ध्यान में रखते हुए पूर्वी क्षेत्र में बंजर/परती भूमि का पुनरुद्धार समय की माँग है (रेखाचित्र–6)।

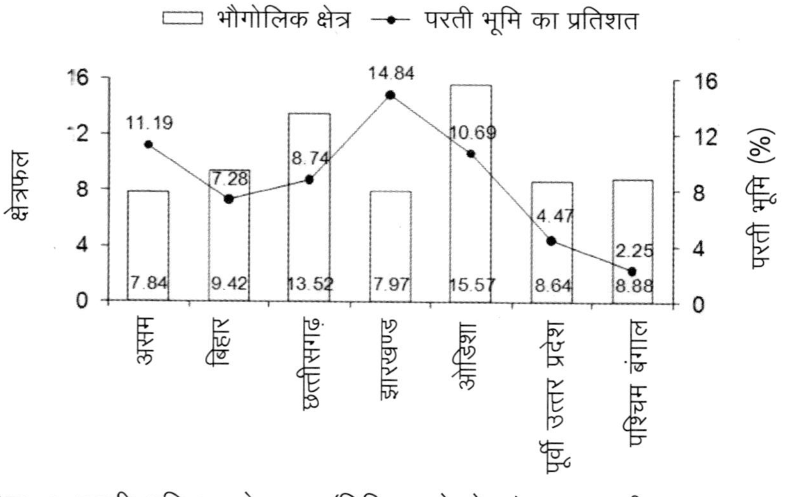

रेखाचित्र–6. परती भूमि का क्षेत्रफल (मिलियन हेक्टेयर) तथा राष्ट्रीय स्तर पर अनुपात

अध्याय 7

कृषि योग्य भूमि

वर्ष 2012–13 में राष्ट्रीय स्तर पर 155.21 मिलियन हेक्टेयर क्षेत्रफल की तुलना में पूर्वी राज्यों में कुल कृषि योग्य भूमि 34.33 मिलियन हेक्टेयर आँकी गई है (कृषि एवं सहकारिता विभाग, 2012)। अतः, पूर्वी क्षेत्र में कृषि योग्य भूमि देश के कुल कृषि योग्य भूमि की तुलना में 22.12 प्रतिशत है। विभिन्न पूर्वी राज्यों में ओडिशा के साथ बिहार में कृषि योग्य भूमि अधिकतम है। आँकड़े दर्शाते हैं कि विगत 13 वर्षों में कुल कृषि योग्य भूमि में न केवल क्षेत्रीय स्तर पर बल्कि राष्ट्रीय स्तर पर भी कमी आई है (कृषि एवं सहकारिता विभाग, 2015ब)। जहाँ राष्ट्रीय स्तर पर वर्ष 2001–02 की तुलना में 2012–13 में 0.87 मिलियन हेक्टेयर की कमी पाई गई है, वहीं क्षेत्रीय स्तर पर इसी अवधि में यह कमी 1.36 मिलियन हेक्टेयर आँकी गई जिसमें ओडिशा (0.83 मिलियन हेक्टेयर) एवं पश्चिम बंगाल (0.23 मिलियन हेक्टेयर) में काफी मात्रा में कृषि योग्य भूमि में कमी पायी गई है (तालिका–4, रेखाचित्र–7)।

तालिका–4. पूर्वी राज्यों में कृषि योग्य भूमि का क्षेत्रफल (मिलियन हेक्टेयर)

राज्य	**वर्ष 2001–02 से 2004–05**	**वर्ष 2005–06 से 2008–09**	**वर्ष 2009–10 से 2012–13**
असम	2.87–2.88	2.88–2.89	2.89
बिहार	6.22–6.23	6.21–6.23	6.17–6.19
छत्तीसगढ़	5.01–5.04	4.98–5.01	4.93–4.96
झारखण्ड	2.92–2.98	2.86–2.96	2.78–2.85
ओडिशा	6.17	6.17–6.18	5.34–5.62
पूर्वी उत्तर प्रदेश	6.60–6.62	6.60–6.62	6.57–6.59
पश्चिम बंगाल	5.69–5.81	5.58–5.64	5.57–5.60

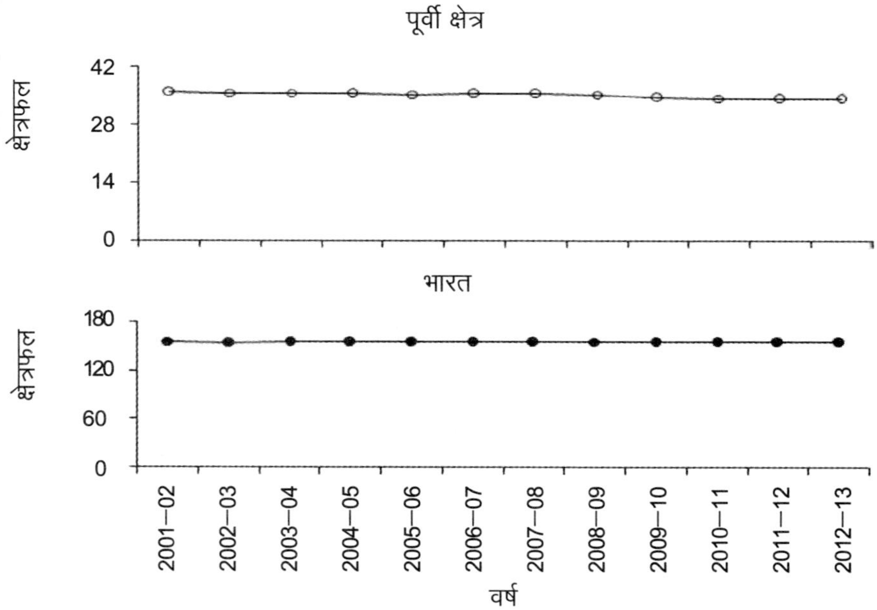

रेखाचित्र–7. कृषि योग्य भूमि का क्षेत्रफल (मिलियन हेक्टेयर)

❑❑❑

अध्याय 8

पूर्वी राज्यों में सिंचित क्षेत्रफल

राष्ट्रीय स्तर पर 66.10 मिलियन हेक्टेयर सिंचित भूमि की तुलना में पूर्वी क्षेत्र में मात्र 14.36 मिलियन हेक्टेयर सिंचित क्षेत्र है (कृषि एवं सहकारिता विभाग, 2015ब)। विभिन्न पूर्वी राज्यों में पूर्वी उत्तर प्रदेश तथा बिहार का अन्य राज्यों की तुलना में सिंचित क्षेत्र में 57 प्रतिशत से अधिक का योगदान है। विगत 13 वर्षों के दौरान पूर्वी राज्यों में शुद्ध सिंचित क्षेत्र मामूली तौर पर घटा है जबकि राष्ट्रीय स्तर पर 9.2 मिलियन हेक्टेयर सिंचित भूमि अर्जित की गयी है (तालिका–5, रेखाचित्र–8)।

तालिका–5. पूर्वी राज्यों में सिंचित क्षेत्रफल (मिलियन हेक्टेयर)

राज्य	**वर्ष 2001–02 से 2004–05**	**वर्ष 2005–06 से 2008–09**	**वर्ष 2009–10 से 2012–13**
असम	0.14	0.14	0.16–0.20
बिहार	3.03–3.50	3.16–3.54	3.03–3.06
छत्तीसगढ़	1.07–1.21	1.25–1.34	1.32–1.45
झारखण्ड	0.11–0.15	0.10–0.12	0.10–0.21
ओडिशा	1.25–1.85	2.03–2.19	1.25–1.37
पूर्वी उत्तर प्रदेश	4.75–4.89	4.84–4.93	4.95–5.15
पश्चिम बंगाल	2.97–3.18	3.14	2.96–3.11

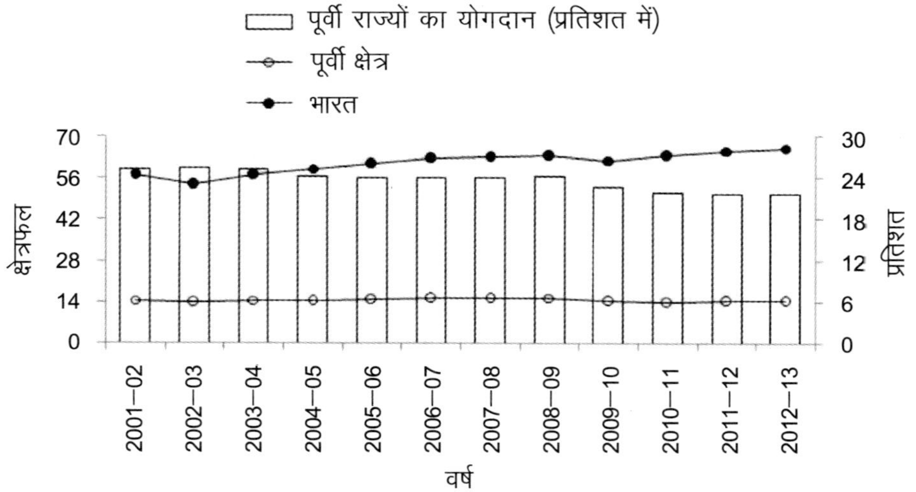

रेखाचित्र–8. सिंचित भूमि का क्षेत्रफल (मिलियन हेक्टेयर)

अध्याय 9

पूर्वी राज्यों में भू–जल की स्थिति

पूर्वी राज्य भू–जल संसाधन के संग्रहक हैं तथा शुद्ध वार्षिक जल उपलब्धता 140.5 बिलियन घनमीटर मापी गई है जबकि राष्ट्रीय स्तर पर भू–जल उपलब्धता 396.1 बिलियन घनमीटर है (केन्द्रीय भूमि जल बोर्ड, 2014)। तथापि, राष्ट्रीय स्तर पर 61.55 प्रतिशत की तुलना में राज्यों में भू–जल उपयोग बहुत कम है। जहाँ छत्तीसगढ़, झारखंड एवं उड़ीसा आदि राज्यों में वर्ष 2010–11 के दौरान भू–जल ड्राफ्ट में 10 प्रतिशत से अधिक की बढ़ोतरी हुई वहीं असम में यह लगभग नगण्य है। यहाँ तक कि पश्चिम बंगाल में भी वर्ष 2004 की तुलना में वर्ष 2011–12 के दौरान भू–जल उपयोग में गिरावट आई (पश्चिम बंगाल सरकार, 2008; उत्तर प्रदेश सरकार, 2014; झारखण्ड सरकार, 2014; ओडिशा सरकार, 2015; छत्तीसगढ़ सरकार, 2015)।

कमजोर भू–जल उपयोग के कई कारण हो सकते हैं जिसमें कृषि क्षेत्र को ऊर्जा आपूर्ति की भारी कमी प्रमुख कारण है (कृषि एवं सहकारिता विभाग, 2015अ)। यह इस बात से भी सिद्ध होता है कि पूर्वी प्रदेश के कृषि क्षेत्र में बिजली की आपूर्ति मात्र 6.6 प्रतिशत है। केवल दो राज्य (छत्तीसगढ़ एवं पूर्वी उत्तर प्रदेश) कृषि क्षेत्र में 17 प्रतिशत बिजली आपूर्ति ही सुनिश्चित करते हैं और शेष राज्यों में कृषि क्षेत्र में बिजली आपूर्ति लगभग न के बराबर है। जहाँ तक डीजल पम्प द्वारा भू–जल उपयोग की बात है तो यह पाया गया कि डीजल की बढ़ती कीमतों के कारण कई बोरवेल से पानी निकालना महंगा साबित हो रहा है (तालिका–6, रेखाचित्र–9)।

तालिका–6. पूर्वी राज्यों में भू–जल की स्थिति (बिलियन घन मीटर)

राज्य	शुद्ध वार्षिक भूजल उपलब्धता			वार्षिक भूजल ड्राफ्ट			भूजल विकास की अवस्था (प्रतिशत)		
	2004	**2009**	**2011**	**2004**	**2009**	**2011**	**2004**	**2009**	**2011**
असम	24.89	27.81	25.79	5.44	6.026	3.49	21.86	21.67	13.53
बिहार	27.42	26.21	26.86	10.77	11.36	11.95	39.28	43.34	44.49
छत्तीसगढ़	13.68	11.58	11.63	2.8	3.6	4.05	20.47	31.09	34.82
झारखण्ड	5.25	5.41	5.76	1.09	1.61	1.86	20.76	29.76	32.29
ओडिशा	21.01	16.69	16.69	3.85	4.36	4.73	18.32	26.12	28.34
पश्चिम बंगाल	27.46	27.58	26.58	11.65	10.91	10.69	42.43	39.56	40.22
पूर्वी उत्तर प्रदेश	25.41	25.23	25.47	16.79	16.55	17.68	66.08	65.60	69.41
पूर्वी क्षेत्र	145.12	140.51	138.78	52.39	54.416	54.45	36.10	38.73	39.23
भारत	399.25	396.06	398.16	230.62	243.32	245.05	57.76	61.44	61.55

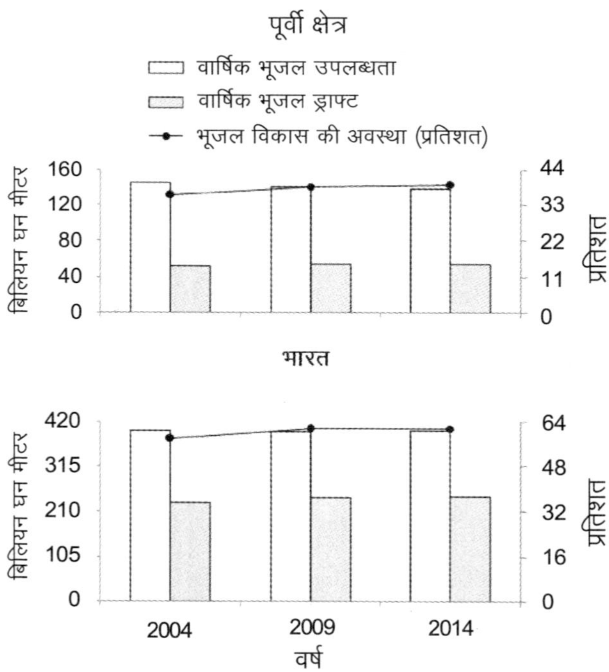

रेखाचित्र–9. भू–जल की स्थिति (बिलियन घन मीटर)

□□□

अध्याय **10**

जल की उत्पादकता

यद्यपि पूर्वी राज्यों में वर्षा जल एवं भू–जल की मात्रा पर्याप्त है परंतु जल उत्पादकता बहुत कम है (पाठक एवं समूह, 2015)। पूर्वी राज्यों में पश्चिम बंगाल एवं उत्तर प्रदेश मात्र ऐसे राज्य हैं जहाँ खाद्यान्न उत्पादन हेतु औसत जल उत्पादकता 0.50 किलोग्राम/घनमीटर पाई गई है। अन्य सभी राज्यों में यह उत्पादकता बहुत कम है (खान एवं समूह, 2011)। उदाहरणतः, पंजाब की औसत जल उत्पादकता खाद्यान्न उत्पादन में 1.0 किलोग्राम से अधिक पाई गई है। इसकी तुलना में पूर्वी राज्यों में यह मात्र 0.37 किलोग्राम/घनमीटर पानी अंकित की गई है (रेखाचित्र–10)।

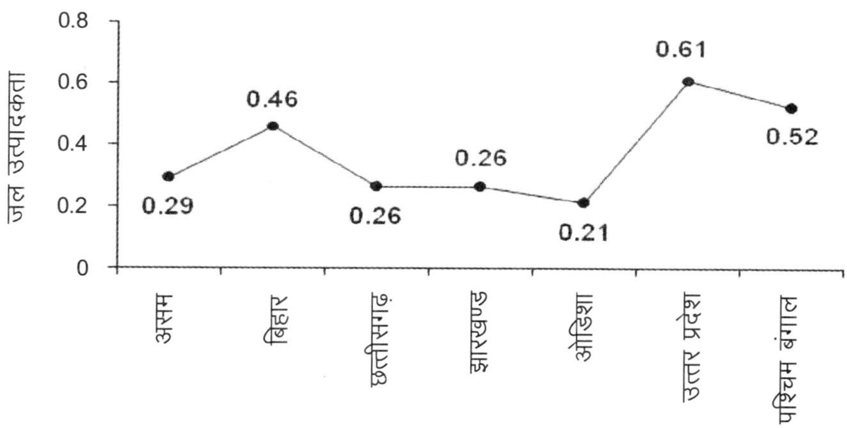

रेखाचित्र–10. पूर्वी राज्यों में अनाज उत्पादन की जल उत्पादकता (किलोग्राम/घन मीटर पानी)

इसी प्रकार, समेकित मत्स्य प्रणाली की जल उत्पादकता 0.25 से 0.35 किलोग्राम/घनमीटर आंकी गई है (मीणा एवं समूह, 2015)। चूंकि समेकित मत्स्य प्रणाली का उपयोग बहुत सीमित रूप में हो रहा है, अतः मत्स्य पालन की औसत उत्पादकता 0.06 किलोग्राम/घनमीटर आंकी गई है जो कि बहुत कम है (रेखाचित्र–11)।

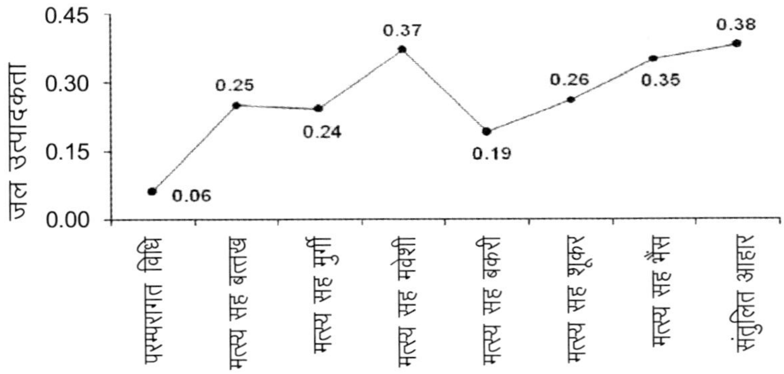

रेखाचित्र–11. पूर्वी राज्यों में समेकित मत्स्य पालन की जल उत्पादकता (किलोग्राम/घन मीटर पानी)

यदि विभिन्न वैज्ञानिक तरीकों द्वारा खेती की जाय तो जल उत्पादकता धान–आलू–प्याज, धान–गेहूँ–मूँग एवं धान–बंदगोभी–लोबिया के फसल चक्र में क्रमशः 1.4–1.7, 0.8–1.2 तथा 1.8 किलोग्राम/घनमीटर तक बढ़ाई जा सकती है (रेखाचित्र–12अ) । इसी प्रकार, सब्जियों की खेती में भी जल की उत्पादकता औसतन 2.0 किलोग्राम से अधिक आंकी गई है (रेखाचित्र–12ब)।

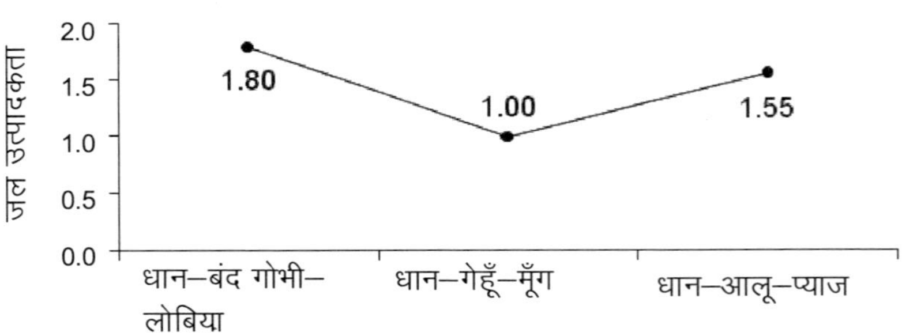

रेखाचित्र–12अ. तकनीकी उपायों के साथ फसल अनुक्रम की जल उत्पादकता (किलोग्राम/घन मीटर पानी)

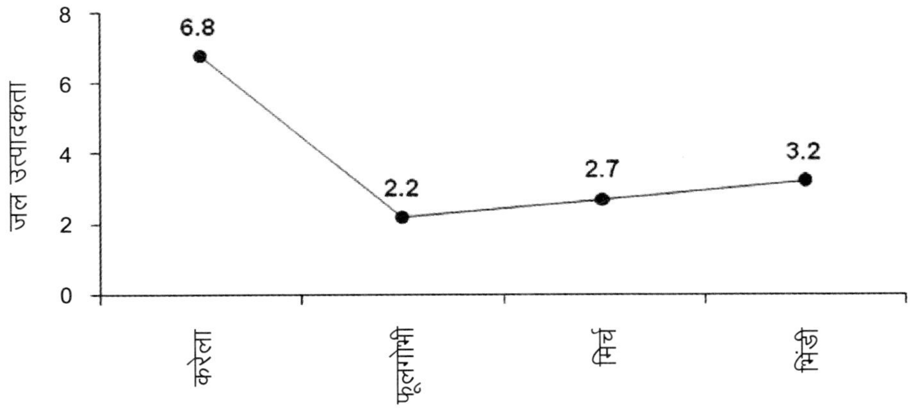

रेखाचित्र–12ब. तकनीकी उपायों के साथ फसल की जल उत्पादकता (किलोग्राम/घन मीटर पानी)

पूर्वी राज्यों में जल की उत्पादकता बढ़ाने हेतु उन्नत तकनीकों का विकास एवं उनका उपयोग किया जाना नितांत आवश्यक है। जल की उत्पादकता बढ़ाने हेतु टपक सिंचाई, फव्वारा सिंचाई, धान–सह–मछली पालन, उठी एवं धंसी हुई क्यारी, संरक्षित खेती की तकनीकें, समेकित कृषि प्रणाली, जलीय फसलों का विविधीकरण, मत्स्य पालन में अंगुलिका, चौर, दियारा एवं मान आदि क्षेत्रों का समेकित विकास, जलवायु क्षेत्रों के आधार पर फसलों का चुनाव, जलवायु परिवर्तन के हिसाब से फसल चक्र तथा फसलों का बदलाव, इत्यादि कुछ ऐसे पहलू हैं जिन पर विशेष बल दिये जाने की आवश्यकता है (कुमार एवं समूह, 2011, 2012, 2013; कौशल, 2011; मीणा एवं समूह, 2013; लाइक एवं समूह, 2014; सामरा एवं समूह, 2003; सिक्का एवं समूह, 2010)।

❒❒❒

अध्याय 11

कृषि में सौर ऊर्जा का उपयोग

पूर्वी भारत में सौर ऊर्जा द्वारा कृषि उत्पादन बढ़ाने की असीम संभावनाएँ हैं। औसतन इस क्षेत्र में 250 से 300 दिन गर्म खिली धूप वाले पाये जाते हैं जिसकी सौर ऊर्जा क्षमता 6.4 से 4.3 किलोवाट/वर्गमीटर/दिन है। सौर ऊर्जा तकनीक का उपयोग कृषि के अन्य क्षेत्र के अलावा भूजल दोहन में, कीटनाशक दवाइयों के छिड़काव वाली मशीनों के उपयोग में, मत्स्य पालन के जलाशयों में ऑक्सीजन की मात्रा को संतुलित करने में तथा उन्नत किस्म के भैसों के घर में आर्द्रता बनाये रखने इत्यादि में प्रयोग में लाया गया है (रहमान एवं भट्ट, 2014अ)।

भारतीय कृषि अनुसंधान परिषद् की विभिन्न इकाइयों द्वारा इन तकनीकों का सफलतापूर्वक उपयोग किया गया है। सौर ऊर्जा का प्रयोग भूजल उपयोग हेतु सर्वोत्तम है परंतु इसकी अपेक्षाकृत उच्च लागत होने के कारण क्षेत्र में सीमित किसान ही इस पद्धति को अपना रहे हैं। पूर्वी क्षेत्र के लिए भारतीय कृषि अनुसंधान परिषद् के शोध परिसर, पटना द्वारा किये गये अनुसंधान में यह पाया गया है कि यदि 3000 पिकवाट के सौर ऊर्जा प्लेट को लगाया जाय तो 1.8 से 2.5 किलोवाट ऊर्जा प्रातः 9 बजे से 2 बजे दिन तक लगातार प्राप्त की जा सकती है जो कि तीन अश्व शक्ति पम्प को बिना बैट्री के लगातार 5 घंटों तक इसकी क्षमता पर चलाने में सक्षम है (रहमान एवं भट्ट, 2014ब)। इस प्रकार प्रतिदिन 100–180 घन मीटर भूजल का दोहन संभव है। जहाँ तक भूजल की स्थिति है, मानसून सत्र में पटना में 6 से 8 मीटर पर भूजल उपलब्ध है, जबकि अन्य समय पर भूजल 8 से 14.5 मीटर पर पाया जाता है (रेखाचित्र–13अ से स)।

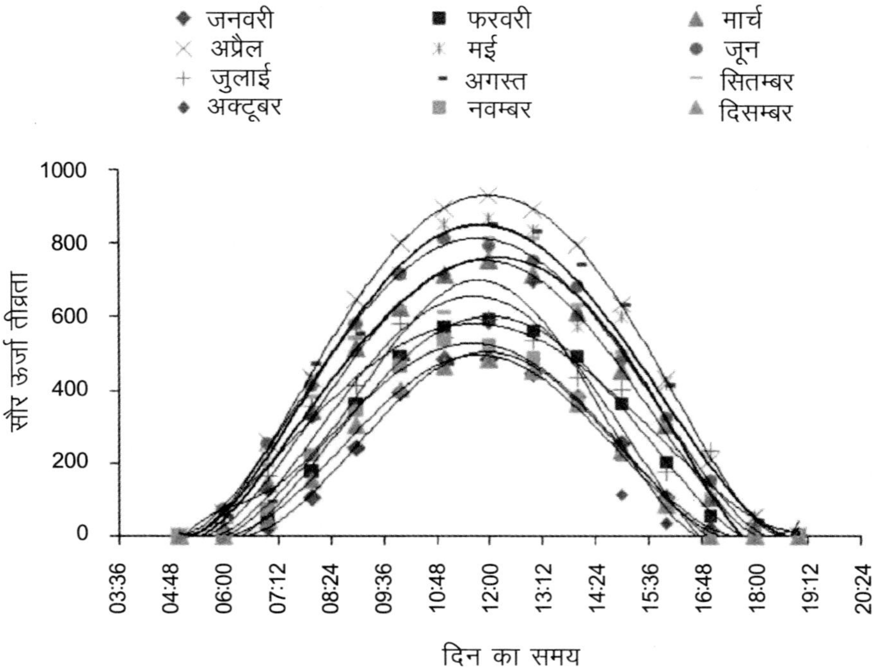

रेखाचित्र–13अ. पटना में सौर ऊर्जा तीव्रता (वाट/वर्ग मीटर/दिन)

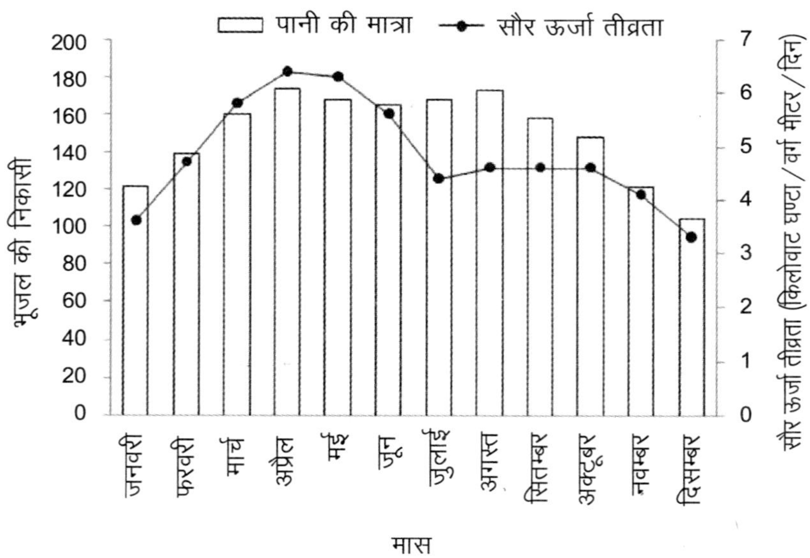

रेखाचित्र–13ब. सौर ऊर्जा तीव्रता के आधार पर भूजल की निकासी (घनमीटर)

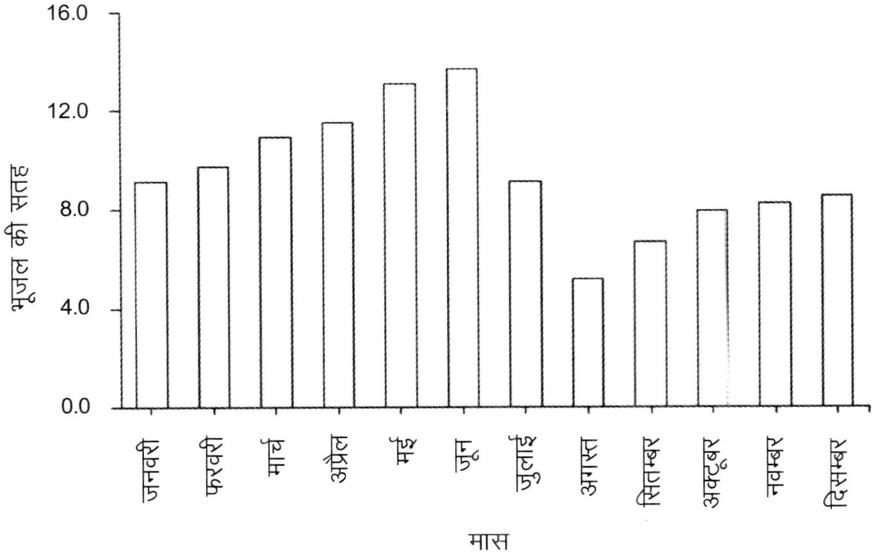

रेखाचित्र–13स. भूजल सतह की स्थिति (मीटर)

□□□

अध्याय 12

कृषि यांत्रिकीकरण

कृषि यांत्रिकीकरण की कमी के कारण पूर्वी राज्यों में परंपरागत विधि द्वारा ही खेती की जा रही है। कृषि के क्षेत्र में पूर्वी राज्यों में ऊर्जा की उपलब्धता मात्र 1.15 किलोवाट/हेक्टेयर है। जहाँ उत्तर प्रदेश तथा पश्चिम बंगाल में कृषि के क्षेत्र में ऊर्जा की उपलब्धता राष्ट्रीय स्तर (≥ 1.70 किलोवाट/हेक्टेयर) के अनुरूप है, वहीं अन्य राज्यों में यह बहुत कम है। एक अनुमान के अनुसार, कृषि क्षेत्र में औसतन प्रति हेक्टेयर 2.5 किलोवाट ऊर्जा की आवश्यकता होती है। प्रथम हरित क्रांति के अग्रणी राज्य जैसे कि पंजाब का उदाहरण लिया जाय तो इस राज्य में ऊर्जा की उपलब्धता 3.75 किलोवाट/हेक्टेयर है जो कि पूर्वी राज्यों में औसत ऊर्जा की उपलब्धता से तीन गुणा ज्यादा है। अतः द्वितीय हरित क्रांति को सफल बनाने हेतु यह आवश्यक है कि पूर्वी राज्यों में भी कृषि यांत्रिकीकरण पर विशेष बल दिया जाय।

पशुधन जनगणना वर्ष 2003 में उपलब्ध आँकड़ों के आधार पर पूर्वी राज्यों में 3.39 लाख ट्रैक्टर तथा 65 हजार पावर टिलर की उपलब्धता पाई गई है (पशुपालन, डेयरी एवं मत्स्य पालन विभाग, 2014अ)। जो कि राष्ट्रीय स्तर की तुलना में मात्र 17 प्रतिशत है। यही अनुपात लेजर लेवलर तथा जीरो टिलेज मशीनों की उपलब्धता में भी पाया गया (तालिका–7अ)।

पूर्वी राज्यों में यद्यपि डीजल पंप सेट बड़ी मात्रा में (राष्ट्रीय औसत का लगभग 34 प्रतिशत) उपलब्ध हैं परन्तु डीजल की बढ़ती कीमत के कारण

सिंचाई की लागत में बढ़ोत्तरी होने पर अधिकांश डीजल पंपों का उपयोग नहीं किया जा रहा है। जहाँ तक बिजली द्वारा चालित पंपों का प्रश्न है, पूर्वी राज्यों में इनकी संख्या बहुत कम है (पशुपालन, डेयरी एवं मत्स्य पालन विभाग, 2014ब) जिसका स्वभाविक कारण खेती में बिजली की उपलब्धता न होना है। टपक सिंचाई, सूक्ष्म सिंचाई उपकरणों की भी क्षेत्र में विशेष रूप से कमी है जिसका विवरण नीचे दी गई तालिका–7ब में दिया गया है।

तालिका–7अ. पूर्वी क्षेत्र में ट्रैक्टर तथा पावर टीलर, लेवलर इत्यादि की स्थिति

राज्य	ट्रैक्टर	पावर टिलर	ट्रैक्टर चलित	
			बीज सह उर्वरक ड्रिल	लेवलर
असम	1500	13200	100	18200
बिहार	91000	8600	7900	14300
छत्तीसगढ़	22500	600	800	5000
झारखण्ड	6300	1100	100	5600
ओडिशा	16400	4200	94300	62800
उत्तर प्रदेश	236600	19500	36400	82900
पश्चिम बंगाल	18400	17900	600	3900
पूर्वी क्षेत्र	392700	65100	140200	192700
भारत	2361200	279300	1011000	877600

तालिका–7ब. सिंचाई उपकरणों की स्थिति

राज्य	सिंचाई उपकरण			
	डीजल पंप सेट	बिजली पंप सेट	टपक	स्प्रिंकलर
असम	600	100	–	–
बिहार	628300	62100	3500	1300
छत्तीसगढ़	42900	94000	1800	9400
झारखण्ड	166000	21400	1300	3300
ओडिशा	74300	35100	1400	6600
उत्तर प्रदेश	982900	170600	1300	3000
पश्चिम बंगाल	568300	74200	–	–
पूर्वी क्षेत्र	2463300	457500	9300	23600
भारत	7237400	8446300	435000	735600

❑❑❑

अध्याय **13**

परिचालन जोत

पूर्वी राज्यों में परिचालन जोत का कुल क्षेत्रफल, जो 2000–01 के दौरान 31.87 मिलियन हेक्टेयर था, वह 2010–11 में बढ़कर 33.96 मिलियन हेक्टेयर हो गया। इसी दौरान परिचालन जोतों की संख्या 37.89 मिलियन से बढ़कर 47.19 मिलियन हो गई जो परिचालन जोत में 9.29 मिलियन के शुद्ध बढ़त को दर्शाता है (कृषि एवं सहकारिता विभाग, 2012)। पूरे पूर्वी क्षेत्र में भूमि एकीकरण के अभाव में परिचालन जोतों की संख्या में महत्वपूर्ण वृद्धि हुई।

जहाँ पूर्वी भारत में परिचालन जोत के क्षेत्र में वृद्धि हुई, वहीं राष्ट्रीय स्तर पर वर्ष 2000–01 की तुलना में वर्ष 2010–11 के दौरान 17.89 मिलियन हेक्टेयर की कमी हुई। तथापि, आधार वर्ष की तुलना में वर्ष 2010–11 के दौरान परिचालन जोतों की संख्या में मामूली वृद्धि (0.50 मिलि्यन) हुई।

इस विरोधाभासी क्षेत्रीय रूप ने पूर्वी राज्यों में कृषि विकास को और अधिक चुनौतीपूर्ण बना दिया है। चूंकि परिचालन जोतों की संख्या में महत्वपूर्ण वृद्धि हुई, पूर्वी क्षेत्र में जोतों का औसत आकार भी 0.84 हेक्टेयर से घटकर 0.72 हेक्टेयर रह गया जो कि राष्ट्रीय स्तर से 0.46 हेक्टेयर कम है। क्षेत्र के अंतर्गत असम, छत्तीसगढ़, झारखंड एवं ओडिशा जैसे राज्यों में एक हेक्टेयर से अधिक औसत आकार वाले परिचालन जोतों को दर्ज किया गया है। तथापि, बिहार में परिचालन जोतों का विखंडन विशेष रूप से बढ़ा जिससे वर्ष 2010–11 के दौरान जोतों का औसत आकार 0.58 से घटकर 0.39 हेक्टेयर हो गया है।

कृषि जलवायु क्षेत्र के आधार पर पर्वतीय एवं पठारी क्षेत्र में जोत का औसत आकार 1.19 हेक्टेयर है। इसी प्रकार, निचले गांगेय क्षेत्र में यह घटकर 0.94 हेक्टेयर रह गई परंतु मध्य गांगेय क्षेत्र में यह लगभग आधी (0.50 हेक्टेयर) ही है (तालिका–8, रेखाचित्र–14)।

तालिका–8. प्रमुख आकार समूह द्वारा परिचालन जोत (प्रतिशत)

राज्य	सीमांत (< 1 हेक्टेयर)	छोटे (1–2 हेक्टेयर)	अर्द्ध–मध्यम (2–4 हेक्टेयर)	मध्यम (4–10 हेक्टेयर)	बड़े (> 10 हेक्टेयर)
असम	67.29	18.27	11.17	3.12	0.15
बिहार	91.06	5.86	2.56	0.50	0.02
छत्तीसगढ़	58.38	22.23	13.45	5.40	0.53
झारखण्ड	68.02	15.79	10.42	4.75	1.03
ओडिशा	72.15	19.69	6.66	1.37	0.13
पूर्वी उत्तर प्रदेश	84.95	10.14	3.92	0.91	0.07
पश्चिम बंगाल	82.16	13.76	3.75	0.32	0.01
पूर्वी क्षेत्र	81.24	11.92	5.26	1.43	0.15
भारत	67.04	17.93	10.05	4.25	0.73

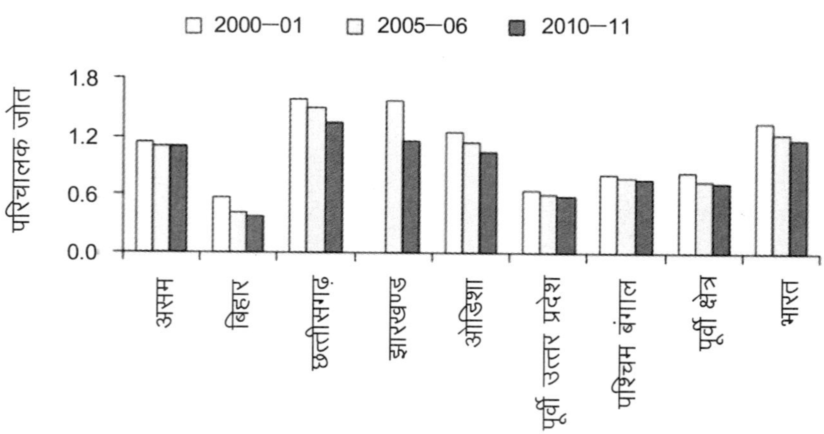

रेखाचित्र–14 परिचालन जोत (हेक्टेयर) का ब्यौरा

□□□

अध्याय **14**

खाद्यान्न के अंतर्गत कुल क्षेत्रफल

राष्ट्रीय स्तर पर खाद्यान्न के अंतर्गत 126.04 मिलियन हेक्टेयर भूमि है जिसमें से 35.68 मिलियन हेक्टेयर भूमि पूर्वी क्षेत्र के अंतर्गत आती है (कृषि एवं सहकारिता विभाग, 2015अ; पश्चिम बंगाल सरकार, 2008; उत्तर प्रदेश सरकार, 2014; झारखण्ड सरकार, 2014; ओडिशा सरकार, 2015; छत्तीसगढ़ सरकार, 2015)। अतः, पूर्वी क्षेत्र में खाद्यान्न क्षेत्र देश के कुल खाद्यान्न क्षेत्र का लगभग 28.3 प्रतिशत है। पूर्वी उत्तर प्रदेश के साथ बिहार में अधिकतम खाद्यान्न क्षेत्र है। विगत 14 वर्षों में खाद्यान्न क्षेत्र में जहाँ राष्ट्रीय स्तर पर 4.99 मिलियन हेक्टेयर की वृद्धि हुई है वहीं पूर्वी क्षेत्र में कोई विशेष परिवर्तन नहीं पाया गया (तालिका–9, रेखाचित्र–15)।

तालिका–9. पूर्वी राज्यों में खाद्यान्न का क्षेत्रफल (मिलियन हेक्टेयर)

राज्य	वर्ष 2000–01 से 2004–05	वर्ष 2005–06 से 2009–10	वर्ष 2010–11 से 2013–14
असम	2.58–2.86	2.38–2.70	2.52–2.77
बिहार	6.46–7.12	5.63–6.55	4.92–6.71
छत्तीसगढ़	4.90–5.17	4.86–5.15	4.95–5.04
झारखण्ड	1.84–1.89	1.93–2.44	1.49–2.32
ओडिशा	5.04–5.41	5.40–5.49	4.92–5.32
पूर्वी उत्तर प्रदेश	7.00–7.97	7.54–7.69	7.74–7.90
पश्चिम बंगाल	6.19–6.81	6.24–6.54	4.39–6.24

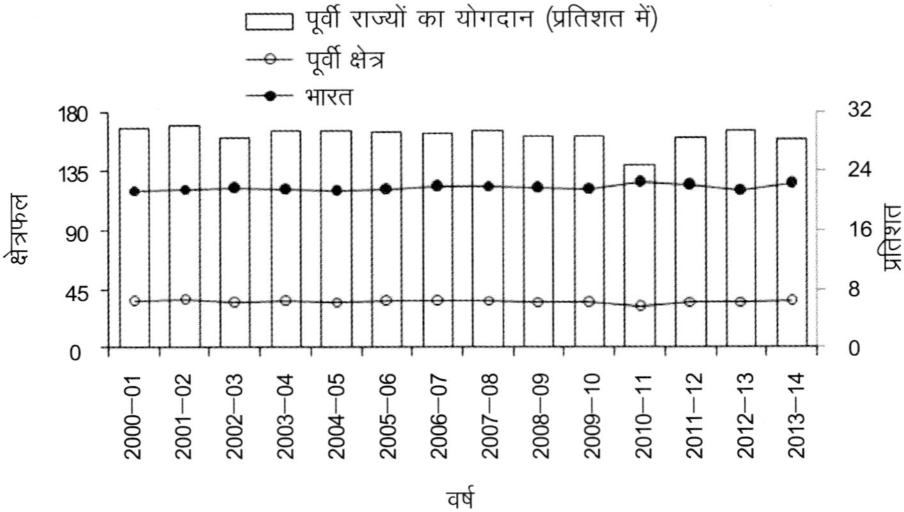

रेखाचित्र–15. खाद्यान्न के अंतर्गत क्षेत्रफल (मिलियन हेक्टेयर)

❑❑❑

अध्याय 15

उर्वरकों की खपत

नाइट्रोजन

पूर्वी क्षेत्र में नाइट्रोजन का उपयोग हाल ही में बढ़ा है, विशेषकर बिहार एवं पूर्वी उत्तर प्रदेश में इसकी खपत 115.0 से 125.0 किलोग्राम/हेक्टेयर है (कृषि एवं सहकारिता विभाग, 2015अ; पश्चिम बंगाल सरकार, 2008; उत्तर प्रदेश सरकार, 2014; झारखण्ड सरकार, 2014; ओडिशा सरकार, 2015; छत्तीसगढ़ सरकार, 2015)। वहीं पर्वतीय एवं पठारी भागों के साथ–साथ पश्चिम बंगाल में नाइट्रोजन की औसत खपत 63.0 से 74.0 किलोग्राम/हेक्टेयर आंकी गई है। तथापि, असम में अभी भी यूरिया की खपत मात्र 36.2 किलोग्राम/हेक्टेयर है। संपूर्ण पूर्वी क्षेत्र में नाइट्रोजन की औसत खपत मात्र 77.5 किलोग्राम/हेक्टेयर है जो कि राष्ट्रीय स्तर पर नाइट्रोजन की खपत से 8.0 किलोग्राम कम है (तालिका–10, रेखाचित्र–16)।

तालिका–10. पूर्वी राज्यों में नाइट्रोजन की खपत (किलोग्राम/हेक्टेयर)

राज्य	वर्ष 2004–05 से 2007–08	वर्ष 2008–09 से 2011–12	वर्ष 2012 के बाद
असम	19.38–26.95	30.01–36.19	36.19–36.24
बिहार	84.38–117.53	118.60–126.60	125.00–145.00
छत्तीसगढ़	41.45–47.37	46.56–62.92	66.24–63.08
झारखण्ड	37.39–43.35	37.05–94.04	65.72–89.11
ओडिशा	29.73–32.46	32.36–65.15	63.05–63.46
पूर्वी उत्तर प्रदेश	96.82–114.84	115.60–119.17	115.13–129.87
पश्चिम बंगाल	62.88–71.17	71.60–88.95	74.09–88.10

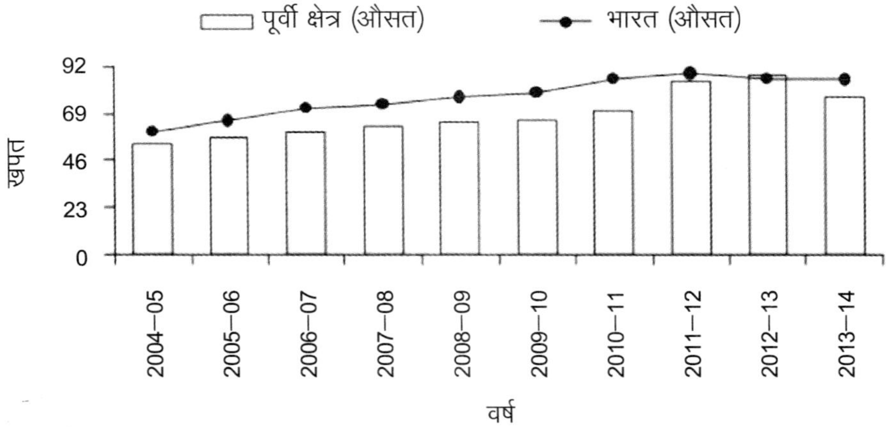

रेखाचित्र–16. नाइट्रोजन उर्वरक की खपत (किलोग्राम/हेक्टेयर)

फॉस्फोरस

पूर्वी क्षेत्र में जहाँ यूरिया का इस्तेमाल पिछले दशक में बड़े पैमाने पर बढ़ा है, वहीं फॉस्फोरस का इस्तेमाल ज्यादा बेहतर नहीं हुआ। तथापि, ओडिशा, बिहार, छत्तीसगढ़, पूर्वी उत्तर प्रदेश एवं पश्चिम बंगाल में फॉस्फोरस की खपत दर 23.7–29.6 किलोग्राम/हेक्टेयर है। अन्य पूर्वी राज्य जैसे झारखण्ड एवं असम में अभी भी फॉस्फोरस की खपत बहुत कम है (तालिका–11, रेखाचित्र–17)।

तालिका–11. पूर्वी राज्यों में फॉस्फोरस की खपत (किलोग्राम/हेक्टेयर)

राज्य	वर्ष 2004–05 से 2007–08	वर्ष 2008–09 से 2011–12	वर्ष 2012 के बाद
असम	12.66–14.23	11.76–12.70	9.99–11.76
बिहार	9.67–24.22	31.28–38.84	27.44–42.58
छत्तीसगढ़	17.43–20.35	23.36–57.90	28.72–31.78
झारखण्ड	15.92–21.60	19.22–33.47	13.79–60.62
ओडिशा	10.75–13.22	16.41–27.29	23.71–25.02
पूर्वी उत्तर प्रदेश	29.96–34.88	36.12–44.32	29.63–45.19
पश्चिम बंगाल	34.93–40.52	42.60–52.00	28.11–48.51

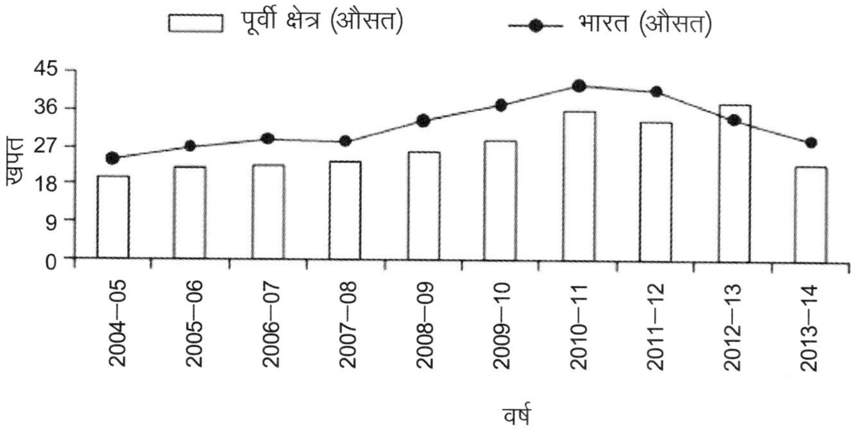

रेखाचित्र–17. फॉस्फोरस की खपत (किलोग्राम/हेक्टेयर)

पोटाश

पूर्वी क्षेत्र में पोटाश की औसत खपत 12.5 किलोग्राम/हेक्टेयर पायी गई है जो कि राष्ट्रीय स्तर से 1.75 किलोग्राम अधिक है। पिछले 14 वर्षों में पश्चिम बंगाल ही एक मात्र ऐसा पूर्वी राज्य है जहाँ पर पोटाश की खपत सर्वाधिक है। परन्तु, पूर्वी उत्तर प्रदेश, झारखण्ड एवं छत्तीसगढ़ प्रदेशों में अन्य पूर्वी राज्यों की तुलना में बहुत कम पोटाश का प्रयोग किया जा रहा है (तालिका–12, रेखाचित्र–18)।

तालिका–12. पूर्वी राज्यों में पोटाश की खपत (किलोग्राम/हेक्टेयर)

राज्य	वर्ष 2004–05 से 2007–08	वर्ष 2008–09 से 2011–12	वर्ष 2012 के बाद
असम	9.21–14.58	10.26–18.09	18.09–19.20
बिहार	5.72–13.46	15.09–21.24	11.77–12.55
छत्तीसगढ़	6.31–9.16	10.26–12.41	8.21–8.43
झारखण्ड	2.20–40.08	5.32–9.04	2.94–7.74
ओडिशा	6.21–8.80	8.70–11.24	10.27–11.37
पूर्वी उत्तर प्रदेश	6.65–8.18	6.45–12.98	4.06–5.14
पश्चिम बंगाल	27.82–31.52	33.04–45.79	28.97–30.23

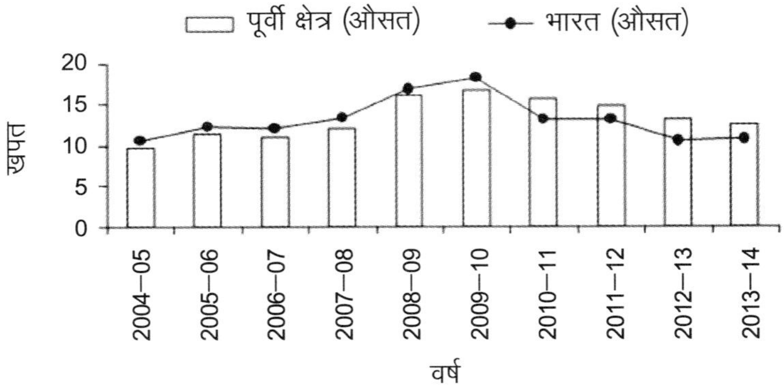

रेखाचित्र–18. पोटाश की खपत (किलोग्राम/हेक्टेयर)

कुल उर्वरकों की खपत

पूर्वी राज्यों में कुल (नाइट्रोजन, फॉस्फोरस एवं पोटाश) उर्वरक की खपत 113.0 किलोग्राम/हेक्टेयर दर्ज की गई है। जो राष्ट्रीय स्तर से 12.0 किलोग्राम कम आंकी गयी है। अन्य राज्यों की तुलना में सभी आवश्यक उर्वरकों की उच्चतम खपत (165 किलोग्राम/हेक्टेयर) बिहार प्रदेश में है जिसके बाद क्रमशः पूर्वी उत्तर प्रदेश (148.86 किलोग्राम/हेक्टेयर) तथा पश्चिम बंगाल (131.17 किलोग्राम/हेक्टेयर) की बारी आती है। औसतन, असम में कुल उर्वरक की खपत न्यूनतम पायी गई है (तालिका–13, रेखाचित्र–19)।

तालिका–13. पूर्वी राज्यों में कुल उर्वरक (नाइट्रोजन + फास्फोरस + पोटाश) की खपत (किलोग्राम/हेक्टेयर)

राज्य	**वर्ष 2004–05 से 2007–08**	**वर्ष 2008–09 से 2011–12**	**वर्ष 2012 के बाद**
असम	41.25–55.73	57.47–67.59	65.41–66.04
बिहार	99.78–152.40	165.60–180.58	164.87–199.66
छत्तीसगढ़	65.19–76.87	80.52–105.15	100.22–106.23
झारखण्ड	52.49–67.61	61.59–136.55	82.45–157.47
ओडिशा	50.12–57.33	59.33–103.68	98.13–98.75
पूर्वी उत्तर प्रदेश	134.13–153.37	161.80–174.28	148.86–180.21
पश्चिम बंगाल	129.73–143.21	155.80–172.91	131.17–166.83

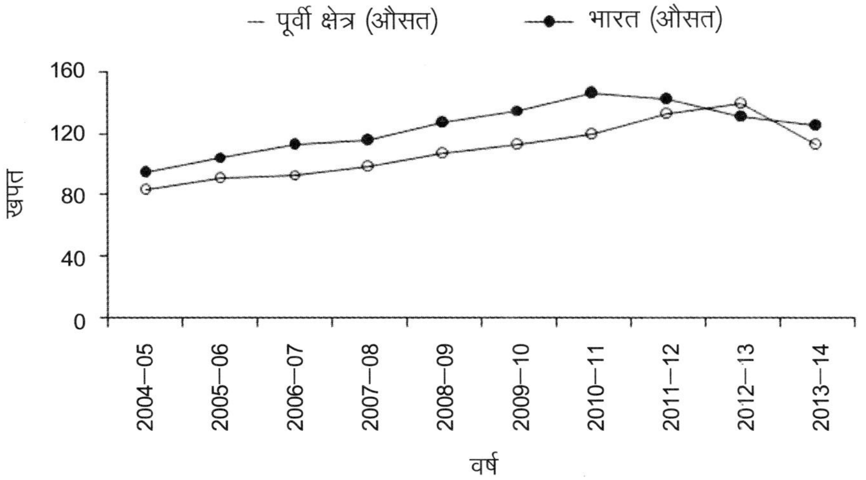

रेखाचित्र–19. उर्वरक की खपत (नाइट्रोजन + फास्फोरस + पोटाश – किलोग्राम/हेक्टेयर)

यद्यपि उर्वरकों का प्रयोग भूमि तथा फसल की आवश्कतानुसार किया जाना तय है, फिर भी धान–गेहूँ पैदा करने वाले इस भूभाग में औसतन यूरिया 120 किलोग्राम, फास्फोरस 60–80 किलोग्राम तथा पोटाश 40–60 किलोग्राम प्रति हेक्टेयर के हिसाब से किया जाना चाहिए परन्तु आंकड़े दर्शाते हैं कि किसी भी पूर्वी राज्य में उर्वरकों का प्रयोग उचित रूप में नहीं हो रहा है। बिहार एवं पूर्वी उत्तर प्रदेश ही ऐसे राज्य हैं जहाँ पर नाइट्रोजन का उपयोग 120 किलोग्राम/हेक्टेयर है परन्तु इन दो राज्यों में भी फास्फोरस एवं पोटाश का उपयोग उचित मात्रा में नहीं हो रहा है।

❑❑❑

अध्याय **16**

सस्य सघनता

पूर्वी क्षेत्र में सस्य सघनता राष्ट्रीय औसत से आंशिक रूप में ज्यादा (139 प्रतिशत) है। क्षेत्र के अंतर्गत पूर्वी पर्वतीय एवं पठारी राज्यों (छत्तीसगढ़ एवं ओडिशा) में सस्य सघनता शेष राज्यों के 159 प्रतिशत की तुलना में 118 प्रतिशत है। विभिन्न पूर्वी राज्यों में क्रमशः पश्चिम बंगाल में अधिकतम (186 प्रतिशत) एवं ओडिशा में न्यूनतम (115.6 प्रतिशत) सस्य सघनता है (तालिका–14, रेखाचित्र–20)।

तालिका–14. पूर्वी राज्यों में सस्य सघनता (प्रतिशत)

राज्य	वर्ष 2001–02 से 2004–05	वर्ष 2005–06 से 2008–09	वर्ष 2008–09 से 2012–13
असम	141.50–143.80	136.70–143.40	145.90–149.30
बिहार	132.80–139.40	133.10–138.10	136.80–144.00
छत्तीसगढ़	114.50–119.80	120.60–121.60	118.70–121.80
झारखण्ड	110.90–120.60	109.10–112.30	111.90–117.90
ओडिशा	138.20–151.90	156.90–161.90	113.00–115.70
पूर्वी उत्तर प्रदेश	146.50–153.00	152.20–154.20	153.40–156.00
पश्चिम बंगाल	177.10–178.00	180.00–185.10	177.30–185.90

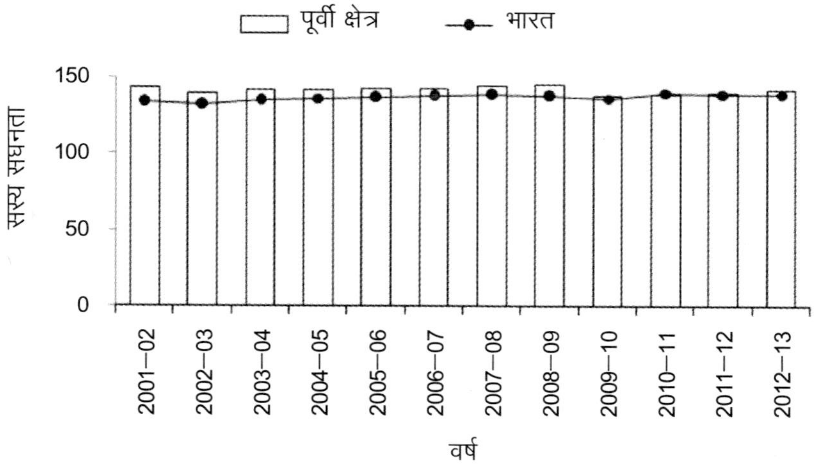

रेखाचित्र–20 सस्य सघनता (प्रतिशत) का लेखाजोखा

❑❑❑

अध्याय **17**

खाद्यान्न उत्पादन एवं उत्पादकता

2000 से 2014 के दौरान, पूर्वी क्षेत्र का कुल खाद्यान्न उत्पादन में राष्ट्रीय स्तर पर 28 से 30 प्रतिशत तक का योगदान पाया गया है (कृषि एवं सहकारिता विभाग, 2015अ; पश्चिम बंगाल सरकार, 2008; उत्तर प्रदेश सरकार, 2014; झारखण्ड सरकार, 2014; ओडिशा सरकार, 2015; छत्तीसगढ़ सरकार, 2015)। वर्ष 2000–01 में 55.70 मिलियन टन के कुल खाद्यान्न उत्पादन की तुलना में वर्ष 2013–14 के दौरान 73.76 मिलियन टन खाद्यान्न का उत्पादन अर्जित किया गया जो कि पिछले 13 वर्षों में 36 प्रतिशत बढ़ोतरी को प्रदर्शित करता है (तालिका–15)।

तालिका–15. पूर्वी राज्यों में खाद्यान्न उपादन (मिलियन टन)

राज्य	**वर्ष 2000–01 से 2004–05**	**वर्ष 2005–06 से 2009–10**	**वर्ष 2010–11 से 2013–14**
असम	3.62–4.17	3.06–4.14	4.19–4.89
बिहार	7.70–12.06	8.58–12.22	9.88–15.62
छत्तीसगढ़	2.90–6.47	4.88–6.29	6.84–7.63
झारखण्ड	1.89–2.31	2.06–4.19	1.82–4.36
ओडिशा	3.57–7.56	7.34–8.14	6.43–8.35
पूर्वी उत्तर प्रदेश	13.96–16.29	14.57–17.32	17.43–18.76
पश्चिम बंगाल	13.82–16.50	15.60–16.29	13.74–17.05

विभिन्न पूर्वी राज्यों में क्रमशः पूर्वी उत्तर प्रदेश एवं पश्चिम बंगाल ने अधिकतम खाद्यान्न उत्पादन किया। परन्तु, वर्ष 2005–06 एवं तदोपरांत वर्ष

2009—10 तथा वर्ष 2010—11 के दौरान जलवायु भेद्यता जैसे सूखा या सूखे जैसी स्थिति ने, विशेषकर बिहार, झारखंड, ओडिशा राज्यों में, कुल खाद्यान्न उत्पादन को घटाया। वर्ष 2004—05 के दौरान बिहार राज्य के कोशी नदी में बाढ़ के कारण भी कुल खाद्यान्न उत्पादन में कमी आयी (रेखाचित्र—21)।

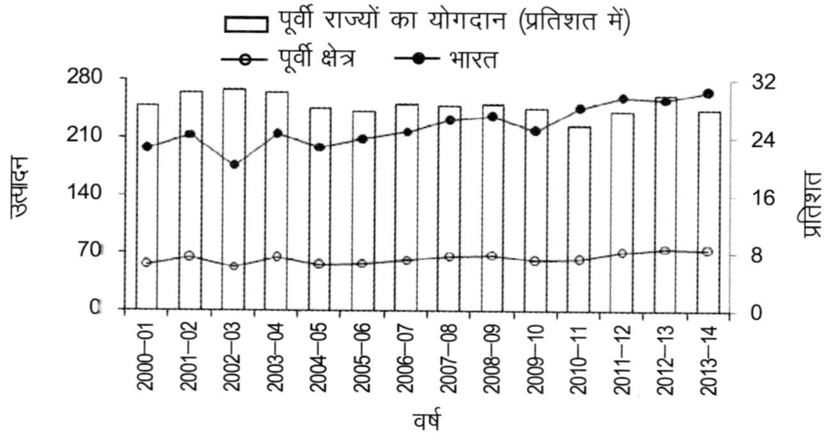

रेखाचित्र—21. खाद्यान्न उत्पादन (मिलियन टन)

औसतन, पिछले 13 वर्षों के दौरान समस्त पूर्वी राज्यों में खाद्यान्न उत्पादकता में बढ़ोतरी हुई। वर्ष 2000—01 के दौरान यह 1.54 टन/हेक्टेयर था जो वर्ष 2012—13 के दौरान बढ़कर 2.06 टन/हेक्टेयर हो गया (तालिका—16)।

तालिका—16. पूर्वी राज्यों में खाद्यान्न उत्पादकता (टन/हेक्टेयर)

राज्य	वर्ष 2000—01 से 2004—05	वर्ष 2005—06 से 2009—10	वर्ष 2010—11 से 2013—14
असम	1.40—1.47	1.29—1.66	1.70—1.95
बिहार	1.19—1.69	1.31—1.77	1.52—2.33
छत्तीसगढ़	0.59—1.11	1.01—1.23	1.38—1.53
झारखण्ड	1.05—1.49	1.07—1.72	1.24—1.87
ओडिशा	0.72—1.40	1.35—1.48	1.30—1.66
पूर्वी उत्तर प्रदेश	1.04—1.98	1.90—2.13	2.25—2.41
पश्चिम बंगाल	2.23—2.48	1.76—2.52	2.57—2.73

इस अवधि में समस्त पूर्वी राज्यों में फसल उत्पादकता बढ़ी जिसमें क्रमशः पूर्वी उत्तर प्रदेश (0.81 टन/हेक्टेयर) एवं झारखंड (0.78 टन/हेक्टेयर) में अधिकतम बढ़ोतरी हुई। बढ़ती उत्पादकता इस बात से भी सिद्ध होती है कि जहाँ पिछले 14 वर्षों में राष्ट्रीय स्तर पर 0.48 टन/हेक्टेयर की शुद्ध वृद्धि दर्ज की गई वहीं पूर्वी क्षेत्र में भी इसी दौरान 0.52 टन/हेक्टेयर की वृद्धि हुई (रेखाचित्र–22)।

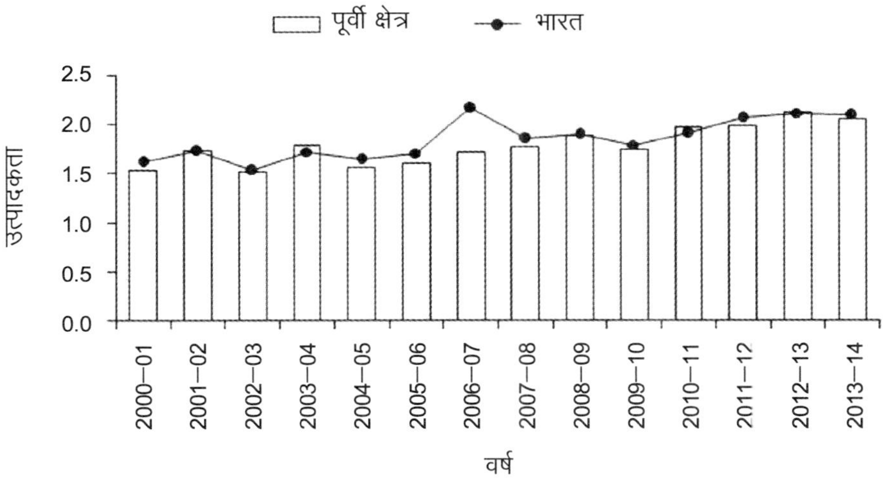

रेखाचित्र–22. औसत खाद्यान्न उत्पादकता (टन/हेक्टेयर)

प्रति व्यक्ति खाद्यान्न उपलब्धता

एक दशक के दौरान प्रति व्यक्ति कुल खाद्यान्न उपलब्धता घटी है इस तथ्य के बावजूद कि राष्ट्रीय स्तर पर इसमें वृद्धि हुई है। झारखंड को छोड़कर सभी पूर्वी राज्यों ने व्यक्तिगत स्तर पर खाद्यान्न उपलब्धता में कमी प्रदर्शित की है। औसतन, पूर्वी राज्यों में प्रति व्यक्ति खाद्य उपलब्धता राष्ट्रीय स्तर पर 582.6 ग्राम/दिन की तुलना में 476.2 ग्राम/दिन आँकी गई। राष्ट्रीय औसत की तुलना में छत्तीसगढ़ एवं पूर्वी उत्तर प्रदेश जैसे राज्यों में प्रति व्यक्ति खाद्यान्न उपलब्धता अधिक है (733.7 एवं 636.6 ग्राम/दिन, क्रमशः छत्तीसगढ़ एवं पूर्वी उत्तर प्रदेश में) (रेखाचित्र–23)।

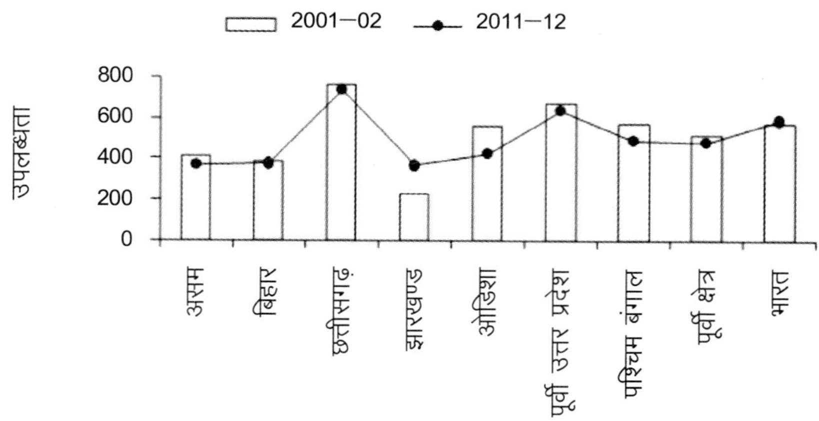

रेखाचित्र–23. प्रति व्यक्ति खाद्यान्न की उपलब्धता (ग्राम/दिन)

❑❑❑

अध्याय 18

फसलवार उत्पादन एवं उत्पादकता

धान

पूर्वी राज्यों में राष्ट्रीय स्तर पर 50 प्रतिशत से अधिक क्षेत्र में धान की खेती की जाती है। पश्चिम बंगाल एवं झारखंड में क्रमशः अधिकतम एवं न्यूनतम चावल क्षेत्र है (कृषि एवं सहकारिता विभाग, 2015अ; पश्चिम बंगाल सरकार, 2008; उत्तर प्रदेश सरकार, 2014; झारखण्ड सरकार, 2014; ओडिशा सरकार, 2015; छत्तीसगढ़ सरकार, 2015)। विगत समय के अनुसार पूर्वी राज्यों के चावल क्षेत्र में मामूली कमी आयी (तालिका–17अ)।

तालिका–17अ. पूर्वी राज्यों में चावल के अंतर्गत क्षेत्रफल (मिलियन हेक्टेयर)

राज्य	वर्ष 2000–01 से 2004–05	वर्ष 2005–06 से 2009–10	वर्ष 2010–11 से 2013–14
असम	2.38–2.65	2.19–2.50	2.24–2.57
बिहार	3.12–3.66	3.21–3.57	2.83–3.32
छत्तीसगढ़	3.64–3.83	3.67–3.75	3.70–3.80
झारखण्ड	1.29–1.52	1.00–1.65	0.72–1.35
ओडिशा	4.27–4.50	4.37–4.48	4.00–4.23
पूर्वी उत्तर प्रदेश	2.55–3.40	2.99–3.47	3.26–3.44
पश्चिम बंगाल	5.44–6.07	5.63–5.94	4.94–5.50

विगत 13 वर्षों के दौरान चावल उत्पादन के क्षेत्र में पूर्वी राज्यों ने आशातीत वृद्धि की। आधार वर्ष (2000–01) की तुलना में पूर्वी राज्यों में वर्ष

2013–14 में औसतन 13.73 मिलियन टन चावल की बढ़ोतरी हुई। यह साफ तौर पर दर्शाता है कि पूर्वी राज्यों ने राष्ट्रीय स्तर पर चावल उत्पादन में 64 प्रतिशत बढ़ोतरी में योगदान दिया (तालिका–17ब)।

तालिका–17ब. पूर्वी राज्यों में चावल का उत्पादन (मिलियन टन)

राज्य	वर्ष 2000–01 से 2004–05	वर्ष 2005–06 से 2009–10	वर्ष 2010–11 से 2013–14
असम	3.47–3.99	2.92–4.01	4.01–4.78
बिहार	2.47–5.44	3.50–5.59	3.32–7.34
छत्तीसगढ़	2.37–5.56	4.11–5.42	6.03–6.72
झारखण्ड	1.38–2.31	1.56–3.42	1.14–3.42
ओडिशा	3.27–7.15	6.81–7.54	5.81–7.64
पूर्वी उत्तर प्रदेश	5.16–6.94	5.98–6.98	6.48–7.89
पश्चिम बंगाल	12.42–15.26	14.51–15.03	12.33–15.31

पूर्वी क्षेत्र में चावल उत्पादकता, जो कि आधार वर्ष (2000–01) के दौरान 0.63 से 2.28 टन/हेक्टेयर थी, बढ़कर 1.77 से 2.78 टन/हेक्टेयर हो गई जो कि राष्ट्रीय औसत की तुलना में कहीं अधिक है। राष्ट्रीय स्तर पर वर्ष 2000–01 के दौरान चावल उत्पादन 1.90 टन/हेक्टेयर थी जो वर्ष 2013–14 में बढ़कर 2.42 टन/हेक्टेयर हुई। इसी अंतराल में पूर्वी क्षेत्र में चावल की औसत उत्पादकता 1.48 टन/हेक्टेयर से बढ़कर 2.15 टन/हेक्टेयर हो गयी। पिछले 13 वर्षों के दौरान पर्वतीय एवं पठारी क्षेत्र वाले राज्यों ने उत्पादकता में उच्च लाभ दर्ज की (तालिका–17स)। औसतन, विगत 13 वर्षों के दौरान पूर्वी राज्यों ने राष्ट्रीय स्तर पर 0.52 टन/हेक्टेयर की तुलना में 0.67 टन/हेक्टेयर की उपज वृद्धि दर्ज की। क्षेत्रीय स्तर पर उत्पादकता अन्तराल, जो कि वर्ष 2000–01 के दौरान 22 प्रतिशत थी, वर्ष 2013–14 के दौरान घटकर 11 प्रतिशत हो गई। तथापि, अभी भी पूर्वी क्षेत्र में औसत चावल उत्पादकता (2.15 टन/हेक्टेयर) राष्ट्रीय औसत (2.42 टन/हेक्टेयर) की तुलना में कम है (रेखाचित्र–24)।

तालिका–17स. पूर्वी राज्यों में चावल की उत्पादकता (टन/हेक्टेयर)

राज्य	वर्ष 2000–01 से 2004–05	वर्ष 2005–06 से 2009–10	वर्ष 2010–11 से 2013–14
असम	1.46–1.53	1.33–1.74	1.78–2.10
बिहार	0.79–1.52	1.07–1.60	1.09–2.25
छत्तीसगढ़	0.63–1.45	1.12–1.45	1.60–1.77
झारखण्ड	0.99–1.69	1.15–2.03	1.56–2.24
ओडिशा	0.77–1.59	1.53–1.69	1.62–1.89
पूर्वी उत्तर प्रदेश	1.67–2.30	1.76–2.01	1.98–2.30
पश्चिम बंगाल	2.28–2.57	2.50–2.59	2.60–2.78

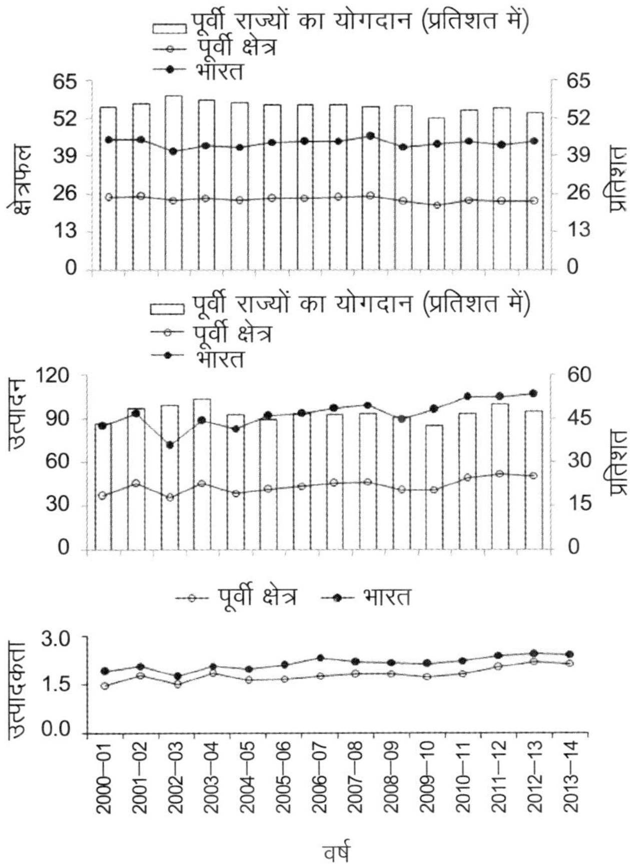

रेखाचित्र–24. चावल का क्षेत्रफल (मिलियन हेक्टेयर), उत्पादन (मिलियन टन) एवं उत्पादकता (टन/हेक्टेयर)

बीज प्रतिस्थापन दर

जहाँ तक बीज प्रतिस्थापन का संबंध है, क्षेत्र में पिछले पाँच सालों में इसमें विशेष रूप से वृद्धि हुई है। औसतन, पूर्वी भारत में बीज प्रतिस्थापन दर 32 प्रतिशत आँकी गई है जिसमें असम में अधिकतम (46.8 प्रतिशत) तथा झारखंड में न्यूनतम (17.2 प्रतिशत) है। धान में बीज प्रतिस्थापन दर पिछले वर्षों की तुलना में 2008–09 के बाद काफी बढ़ी। इसके बावजूद अभी भी बीज प्रतिस्थापन दर राष्ट्रीय औसत से 10 प्रतिशत कम है (तालिका–18, रेखाचित्र–25)।

तालिका–18. पूर्वी राज्यों में धान के बीज की प्रतिस्थापन दर (प्रतिशत)

राज्य	वर्ष 2000–01 से 2004–05	वर्ष 2005–06 से 2009–10	वर्ष 2010–11
असम	3.0	6.8–23.0	32.4–46.8
बिहार	6.3–10.0	12.0–19.0	35.2–41.7
छत्तीसगढ़	2.5–5.9	7.2–13.8	20.4–34.3
झारखण्ड	–	14.2	17.2–25.1
ओडिशा	4.7–9.6	6.4–14.8	19.1–21.6
पूर्वी उत्तर प्रदेश	14.3–17.9	20.3–28.6	28.4–37.8
पश्चिम बंगाल	22.0–25.3	25.5–28.0	30.0–33.7

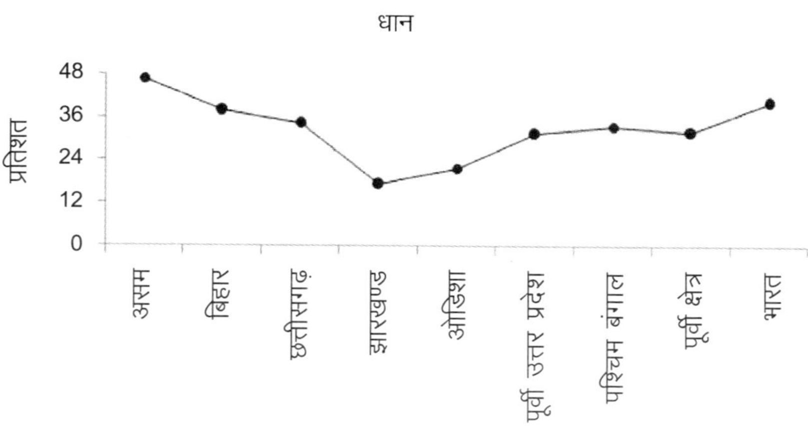

रेखाचित्र–25. धान के बीज की प्रतिस्थापन दर (प्रतिशत) वर्ष 2011

धान के प्रभेद

धान का उत्पादन बढ़ाने के लिए कृषि जलवायु के आधार पर विभिन्न प्रभेदों का उपयोग किया जाता है (कुमार एवं समूह, 2012)। उन्नत प्रभेदों के अलावा पूर्वी राज्यों में, विशेषकर जनजातीय क्षेत्र में, पारंपरिक बीजों का उपयोग भी किया जाता है (कुमार एवं समूह, 2013; भट्ट एवं समूह, 2012अ; भट्ट एवं समूह, 2012ब)। विभिन्न प्रदेशों में उगाये जाने वाले धान के प्रभेदों का विवरण तालिका 19 में दिया गया है।

तालिका–19 (अ–स). पूर्वी भारत में चावल के अग्रणी फसल प्रभेदों का विवरण एवं उनकी उपज (टन/हेक्टेयर)

अ. वर्षाश्रित उच्चभूमि

किस्में	पूर्वी क्षेत्र में अनुशंसित राज्य	उपज
सहभागी धान	पश्चिम बंगाल, बिहार, पूर्वी उत्तर प्रदेश, ओडिशा, झारखण्ड	3.8–4.5
शुष्क सम्राट	बिहार, पूर्वी उत्तर प्रदेश, ओडिशा, झारखण्ड	3.5–4.0
नरेन्द्र 97	पश्चिम बंगाल, बिहार, पूर्वी उत्तर प्रदेश, छत्तीसगढ़	3.0–4.0
नरेन्द्र 118	बिहार, पूर्वी उत्तर प्रदेश	3.0–3.5
सी. आर. धान 40	बिहार, झारखण्ड	3.5–4.0
हजारी धान	बिहार, झारखण्ड	3.5–4.0
इंदिरा बारानी धान	छत्तीसगढ़	4.0–4.5
राजेंद्र भगवती	बिहार	4.5
तुरंत धान	बिहार	2.0–3.0
जल्दी धान–13	पश्चिम बंगाल	6.0–7.2
जल्दी धान–6	ओडिशा	3.0
नवीन	ओडिशा, झारखण्ड	3.5–4.0
अंजलि	असम, बिहार, ओडिशा, झारखण्ड, छत्तीसगढ़	2.0–3.0
कपिली	असम	3.5
वंदना	ओडिशा, झारखण्ड	2.5–3.0
लुईत	असम	3.5
बिरसा विकास धान–110	झारखण्ड	3.0–3.5
सदा बहार	झारखण्ड	3.0–3.5
बिरसा धान–108	झारखण्ड	5.0–5.2

ब. वर्षाश्रित निचली भूमि

किस्में	पूर्वी क्षेत्र में अनुशंसित राज्य	उपज
गोलक	असम, पश्चिम बंगाल, बिहार, ओडिशा	3.0
रंजीत	असम	4.5–5.0
सत्यरंजन	असम	4.0
बसुंधरा	असम	4.0
कतेकिजोहा	असम, ओडिशा	3.5–4.0
इंदिरा सोना	छत्तीसगढ़	6.0–6.5
राजेंद्र महसूरी	बिहार	5.0–6.0
अक्षयधान	झारखण्ड	5.4
सी. आर. धान–10	ओडिशा	5.0–6.0
सी. आर. धान–70	ओडिशा	2.8–5.0
स्वर्ण–सब 1	ओडिशा, उत्तर प्रदेश	4.5–5.0
नरेन्द्र जल पुष्प	पूर्वी उत्तर प्रदेश	5.5
चिन्सुरा राईस	ओडिशा, पश्चिम बंगाल	5.5
इंदिरा बारानी धान–1	छत्तीसगढ़	4.5
सी.आर धान 500	ओडिशा, उत्तर प्रदेश	3.3–4.0
विद्या	बिहार, उत्तर प्रदेश	3.5–4.0
सुजाला	बिहार, छत्तीसगढ़	5.2
प्रभात	बिहार	4.0
धनलक्ष्मी	बिहार	3.8

स. सिंचित भूमि

किस्में	पूर्वी क्षेत्र में अनुशंसित राज्य	उपज
स्वर्ण	असम, पश्चिम बंगाल, बिहार, पूर्वी उत्तर प्रदेश, झारखण्ड	4.5–6.0
सम्भा महसूरी	बिहार, पूर्वी उत्तर प्रदेश, पश्चिम बंगाल, छत्तीसगढ़	4.5–5.5
अभिषेक	असम, बिहार, उत्तर प्रदेश, झारखण्ड	4.5–5.0
शताब्दी	पश्चिम बंगाल	3.5–5.6
नवीन	ओडिशा	5.0–6.0
गीतांजलि	ओडिशा	5.0–6.0
जे.के.आर.एच–401	बिहार, ओडिशा, पश्चिम बंगाल	6.2
शिवम	असम, बिहार, उत्तर प्रदेश, झारखण्ड	4.5–5.0

पन्त धान 18	बिहार, पश्चिम बंगाल, ओडिशा, छत्तीसगढ़	3.5–4.0
इंदिरा सोना	छत्तीसगढ़	6.0–6.5
राजेंद्र श्वेता	बिहार	4.5
राजेंद्र सुवासिनी	बिहार	5.0
राजेंद्र कस्तूरी	बिहार	4.5–5.0
सम्पदा	बिहार, छत्तीसगढ़	5.2
गोंत्रा बिधान–1	पश्चिम बंगाल	6.0
कर्मा महसूरी	छत्तीसगढ़	5.0
सी.आर.बोरो धान–2	ओडिशा	5.0–5.6
डी.आर.एच–775	छत्तीसगढ़, झारखण्ड, पश्चिम बंगाल	7.0–7.5
पी.ए.सी. 835	ओडिशा	5.6
पी.ए.सी. 837	छत्तीसगढ़	6.3
सी.आर.बोरो धान–2	असम, ओडिशा	5.0–5.6
डी.आर.आर.एच.–3	ओडिशा, उत्तर प्रदेश	6.0–6.5
नरेंद्र उसर धान	ओडिशा, पश्चिम बंगाल, (तटीय लवणीय क्षेत्र)	4.5–5.0
आई.जी.के.वी.आर.–1	छत्तीसगढ़, ओडिशा	5.1
सी.आर. धान 401 (रीता)	ओडिशा, पश्चिम बंगाल	5.5
सी.आर. धान 601	असम, पश्चिम बंगाल, ओडिशा (बोरो क्षेत्र)	5.5
सी.आर. धान 501	असम, उत्तर प्रदेश	4.0
राजलक्ष्मी	असम, (बोरो क्षेत्र), ओडिशा	5.5–7.0
एन.डी.आर. 2065	उत्तर प्रदेश	5.0–5.5
आई.जी.आर. के.वी.आर.–1244	छत्तीसगढ़	4.5
27पी.31 (हाइब्रिड)	झारखण्ड	8.0–9.0
27पी.61 (हाईबिड)	छत्तीसगढ़	6.0–7.0
जे.के.आर.एच. 3333	पश्चिम बंगाल, बिहार, छत्तीसगढ़	6.0
अराईज तेज	बिहार, छत्तीसगढ़	7.0
कनक	पश्चिम बंगाल, बिहार, ओडिशा	5.5
पी.एन.पी.एच. 24	पश्चिम बंगाल, बिहार, ओडिशा	5.8–6.9
एन.पी.एच 924–1	असम, पश्चिम बंगाल (बोरो क्षेत्र)	6.2–6.7

उत्पादकता बढ़ाने में प्रयोग किये जा रहे प्रौद्योगिकीय उपाय तथा समस्यायें

चावल की उत्पादकता बढ़ाने हेतु अभिग्रहित किये गये विभिन्न प्रकार के तकनीकों एवं बाधाओं को तालिका 20अ एवं 20ब में दर्शाया गया है–

तालिका–20अ. चावल की उत्पादकता बढ़ाने के लिए अपनाये गये प्रौद्योगिकीय उपाय

प्रभेद प्रतिस्थापन (संकर)	उचित समय पर बुआई	पौध ज्यामिति का समायोजन	सीधे धान की बुआई
न्यूट्री अनाज के साथ विविधीकरण	चावल गहनता की प्रणाली (एस.आर.आई)	यांत्रिक रोपाई	स्थल विशिष्ट पोषक तत्व प्रबंधन
एकीकृत खरपतवार प्रबंधन	ब्राउन खाद	पत्ता रंग चार्ट का उपयोग	जैव उर्वरकों का उपयोग
अवशेष प्रबंधन	जल के संयुक्त उपयोग	चावल–मछली एकीकरण	मिश्रित कटाई यंत्र
समेकित कीटनाशक प्रबंधन	अल्पावधि प्रभेदों का चयन	उत्तम कृषि पद्धति का चयन	श्रेष्ठ प्रबंधन पद्धति
सामुदायिक नर्सरी का प्रयोग		चरणबद्ध नर्सरी का प्रयोग	

तालिका–20ब. चावल की उत्पादकता में रुकावटें

मध्य मौसम और टर्मिनल सूखे के तनाव	वर्षा आधारित पारिस्थितिकी में विविधीकरण	देरी से मानसून के लिए कृषि तकनीक	बाढ़ग्रस्त क्षेत्रों में धान की खेती के लिए उन्नत तकनीक
संकर बीजों का सहभागी रूप में उत्पादन	सीधी बुआई धान में एकीकृत खरपतवार प्रबंधन	बोरो धान में कम तापमान तनाव प्रबंधन	सीधे बुआई धान में सूक्ष्म पोषक तत्वों की कमी
उच्च भूमि पारिस्थितिकी के लिए उन्नत प्रभेदों का विकास	कम नाइट्रोजन का उपयोग दक्षता	जल की कम उत्पादकता	कृषि क्षेत्र में ऊर्जा का अभाव
समयोचित संचालन का अभाव	छोटे खेत के मशीनीकरण	संरक्षित खेती की तकनीकों का अनुपयोग	आकस्मिक फसलों के प्रभेदों की कमी
भूमि में जैविक कार्बन की कमी	भूजल का अल्प उपयोग		

प्रति व्यक्ति चावल की उपलब्धता

पूर्वी क्षेत्र में पिछले एक दशक में चावल की प्रति व्यक्ति उपलब्धता एक समान रही (340.0 ग्राम/दिन)। राष्ट्रीय स्तर पर भी यही स्थिति थी। विभिन्न पूर्वी राज्यों में असम, छत्तीसगढ़ एवं ओडिशा में चावल की प्रति व्यक्ति उपलब्धता राष्ट्रीय औसत की तुलना में अधिक है। बिहार, तथापि, चावल की न्यूनतम प्रति व्यक्ति उपलब्धता (145.0 ग्राम/दिन) को दर्शाता है (रेखाचित्र–26)।

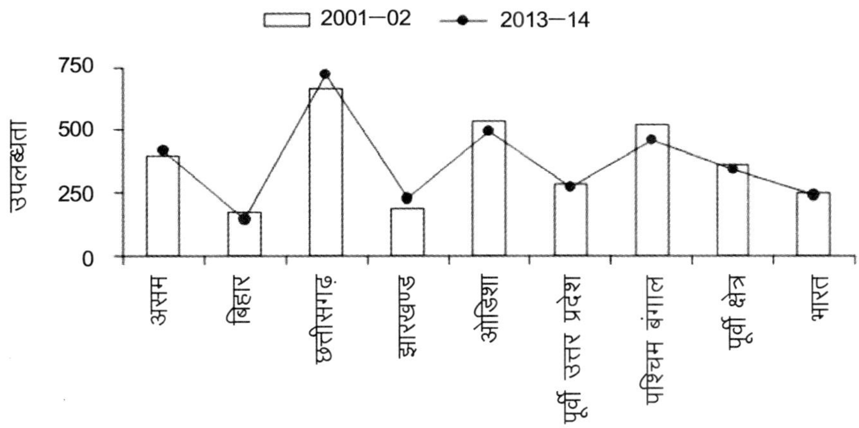

रेखाचित्र–26. प्रति व्यक्ति चावल की उपलब्धता (ग्राम/दिन)

गेहूँ

पूर्वी राज्यों में यद्यपि चावल के क्षेत्र में मामूली कमी हुई, वहीं आधार वर्ष की तुलना में वर्ष 2013–14 तक गेहूँ की खेती में 0.34 मिलियन हेक्टेयर क्षेत्र की वृद्धि हुई (कृषि एवं सहकारिता विभाग, 2015अ; पश्चिम बंगाल सरकार, 2008; उत्तर प्रदेश सरकार, 2014; झारखण्ड सरकार, 2014; ओडिशा सरकार, 2015; छत्तीसगढ़ सरकार, 2015)। बिहार एवं पूर्वी उत्तर प्रदेश ही ऐसे राज्य हैं जो कि कुल गेहूँ के क्षेत्र में 85 प्रतिशत का योगदान देते हैं (तालिका–21अ)।

तालिका–21अ. पूर्वी राज्यों में गेहूँ के अंतर्गत क्षेत्रफल (मिलियन हेक्टेयर)

राज्य	वर्ष 2000–01 से 2004–05	वर्ष 2005–06 से 2009–10	वर्ष 2010–11 से 2013–14
असम	0.05–0.08	0.05–0.08	0.04–0.05
बिहार	2.00–2.17	2.03–2.19	2.10–2.26
छत्तीसगढ़	0.01–0.11	0.10–0.11	0.10–0.11
झारखण्ड	0.06–0.07	0.06–0.10	0.10–0.17
ओडिशा	0.01–0.02	0.01–0.01	0.00–0.01
पूर्वी उत्तर प्रदेश	3.30–3.38	3.36–3.46	3.53–3.65
पश्चिम बंगाल	0.40–0.43	0.31–0.37	0.32–0.34

तथापि, गेहूँ उत्पादन में बहुत ही धीमी गति से वृद्धि दर्ज की गई। विगत 13 वर्षों के दौरान पूर्वी राज्यों में गेहूँ उत्पादन में मात्र 15 प्रतिशत की बढ़ोतरी हुई। जबकि राष्ट्रीय स्तर पर 25 प्रतिशत की वृद्धि अंकित की गयी (कृषि एवं सहकारिता विभाग, 2015अ)। पूर्वी उत्तर प्रदेश में गेहूँ का उत्पादन बिहार की तुलना में विशेष रूप से बढ़ा। पूर्वी उत्तर प्रदेश में गेहूँ उत्पादन में वर्ष 2000–01 की तुलना में वर्ष 2013–14 में 1.67 मिलियन टन की वृद्धि हुई, वहीं बिहार में यह मात्र 0.64 मिलियन टन बढ़ा (तालिका–21ब)।

तालिका–21ब. पूर्वी राज्यों में गेहूँ का उत्पादन (मिलियन टन)

राज्य	वर्ष 2000–01 से 2004–05	वर्ष 2005–06 से 2009–10	वर्ष 2010–11 से 2013–14
असम	0.07–0.09	0.05–0.07	0.03–0.06
बिहार	3.26–4.44	3.24–4.97	4.67–5.38
छत्तीसगढ़	0.08–0.11	0.09–0.10	0.13–0.14
झारखण्ड	0.10–0.15	0.08–0.15	0.15–0.36
ओडिशा	0.01–0.01	0.004–0.01	0.001–0.004
पूर्वी उत्तर प्रदेश	7.40–8.41	7.92–9.32	9.87–9.97
पश्चिम बंगाल	0.69–1.06	0.77–0.92	0.84–0.95

विगत 13 वर्षों के दौरान पूर्वी क्षेत्र में गेहूँ की उत्पादकता में मामूली वृद्धि हुई। राष्ट्रीय स्तर पर 13 प्रतिशत की तुलना में पूर्वी क्षेत्र में गेहूँ उत्पादकता मात्र 10 प्रतिशत बढ़ी (अय्यप्पन, 2015)। पिछले 13 वर्षों के दौरान जहाँ गेहूँ

उत्पादकता राष्ट्रीय स्तर पर 0.41 टन/हेक्टेयर बढ़ी वहीं पूर्वी क्षेत्र में मात्र 0.27 टन/हेक्टेयर का लाभ हुआ (तालिका–21स, रेखाचित्र–27 अ एवं ब)।

तालिका–21स. पूर्वी राज्यों में गेहूँ की उत्पादकता (टन/हेक्टेयर)

राज्य	वर्ष 2000–01 से 2004–05	वर्ष 2005–06 से 2009–10	वर्ष 2010–11 से 2013–14
असम	1.07–1.22	1.07–1.27	0.82–1.18
बिहार	1.61–2.15	1.62–2.08	1.95–2.43
छत्तीसगढ़	0.85–1.06	0.89–1.09	1.14–1.40
झारखण्ड	0.55–2.38	1.34–1.74	1.64–2.06
ओडिशा	1.25–1.51	1.36–1.55	1.46–1.67
पूर्वी उत्तर प्रदेश	2.25–2.52	2.36–2.69	2.79–2.80
पश्चिम बंगाल	2.10–2.49	2.11–2.68	2.76–2.82

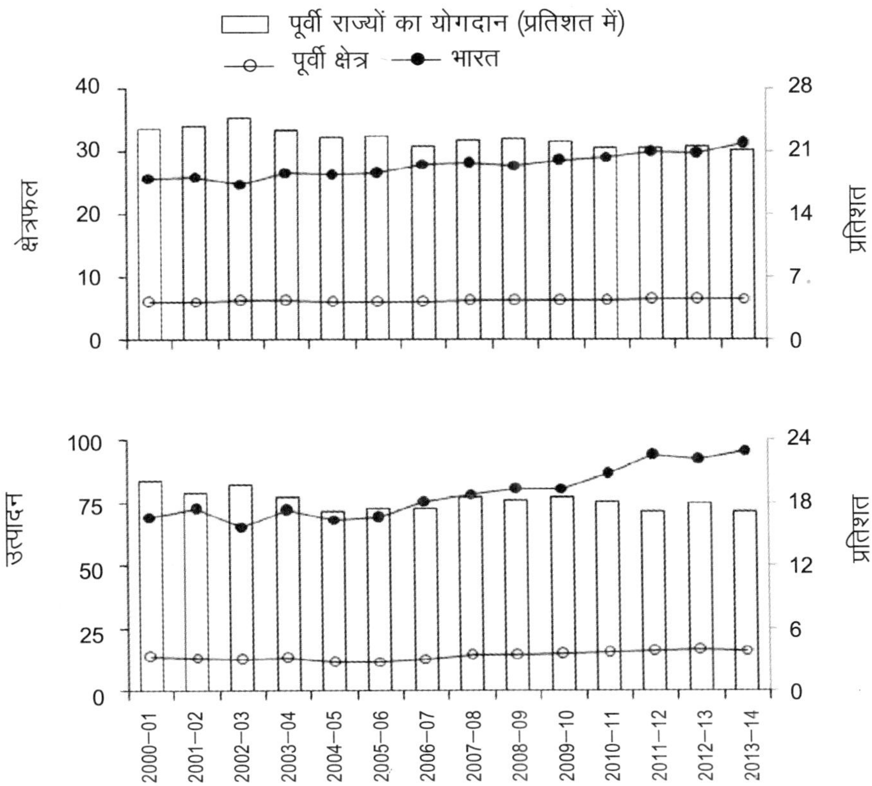

रेखाचित्र–27अ. गेहूँ का क्षेत्रफल (मिलियन हेक्टेयर) एवं उत्पादन (मिलियन टन)

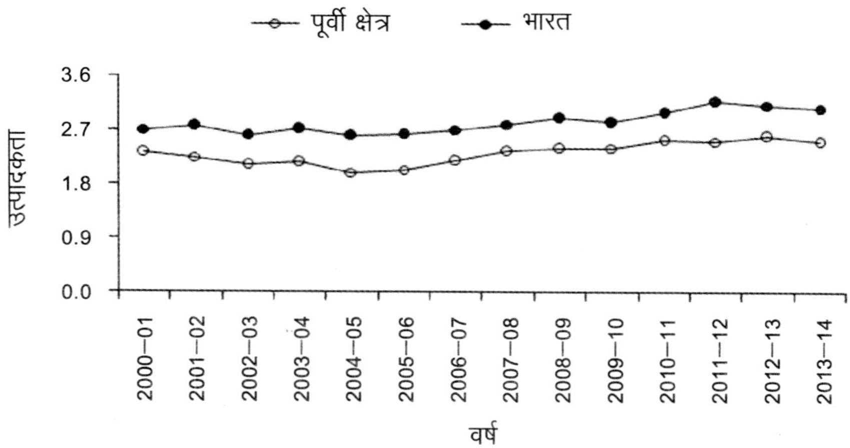

रेखाचित्र–27 ब. गेहूँ की उत्पादकता (टन / हेक्टेयर)

बीज प्रतिस्थापन दर

आधार वर्ष (2000–01) की तुलना में बिहार में हाल के वर्षों में गेहूँ बीज प्रतिस्थापन दर में 4.04 गुणा अधिक की वृद्धि हुई। तथापि, पूर्वी उत्तर प्रदेश में यह मात्र 2.75 गुणा बढ़ा चूंकि पूर्वी उत्तर प्रदेश में बीज प्रतिस्थापन दर वर्ष 2000–01 के दौरान एवं उसके बाद भी अपेक्षाकृत बेहतर था (तालिका–22, रेखाचित्र–28)।

तालिका–22. पूर्वी राज्यों में गेहूँ के बीज की प्रतिस्थापन दर (प्रतिशत)

राज्य	वर्ष 2001 से 2004	वर्ष 2005 से 2008	वर्ष 2009 से 2011
असम	0.00–37.25	11.00–46.50	2.20–54.54
बिहार	8.43–10.00	11.00–24.00	25.46–34.80
छत्तीसगढ़	6.54–6.82	7.65–26.42	26.59–36.42
झारखण्ड	0.00–10.00	9.00–15.00	27.63–31.92
ओडिशा	19.57–40.38	17.35–28.41	29.45–41.81
पूर्वी उत्तर प्रदेश	15.26–18.97	21.40–32.36	39.58–41.59
पश्चिम बंगाल	30.00–35.00	36.00–38.50	39.45–43.37

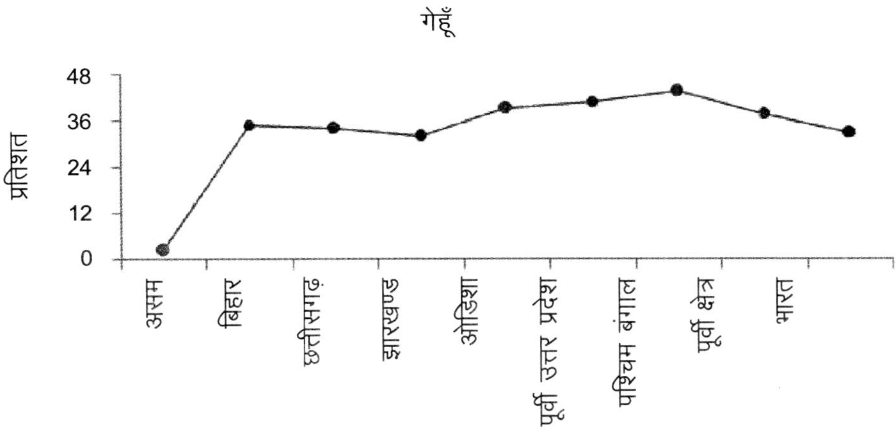

रेखाचित्र–28. गेहूँ के बीज की प्रतिस्थापन दर (प्रतिशत) 2011

गेहूँ के अग्रणी प्रभेद

धान की अपेक्षा पूर्वी राज्यों में गेहूँ के सीमित प्रभेदों का प्रयोग किया जाता है। समय पर बुआई सभी प्रभेदों के लिए आवश्यक है (तालिका–23)।

तालिका–23. पूर्वी भारत में गेहूँ के अग्रणी फसल प्रभेदों का विवरण एवं उनकी उपज (टन/हेक्टेयर)

किस्में	औसत उत्पादकता	पारिस्थितिकीय विवरण
उत्तर पूर्वी मैदानी क्षेत्र		
पी.बी.डब्ल्यू. 343	4.5	सिंचित, समय पर बुआई
के.9107 (देवा)	4.0	सिंचित, समय पर बुआई
एच.पी. 1761	4.2	सिंचित, समय पर बुआई
एन.डब्ल्यू. 1012	4.3	सिंचित, समय पर बुआई
एच.यू.डब्ल्यू. 468	4.3	सिंचित, समय पर बुआई
एच.डी. 2733 (वी.एस.एम.)	5.0	सिचित, समय पर बुआई
के. 307	4.6	सिंचित, समय पर बुआई
सी.बी.एन. 38	4.5	सिंचित, समय पर बुआई
आर.ए.जे. 4120	4.2	सिंचित, समय पर बुआई
डी.बी.डब्ल्यू. 39	4.4	सिंचित, समय पर बुआई
एच.डी. 2643 (गंगा)	3.5	सिंचित, देर से बुआई

एच.पी. 1744	3.6	सिंचित, देर से बुआई
एच.डब्ल्यू 2045 (कौशाम्बी)	3.8	सिंचित, देर से बुआई
एन.डब्ल्यू 2036	3.6	सिंचित, देर से बुआई
डी.बी.डब्ल्यू 14	3.7	सिंचित, देर से बुआई
एच.डी. 2824 (पूर्वा)	4.5	सिंचित, देर से बुआई
पूसा बसंत (एच.डी. 2985)	3.5–4.0	सिंचित, देर से बुआई
के. 9465 (गोमती)	2.0	वर्षा सिंचित, समय पर बुआई
एम.ए.सी.एस. 6145	2.3	वर्षा सिंचित, समय पर बुआई
एच.डी. 2888	2.3	वर्षा सिंचित, समय पर बुआई
एच.आई. 1563	3.8	असिंचित, देर से बुआई
छत्तीसगढ़		
एम.पी.ओ.1215	4.8	सिंचित, समय पर बुआई
जी.डब्ल्यू. 366	5.2	सिंचित, समय पर बुआई
एच.आई. 1531	2.3	सिंचित, समय पर बुआई
एच.आई.1544	4.8	सिंचित, समय पर बुआई
एच.डी. 2864 (उर्जा)	4.2	सिंचित, देर से बुआई
एच.डी. 2932	4.2	सिंचित, देर से बुआई
एम.पी.1203	4.1	सिंचित, देर से बुआई

गेहूँ की उत्पादकता बढ़ाने के लिए प्रौद्योगिकीय उपाय तथा समस्यायें

गेहूँ की उत्पादकता बढ़ाने हेतु अभिग्रहित किये गये विभिन्न प्रकार के तकनीकों एवं बाधाओं को तालिका 24अ तथा 24ब में वर्णित किया गया है।

तालिका–24अ. गेहूँ की उत्पादकता बढ़ाने के लिए अपनाये गये प्रौद्योगिकीय उपाय

उन्नत किस्मों के प्रभेदों का चयन	बुवाई तारीखों का अनुकूलन	पौध ज्यामिति का समायोजन	एकीकृत खरपतवार प्रबंधन
बेहतर जल प्रबंधन	स्थल विशिष्ट पोषक तत्व प्रबंधन	अवशेष प्रबंधन	संसाधन संरक्षण प्रौद्योगिकीयों के उपयोग (शून्य जुताई, बिस्तर रोपण, भूमि समतलीकरण आदि)
मिश्रित कटाई यंत्र	उत्तम कृषि पद्धति का चयन	श्रेष्ठ प्रबंधन पद्धति	

तालिका–24ब. गेहूँ की उत्पादकता में रुकावटें

टर्मिनल–ऊष्मा के तनाव	समयोचित संचालन का अभाव	अवशेष प्रबंधन	उत्पादकता और मिट्टी के स्वास्थ्य पर शून्य जुताई के दीर्घकालिक प्रभाव
संकर विकास	गेहूँ गहनता की प्रणाली	छोटे किसानों के लिए ऊर्जा सक्षम मशीनीकरण	कमजोर भूमिगत ज्ल मसौदा
खरीफ के दौरान समयोचित संचालन का अभाव	कृषि क्षेत्र में ऊर्जा का अभाव	कम बीज प्रतिस्थापन दर	भूमि में जैविक कार्बन की कमी

प्रतिव्यक्ति गेहूँ की उपलब्धता

पूर्वी राज्यों में गेहूँ की प्रति व्यक्ति उपलब्धता 111 ग्राम/दिन आंकी गई है जो राष्ट्रीय औसत के लगभग आधी है। तथापि, पूर्वी उत्तर प्रदेश में प्रति व्यक्ति उपलब्धता 341.0 ग्राम/दिन है (रेखाचित्र–29)।

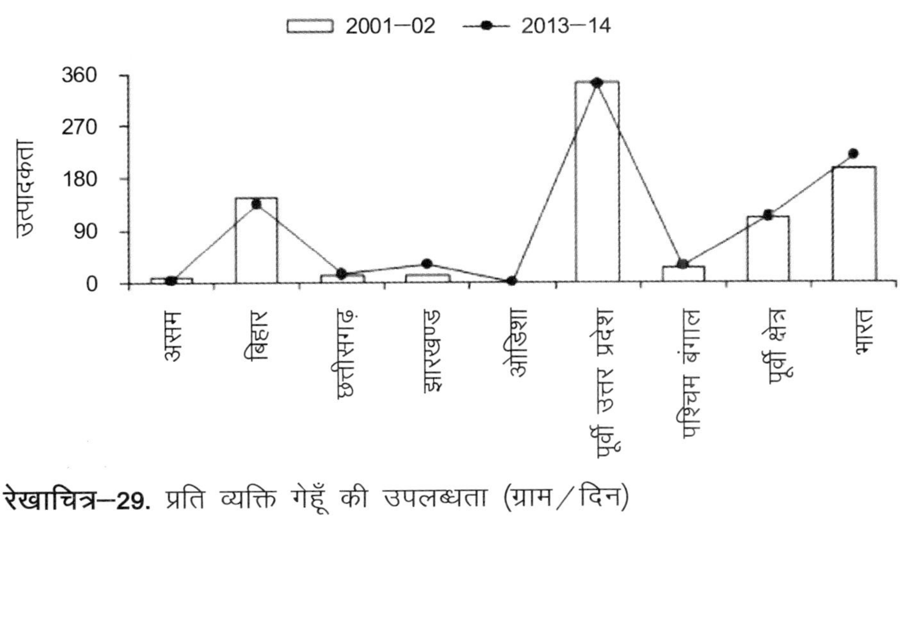

रेखाचित्र–29. प्रति व्यक्ति गेहूँ की उपलब्धता (ग्राम/दिन)

मक्का

पूर्वी उत्तर प्रदेश को छोड़कर शेष पूर्वी राज्यों में मक्का क्षेत्र में बढ़ोतरी की प्रवृत्ति दिखी। औसतन, राष्ट्रीय स्तर पर 30 प्रतिशत की तुलना में पूर्वी क्षेत्र में भी मक्का की खेती में 25 प्रतिशत की बढ़ोतरी हुई। विभिन्न पूर्वी राज्यों में बिहार में मक्का के अंतर्गत क्षेत्र सबसे ज्यादा (46 प्रतिशत) है (कृषि एवं सहकारिता विभाग, 2015अ; कुमार एवं समूह, 2014; हेरिस एवं समूह, 2013)। तथापि असम में मक्का क्षेत्र सबसे कम है। पिछले 14 वर्षों में मक्का खेती के क्षेत्र में 30 प्रतिशत की वृद्धि का आकलन किया गया (तालिका–25अ)।

तालिका–25अ. पूर्वी राज्यों में मक्का के अंतर्गत क्षेत्रफल (मिलियन हेक्टेयर)

राज्य	वर्ष 2000–01 से 2004–05	वर्ष 2005–06 से 2009–10	वर्ष 2010–11 से 2013–14
असम	0.02	0.02	0.02
बिहार	0.60–0.64	0.63–0.65	0.60–0.75
छत्तीसगढ़	0.06–0.99	0.10	0.10–0.12
झारखण्ड	0.09–0.19	0.16–0.24	0.22–0.26
ओडिशा	0.04–0.06	0.06–0.07	0.10–0.12
पूर्वी उत्तर प्रदेश	0.27–0.34	0.26–0.31	0.26–0.28
पश्चिम बंगाल	0.03–0.05	0.05–0.09	0.09–0.13

पूर्वी क्षेत्र द्वारा 4.02 मिलियन टन मक्का का उत्पादन किया जाता है जो राष्ट्रीय स्तर पर उत्पादन का 16.5 प्रतिशत है। सभी पूर्वी राज्यों की तुलना में, बिहार प्रदेश कुल उत्पादन में 50 प्रतिशत का योगदान देता है क्योंकि बिहार में ग्रीष्म, बसंत एवं शीत मक्के की खेती प्रचुर मात्रा में की जाती है। यद्यपि पर्वतीय एवं पठारी क्षेत्रों एवं पश्चिम बंगाल में मक्का का क्षेत्र बहुत सीमित है, परन्तु मक्का उत्पादन में 59 प्रतिशत (छत्तीसगढ़) से 79 प्रतिशत (पश्चिम बंगाल) की बढ़ोतरी हुई। औसतन, पूर्वी क्षेत्र में मक्का उत्पादन में 43 प्रतिशत की बढ़ोतरी हुई (तालिका–25ब)।

तालिका–25ब. पूर्वी राज्यों में मक्का का उत्पादन (मिलियन टन)

राज्य	वर्ष 2000–01 से 2004–05	वर्ष 2005–06 से 2009–10	वर्ष 2010–11 से 2013–14
असम	0.01–0.02	0.01	0.01–0.08
बिहार	1.38–1.47	1.36–1.72	1.44–2.33
छत्तीसगढ़	0.07–0.14	0.11–0.15	0.19–0.25
झारखण्ड	0.11–0.29	0.19–0.36	0.26–0.52
ओडिशा	0.04–0.10	0.10–0.18	0.21–0.30
पूर्वी उत्तर प्रदेश	0.23–0.41	0.25–0.35	0.30–0.37
पश्चिम बंगाल	0.06–0.10	0.13–0.39	0.35–0.52

पश्चिम बंगाल में पिछले 14 वर्षों में मक्का की पैदावार में 1.45 टन/प्रति हेक्टेयर की शुद्ध बढ़ोतरी दर्ज हुई। राज्यों के परिप्रेक्ष्य नें पूर्वी क्षेत्र में उत्पादकता में शुद्ध बढ़ोतरी 0.64 टन/प्रति हेक्टेयर थी। राष्ट्रीय औसत पर भी यही बात थी। जहाँ तक मक्का की उत्पादकता का प्रश्न है, इसकी औसत उत्पादकता पूर्वी क्षेत्र में 2.46 टन/हेक्टेयर है जो राष्ट्रीय स्तर के समरूप है। पश्चिम बंगाल एक ऐसा राज्य है जिसकी उत्पादकता अधिकतम (4.06 टन/हेक्टेयर) पायी गई है। परंतु पूर्वी उत्तर प्रदेश में मक्का की उत्पादकता न्यूनतम (1.43 टन/हेक्टेयर) है (तालिका–25स तथा रेखाचित्र–30)।

तालिका–25स. पूर्वी राज्यों में मक्का की उत्पादकता (टन/हेक्टेयर)

राज्य	वर्ष 2000–01 से 2004–05	वर्ष 2005–06 से 2009–10	वर्ष 2010–11 से 2013–14
असम	0.70–0.72	0.72–0.78	0.72–3.20
बिहार	2.29–2.50	2.10–2.68	2.23–3.39
छत्तीसगढ़	0.75–1.37	1.40–1.68	1.81–2.08
झारखण्ड	1.27–1.80	1.23–1.51	1.22–1.99
ओडिशा	0.91–1.63	1.60–2.16	2.06–2.79
पूर्वी उत्तर प्रदेश	0.85–1.30	0.95–1.18	1.14–1.43
पश्चिम बंगाल	2.00–2.98	2.53–3.94	3.72–4.06

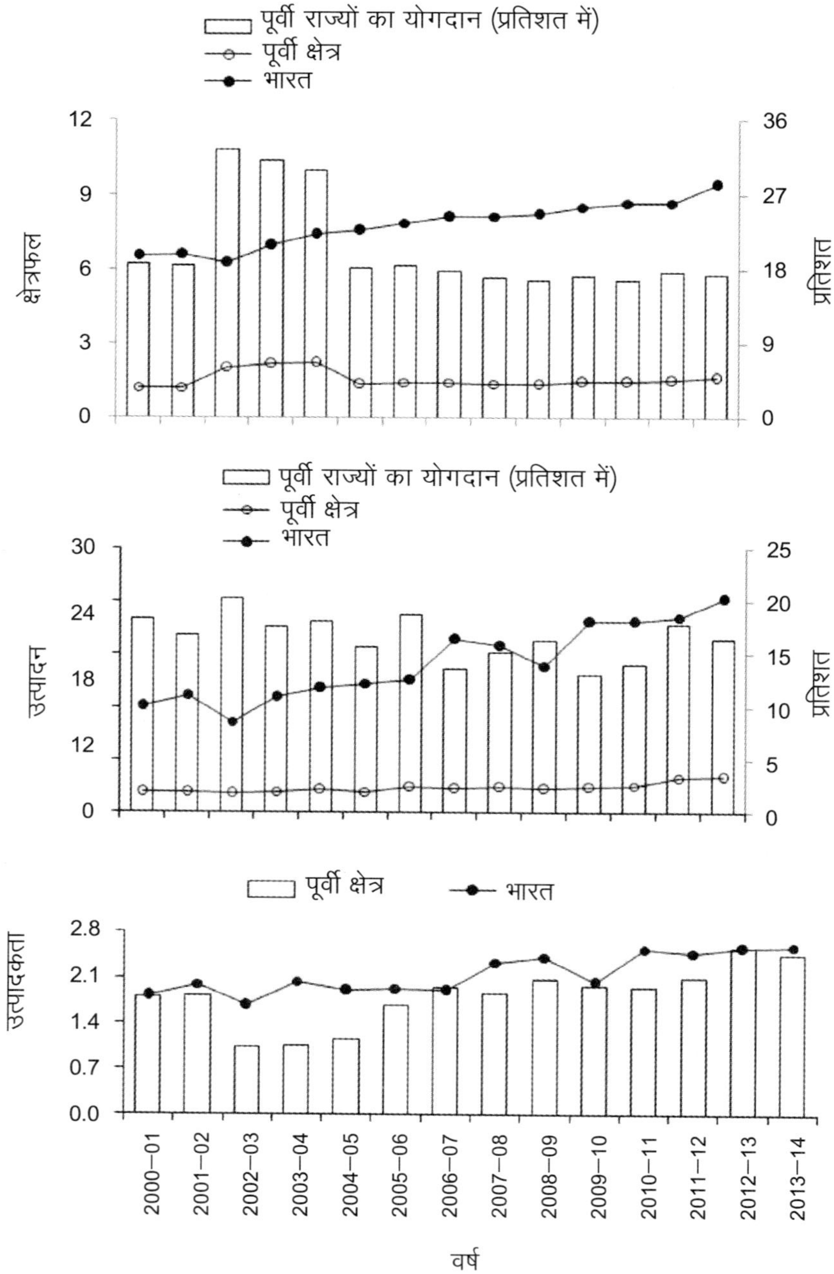

रेखाचित्र–30. मक्का का क्षेत्रफल (मिलियन हेक्टेयर), उत्पादन (मिलियन टन) एवं उत्पादकता (टन / हेक्टेयर)

बीज प्रतिस्थापन दर

पूर्वी क्षेत्र के बिहार प्रदेश में मक्का उत्पादन में 100 प्रतिशत बीज प्रतिस्थापन दर दर्ज की गई है। पश्चिम बंगाल, जिसकी उत्पादकता सर्वाधिक है, में बीज प्रतिस्थापन दर मात्र 29 प्रतिशत है। आँकड़े दर्शाते हैं कि उन्नत मक्का प्रभेदों ने अन्य पूर्वी राज्यों में महत्वपूर्ण स्थान प्राप्त नहीं किया (तालिका–26, रेखाचित्र–31)।

तालिका–26. पूर्वी राज्यों में मक्का के (संकर) बीज का प्रतिस्थापन दर (प्रतिशत)

राज्य	वर्ष 2001 से 2004	वर्ष 2005 से 2008	वर्ष 2009 से 2011
असम	0.0–18.37	2.00–15.00	22.12–51.30
बिहार	21.16–30.00	40.00–75.00	64.39–100.00
छत्तीसगढ़	5.06–6.63	8.83–12.07	16.13–21.23
झारखण्ड	–	4.00–10.80	7.27–19.18
ओडिशा	0.77–8.00	0.98–2.07	3.63–20.87
पूर्वी उत्तर प्रदेश	6.57–14.03	12.28–21.44	21.66–37.66
पश्चिम बंगाल	15.00–19.00	20.00–24.00	26.02–29.04

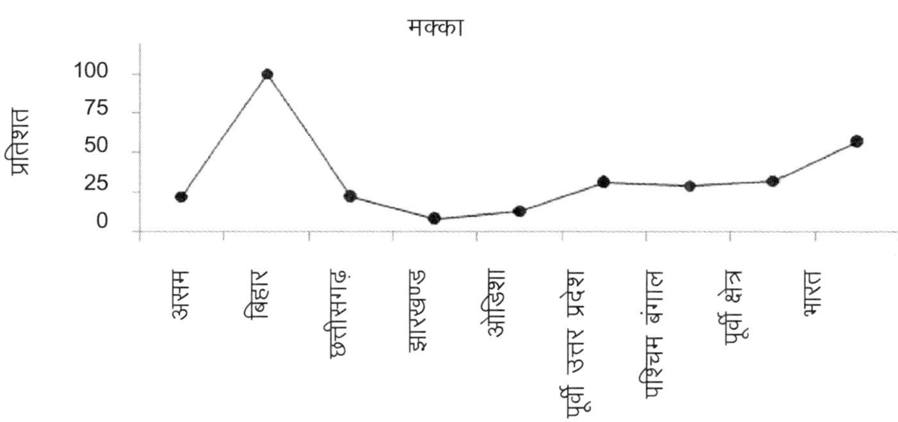

रेखाचित्र–31. मक्का में बीज प्रतिस्थापन दर (प्रतिशत)

मक्का के उन्नत प्रभेद

मक्का के संकर प्रभेदों का उत्पादन बढ़ाने में महत्वपूर्ण योगदान है। पूर्वी राज्यों में प्रयोग में लाये जा रहे विभिन्न प्रभेदों का विवरण नीचे तालिका 27 में दिया गया है।

तालिका–27. पूर्वी भारत में मक्का के अग्रणी फसल प्रभेदों का विवरण एवं उनकी उपज (टन/हेक्टेयर)

किस्में	पूर्वी क्षेत्र में अनुशंसित राज्य	उपज
गुजरात मक्का–4	बिहार, झारखण्ड, ओडिशा, पश्चिम बंगाल	5.0–6.0
विवेक हाईब्रिड 5	उत्तर प्रदेश	4.5–5.0
शक्तिमान–1	बिहार	6.0–6.5
गुजरात मक्का–6	बिहार, झारखण्ड, ओडिशा, पश्चिम बंगाल	3.5–4.0
डी.के.–701	उत्तर प्रदेश, बिहार, झारखण्ड, ओडिशा	5.0–6.0
ए.एच.–421	असम	4.5–5.0
शक्तिमान–2	बिहार	6.0–6.5
डी–994	बिहार, झारखण्ड, ओडिशा	3.5–4.0
वी.एल. बेबी कॉर्न	देश भर में	5.0
एच.क्यू.पी.एम.–1	असम	6.2
एच.एम.–4	देश भर में	6.0–8.0
बिरसा विकास मक्का–2	बिहार	3.0–3.5
प्रताप मक्का–4	असम	4.5
शक्तिमान–3	बिहार	6.0–7.0
शक्तिमान–4	बिहार	6.0–7.0
एच.एम.–9 (एच.के.एल.–1191)	बिहार, झारखण्ड, ओडिशा	6.0
एच.एम.–8 (एच.के.एल.–1188)	छत्तीसगढ़	5.0–6.8
मालवीया हाईब्रिड मक्का–2	पूर्वी उत्तर प्रदेश, बिहार, झारखण्ड, ओडिशा, पश्चिम बंगाल, छत्तीसगढ़	5.4
विवेक मेज हाईब्रिड–27	पूर्वी उत्तर प्रदेश, बिहार, झारखण्ड, ओडिशा, पश्चिम बंगाल, छत्तीसगढ़	5.0–5.5
पिनैकल (एम.ओ.एन.25)	पूर्वी उत्तर प्रदेश, बिहार, झारखण्ड, ओडिशा	6.0

एच.क्यू.पी.एम.–4	देश भर में (हिमालय क्षेत्र को छोड़कर)	6.0
पी3501 (एक्स.7बी.401)	पूर्वी उत्तर प्रदेश, बिहार, झारखण्ड, ओडिशा	6.5
विवेक मेज हाईब्रिड–43	पूर्वी उत्तर प्रदेश, बिहार, झारखण्ड, ओडिशा, पश्चिम बंगाल, छत्तीसगढ़	4.8
एस.एम.एच.–3904	पूर्वी उत्तर प्रदेश, बिहार, झारखण्ड, ओडिशा, पश्चिम बंगाल, छत्तीसगढ़	7.0
बिस्को एक्स.1 (बिस्को 506)	उत्तर प्रदेश, बिहार, झारखण्ड, ओडिशा	8.0
एन.एम.एच.–920	उत्तर प्रदेश, बिहार, झारखण्ड, ओडिशा	9.0
के.एम.एच. 3712	उत्तर प्रदेश, बिहार, झारखण्ड, ओडिशा, पश्चिम बंगाल	7.7
एन.एम.एच. 803	पूर्वी उत्तर प्रदेश, बिहार, झारखण्ड, ओडिशा, छत्तीसगढ़	6.2
एच.एम.12	उत्तर प्रदेश, बिहार, झारखण्ड, ओडिशा	5.8
के.एम.एच.–3426	उत्तर प्रदेश, बिहार, झारखण्ड, ओडिशा	6.5
के.एम.एच.–218 प्लस	उत्तर प्रदेश, बिहार, झारखण्ड, ओडिशा	6.3
राजेंद्र संकर मक्का–3	बिहार	4.0–5.0
गंगा–11	बिहार	4.5
राजेंद्र संकर मक्का–1	बिहार	7.0–7.5
राजेंद्र संकर मक्का–2	बिहार	7.0–7.5
राजेंद्र संकर मक्का दीप ज्वाला	बिहार	11.0–11.5

मक्के का उत्पादन बढ़ाने के लिए प्रौद्योगिकीय उपाय एवं समस्यायें

मक्के की उत्पादकता बढ़ाने हेतु अभिग्रहित किये गये विभिन्न प्रकार के तकनीकों एवं बाधाओं को तालिका 28अ तथा 28ब में दर्शाया गया है–

तालिका–28अ. मक्के की उत्पादकता बढ़ाने के लिए अपनाए गए प्रौद्योगिकीय उपाय

उन्नत किस्मों का परिचय / संकर / क्वालिटी प्रोटीन मक्का	आलू के साथ फसल उत्पादन	कीट प्रबंधन (विशेष रूप से कट वॉर्म का नियंत्रण)
एकीकृत खरपतवार प्रबंधन	स्थल विशिष्ट पोषक तत्व प्रबंधन	बेहतर रोपण विधि
बेहतर जल प्रबंधन	उत्तम कृषि पद्धति का चयन	श्रेष्ठ प्रबंधन पद्धति

तालिका–28ब. मक्के की उत्पादकता में रुकावटें

सिंगल क्रॉस संकर प्रजातियों का अभाव	संकर मक्के का सहभागी उत्पादन	मक्का में संसाधन संरक्षण तकनीकों का कम उपयोग	लेग्यूम (फलीदार) फसलों के साथ विविधीकरण की कमी
स्थानीय स्तर पर प्रसंस्करण संरचनाओं की कमी	खरीफ मक्का (विशेषकर बिहार) के प्रभेदों की कमी	कम बीज प्रतिस्थापन दर	अम्लीय तथा क्षारीय एवं लवणीय भूमि
भूमि में जैविक कार्बन की कमी			

दलहन

पूर्वी क्षेत्र में दलहन क्षेत्र का हिस्सा भारत के दलहन क्षेत्र के हिस्से का 13 से 16.5 प्रतिशत आँका गया है। औसतन, वर्ष 2000–01 की तुलना में वर्ष 2013–14 में पूर्वी क्षेत्र में दलहन क्षेत्र में 0.62 मिलियन हेक्टेयर की बढ़ोतरी हुई। पूर्वी राज्यों में दलहन क्षेत्र के मामले में क्रमशः छत्तीसगढ़ (0.89 मिलियन हेक्टेयर) तथा ओडिशा (0.83 मिलियन हेक्टेयर) अधिकतम क्षेत्र वाले प्रदेश हैं। असम प्रदेश का दलहन के क्षेत्र में न्यूनतम योगदान है (तालिका–29अ)।

तालिका–29अ. पूर्वी राज्यों में दलहन के अंतर्गत क्षेत्रफल (मिलियन हेक्टेयर)

राज्य	वर्ष 2000–01 से 2004–05	वर्ष 2005–06 से 2009–10	वर्ष 2010–11 से 2013–14
असम	0.12–0.13	0.11–0.12	0.13–0.14
बिहार	0.66–0.78	0.51–0.61	0.51–0.53
छत्तीसगढ़	0.56–0.93	0.81–0.95	0.81–0.89
झारखण्ड	0.12–0.27	0.29–0.41	0.43–0.57
ओडिशा	0.60–0.71	0.79–0.86	0.73–0.88
पूर्वी उत्तर प्रदेश	0.60–0.63	0.59–0.63	0.59–0.61
पश्चिम बंगाल	0.23–0.25	0.18–0.22	0.19–0.26

पूर्वी क्षेत्र में दलहन उत्पादन, जो वर्ष 2000–01 में 2.08 मिलियन टन था, वह वर्ष 2013–14 में बढ़कर 2.88 मिलियन टन हो गया जो 28 प्रतिशत की बढ़ोतरी को दर्शाता है (कृषि एवं सहकारिता विभाग, 2015अ; पश्चिम

बंगाल सरकार, 2008; उत्तर प्रदेश सरकार, 2014; झारखण्ड सरकार, 2014; ओडिशा सरकार, 2015; छत्तीसगढ़ सरकार, 2015)। बिहार और पश्चिम बंगाल को छोड़कर, सभी पूर्वी राज्यों ने दलहन उत्पादन में बढ़ोतरी की प्रवृति दर्शायी है (तालिका–29ब)।

तालिका–29ब. पूर्वी राज्यों में दलहन का उत्पादन (मिलियन टन)

राज्य	वर्ष 2000–01 से 2004–05	वर्ष 2005–06 से 2009–10	वर्ष 2010–11 से 2013–14
असम	0.06–0.07	0.05–0.06	0.06–0.12
बिहार	0.47–0.62	0.44–0.50	0.51–0.56
छत्तीसगढ़	0.27–0.45	0.45–0.54	0.47–0.64
झारखण्ड	0.04–0.16	0.17–0.30	0.27–0.59
ओडिशा	0.19–0.28	0.34–0.39	0.41–0.42
पूर्वी उत्तर प्रदेश	0.60–0.66	0.49–0.56	0.56–0.67
पश्चिम बंगाल	0.17–0.22	0.13–0.25	0.16–0.25

पूर्वी क्षेत्र में दलहन उत्पादकता, जो वर्ष 2000–01 में 0.68 टन/हेक्टेयर थी, वह वर्ष 2013–14 में बढ़कर 0.78 टन/हेक्टेयर हो गई है। सभी पूर्वी राज्यों में, झारखंड में दलहन उत्पादकता अधिकतम (1.01 टन/हेक्टेयर) है इसके बाद बिहार (0.98 टन/हेक्टेयर) का स्थान है। राष्ट्रीय औसत की तुलना में पूर्वी राज्यों में दलहन की उत्पादकता अधिक है (तालिका–29स, रेखाचित्र–32अ, ब तथा स)।

तालिका–29स. पूर्वी राज्यों में दलहन की उत्पादकता (टन/हेक्टेयर)

राज्य	वर्ष 2000–01 से 2004–05	वर्ष 2005–06 से 2009–10	वर्ष 2010–11 से 2013–14
असम	0.54–0.57	0.54–0.57	0.54–0.57
बिहार	0.71–0.87	0.72–0.84	0.92–1.02
छत्तीसगढ़	0.40–0.61	0.48–0.60	0.58–0.72
झारखण्ड	0.51–0.83	0.57–0.74	0.66–1.07
ओडिशा	0.35–0.40	0.42–0.48	0.47–0.53
पूर्वी उत्तर प्रदेश	0.92–1.01	0.79–0.92	0.91–1.14
पश्चिम बंगाल	0.70–0.84	0.70–0.83	0.84–0.96

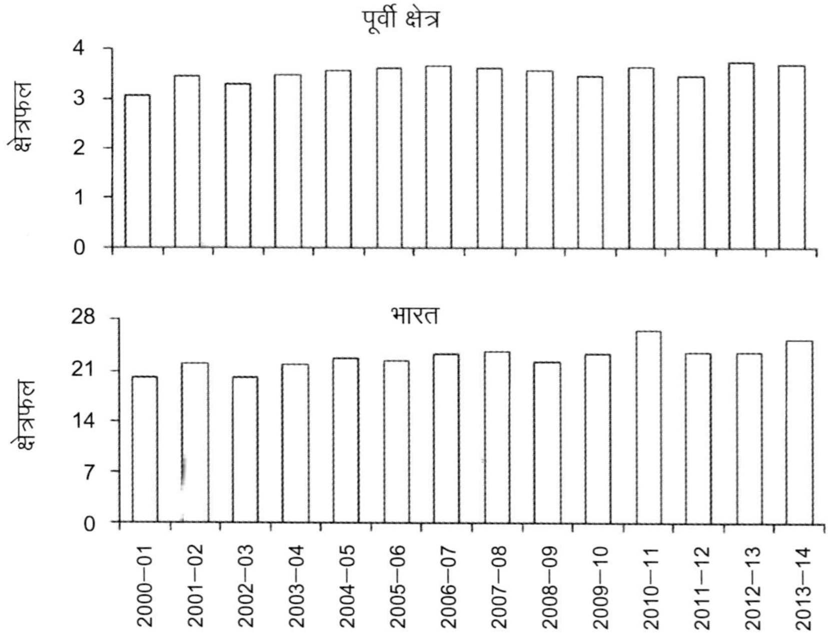

रेखाचित्र– 32अ. दलहन के अंतर्गत क्षेत्रफल (मिलियन हेक्टेयर)

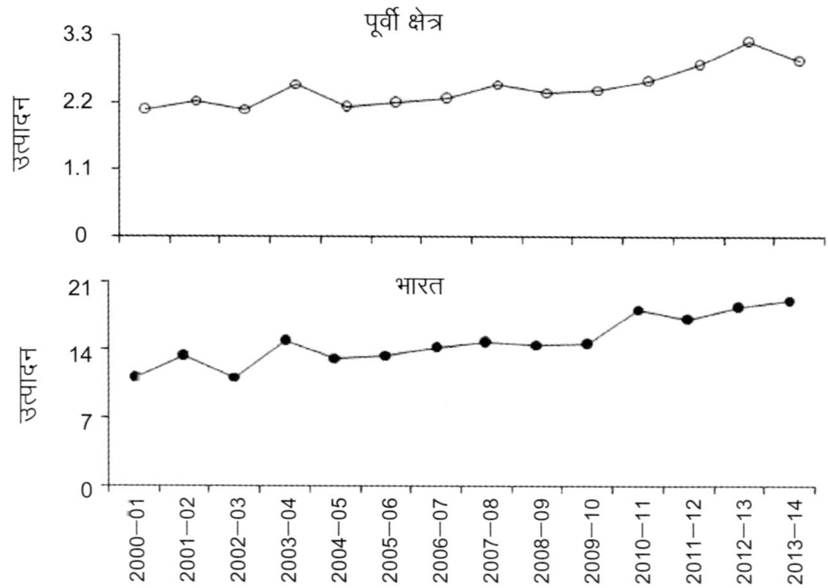

रेखाचित्र– 32ब. दलहन का उत्पादन (मिलियन टन)

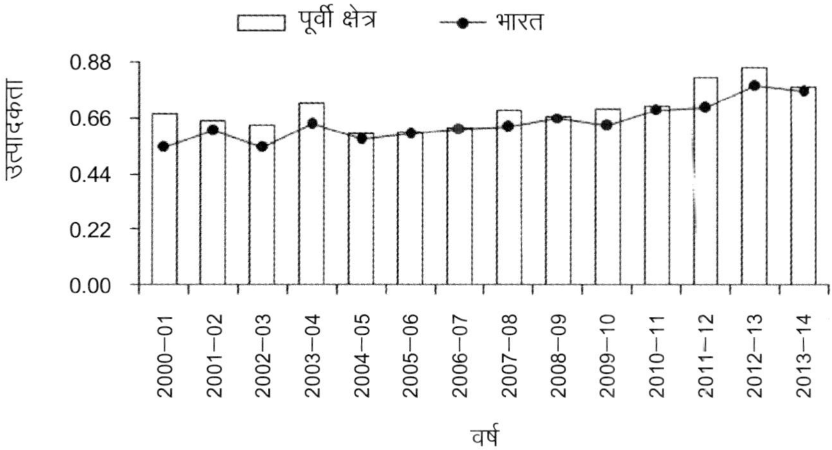

रेखाचित्र–32स. दलहन की उत्पादकता (टन/हेक्टेयर)

बीज प्रतिस्थापन दर

महत्वपूर्ण दलहनी फसलों (अरहर, चना एवं मूँग) में बीज प्रतिस्थापन विशेष रूप से बढ़ा है चूंकि राष्ट्रीय खाद्य सुरक्षा मिशन, भारत सरकार ने पूर्वी क्षेत्र के 189 जिलों को दलहन उत्पादन में उपयुक्त माना है। औसतन, अरहर में बीज प्रतिस्थापन दर राष्ट्रीय स्तर पर 22.2 प्रतिशत की तुलना में पूर्वी क्षेत्र में 23.8 प्रतिशत आँका गया है। क्षेत्र के अंतर्गत पश्चिम बंगाल में अधिकतम (45.0 प्रतिशत) एवं ओडिशा में न्यूनतम (4.75 प्रतिशत) बीज प्रतिस्थापन दर है (रेखाचित्र–33अ)।

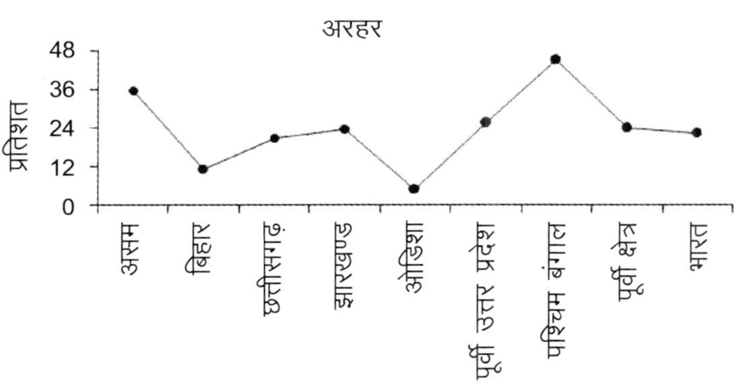

रेखाचित्र–33अ. अरहर में बीज प्रतिस्थापन दर

उसी प्रकार, चना के मामले में पश्चिम बंगाल में अधिकतम (26.9 प्रतिशत) बीज प्रतिस्थापन दर है। बिहार, छत्तीसगढ़ एवं पूर्वी उत्तर प्रदेश में भी चना उत्पादन बढ़ाने की क्षमता है, तथापि बीज प्रतिस्थापन दर अभी तक कम (लगभग 15 प्रतिशत) है (रेखाचित्र–33ब)।

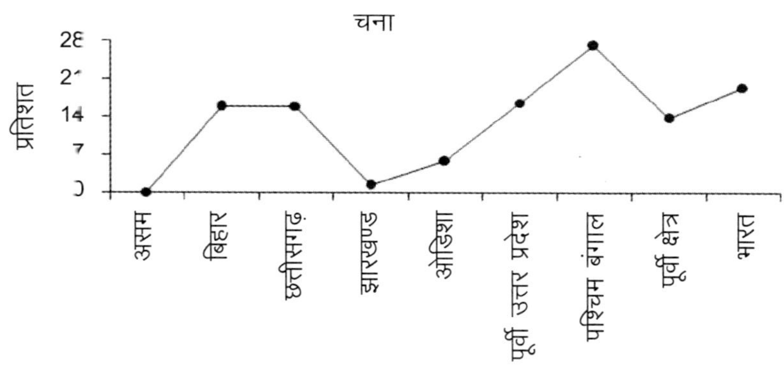

रेखाचित्र–33ब. चने में बीज प्रतिस्थापन दर

क्षेत्र नें बिहार, पूर्वी उत्तर प्रदेश एवं पश्चिम बंगाल मुख्य मूँग उत्पादक राज्य हैं। बीज प्रतिस्थापन दर 20.2, 20.8 एवं 33.7 प्रतिशत, क्रमशः बिहार, पूर्वी उत्तर प्रदेश एवं पश्चिम बंगाल में आँकी गई है। राष्ट्रीय स्तर पर मूँग के क्षेत्र में बीज प्रतिस्थापन दर 30.3 प्रतिशत है (रेखाचित्र–33स)।

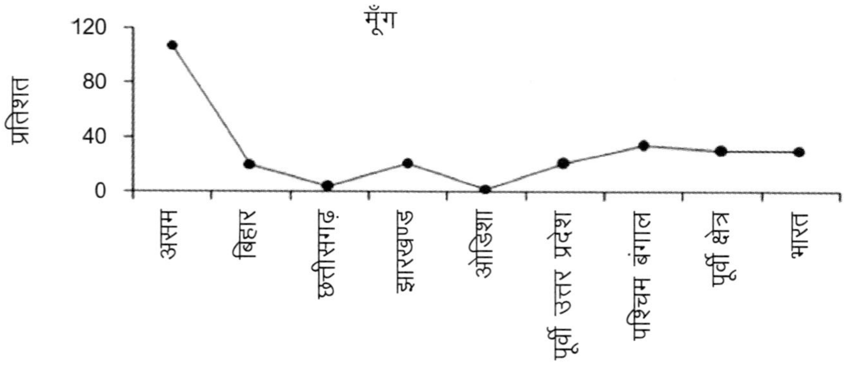

रेखाचित्र–33स. मूँग में बीज प्रतिस्थापन दर

दलहन के अग्रणी प्रभेद तथा उनकी उपज

अरहर, चना तथा मूंग के अलावा मसूर, उड़द, मटर तथा खेसारी पूर्वी क्षेत्र की प्रमुख दलहन फसलें हैं। दालों के उन्नत प्रभेदों का विवरण एवं उत्पादकता निम्नवत है।

तालिका–30अ. अरहर के अग्रणी प्रभेदों का विवरण एवं उनकी उपज (टन/हेक्टेयर)

किस्में	पूर्वी भारत में अनुशांसित राज्य	उपज
बिरसा अरहर 1	बिहार	1.0–1.5
आशा (आई.सी.पी. एल.–87119)	ओडिशा	1.6–1.8
पूसा–9	पूर्वी उत्तर प्रदेश, बिहार, पश्चिम बंगाल	2.2–2.6
शरद (डी.ए.11)	बिहार	1.8–2.0
जवाहर (के.एम.–7)	ओडिशा	1.8–2.0
नरेन्द्र अरहर–1 (एन.डी.ए–88–2)	उत्तर प्रदेश	2.0–2.2
अमर (के.ए.32–1)	उत्तर प्रदेश	1.6–2.0
एम.ए.–6	पूर्वी उत्तर प्रदेश	2.0–2.3
मालवीय चमत्कार (एम.ए.एल–13)	उत्तर प्रदेश, पश्चिम बंगाल	2.7–2.9
सी.ओ.आर.जी.–9701	ओडिशा	1.1
एन.डी.ए. 2	उत्तर प्रदेश, बिहार, पश्चिम बंगाल, झारखण्ड	2.5–2.8
राजेंद्र अरहर 1	बिहार	2.5–3.0

तालिका–30ब. चना के अग्रणी प्रभेदों का विवरण एवं उनकी उपज (टन/हेक्टेयर)

किस्में	पूर्वी भारत में अनुशंसित राज्य	उपज
के.पी.जी.–59 (उदय)	बिहार, पश्चिम बंगाल	2.0–2.2
भारती (आई.सी. सी.भी–10)	ओडिशा	1.8–2.0
सदाबहार	उत्तर प्रदेश	2.1–2.3
पूसा–372 (बी.जी.–372)	बिहार, पश्चिम बंगाल, पूर्वी उत्तर प्रदेश	2.1–2.3

प्रगति (के–3256)	उत्तर प्रदेश	1.7–2.0
के.डब्ल्यू.आर–108	पूर्वी उत्तर प्रदेश, बिहार, पश्चिम बंगाल	2.0–2.3
पन्त जी–186	उत्तर प्रदेश	1.8–2.0
बी.जी–1003 (पूसा काबुली)	पूर्वी उत्तर प्रदेश, बिहार, पश्चिम बंगाल	1.7–1.9
जे.जी–11	ओडिशा	1.5–1.7
डब्ल्यू.सी.जी–2 (सूर्या)	उत्तर प्रदेश	2.0–2.5
गुजरात ग्राम–4 (जी.सी.पी–105)	पूर्वी उत्तर प्रदेश, बिहार, पश्चिम बंगाल	1.8–2.0
पूसा चमत्कार (बी.जी.1053)	छत्तीसगढ़	2.5–3.0
वैभव (आर.जी. 2918)	छत्तीसगढ़	1.4–1.5
डब्ल्यू.सी.जी–10 (पन्त जी–10)	उत्तर प्रदेश	2.1–2.5
विहार (फुले जी.–95311)	ओडिशा	1.6–1.8
अनुराधा	पश्चिम बंगाल	2.2–2.5
हरयाणा काबुली चना 2 (एच.के. 94134)	उत्तर प्रदेश, बिहार	1.4
डब्ल्यू.सी.जी. 3 (वल्लभ कलर चना)	उत्तर प्रदेश	1.9–2.1
एम.एन.के.1	ओडिशा	1.3
एच.के.4 (एच.के.05–169)	पश्चिम बंगाल, बिहार	1.5
पूसा 256	बिहार	2.5–3.0
पूसा 372	बिहार	1.5–2.0
पूसा 1003	बिहार	1.5–1.8
एच.के.5–169	बिहार	2.2–2.5

तालिका–30स. मूँग के अग्रणी प्रभेदों का विवरण एवं उनकी उपज (टन/हेक्टेयर)

किस्में	पूर्वी भारत में अनुशंसित राज्य	उपज
नरेन्द्र मूंग–1	उत्तर प्रदेश	1.0
पूसा–9072	ओडिशा	0.8–1.0
पन्त मूंग–4	पूर्वी उत्तर प्रदेश, बिहार, पश्चिम बंगाल	1.1
पूसा–9531	उत्तर प्रदेश	1.0–1.2
पी.डी.एम.139	उत्तर प्रदेश	1.2–1.5
ओ.यू.एम.–11–5	ओडिशा	0.7
एच.यू.एम. 12	बिहार, उत्तर प्रदेश	1.1
मालवीय जागृति (एच.यू.एम.–12)	उत्तर प्रदेश, बिहार, झारखण्ड, पश्चिम बंगाल	1.1–1.2
आई.पी.एम. 99–125	पूर्वी उत्तर प्रदेश, बिहार, पश्चिम बंगाल	1.0
मेहा	पूर्वी उत्तर प्रदेश, बिहार, पश्चिम बंगाल	1.0
टी.एम. 99–37	पूर्वी उत्तर प्रदेश, बिहार, पश्चिम बंगाल	1.1
सी.ओ.जी.जी. 912	ओडिशा	0.8
कामदेव (ओ.यू.एम. 11–5)	ओडिशा	0.8
एच.यू.एम. 16 (मालवीय जनकल्याणी)	पूर्वी उत्तर प्रदेश, बिहार, पश्चिम बंगाल	1.4–1.6
पेअरी मूंग	छत्तीसगढ़	0.9–1.0
पी.के.वी.ए.के.एम.4 (ए.के.एम.9904)	ओडिशा	1.0–1.1
आई.पी.एम.02–14	ओडिशा	1.0–1.2
के.एम.2195(स्वाति)	उत्तर प्रदेश	1.0–1.2

तालिका–30द. मसूर के अग्रणी प्रभेदों का विवरण एवं उनकी उपज (टन/हेक्टेयर)

किस्में	पूर्वी भारत में अनुशंसित राज्य	उपज
पन्त एल. 406	बिहार	2.0–2.2
मल्लिका (के.75)	बिहार	1.8–2.0
अरूण (पी.एल.77–12)	बिहार	1.8–2.0

पन्त एल. 639	बिहार	1.8–2.0
एन.डी.एल.1	बिहार	2.0–2.2
पी.एल. 5	बिहार	2.0–2.5
नरेंद्र मसूर–1	उत्तर प्रदेश	1.4
सुब्रता	पश्चिम बंगाल	1.2–1.8
मालवीय विश्वनाथ (एच.यू.एल.57)	पूर्वी उत्तर प्रदेश, बिहार, झारखण्ड, असम, पश्चिम बंगाल	1.4
के.एल.एस. 218	पूर्वी उत्तर प्रदेश, बिहार, पश्चिम बंगाल	1.4–1.5
मोइत्री (डब्ल्यू.बी. एल.77)	पूर्वी उत्तर प्रदेश, बिहार, झारखण्ड, असम, पश्चिम बंगाल	1.5
शेखर मसूर 2 (के.एल.बी–303)	उत्तर प्रदेश	1.4
शेखर मसूर 3 (के.एल.बी.–320)	उत्तर प्रदेश	1.4

तालिका–30य. उरद के अग्रणी प्रभेदों का विवरण एवं उनकी उपज (टन/हेक्टेयर)

किस्में	**पूर्वी भारत में अनुशंसित राज्य**	**उपज**
टी.9	बिहार	1.0–1.2
पन्त यू.19	बिहार	1.2–1.5
नवीन	बिहार	1.0–1.2
प्रभा (एल.बी.जी.402)	ओडिशा	1.1
नरेन्द्र उरद–1 (एन.डी.यू–88–8)	उत्तर प्रदेश	1.0
बिरसा उरद–1	बिहार	1.1
के.यू.–301	ओडिशा	1.2
टी.यू–94–2	ओडिशा	1.5
आजाद उरद–1 (के.यू.–92–1)	उत्तर प्रदेश, बिहार, पश्चिम बंगाल	1.0
डब्ल्यू.बी.जी.–26	ओडिशा	1.0
आई.पी.यू.–94–1 (उत्तरा)	बिहार, पश्चिम बंगाल	1.1–1.2
गौतम (डब्ल्यू. बी.यू.–105)	पश्चिम बंगाल	1.3–1.5
शेखर 3 (के.यू. 309)	उत्तर प्रदेश	1.0
सुलाता (डब्ल्यू. बी.यू. 109)	उत्तर प्रदेश, बिहार, पश्चिम बंगाल, असम, झारखण्ड	1.5–1.6

पन्त उरद 31	उत्तर प्रदेश, ओडिशा, छत्तीसगढ़, बिहार	1.5
प्रसाद	उत्तर प्रदेश, ओडिशा	1.2–1.4
आई.पी.यू 02–43	ओडिशा, असम	0.9–1.1
सी.ओ. 6 (सी.ओ. बी.जी. 653)	ओडिशा	0.8–1.0
विश्वास (एन.यू. एल.–7)	छत्तीसगढ़, उत्तर प्रदेश	1.0

तालिका–30र. मटर के अग्रणी प्रभेदों का विवरण एवं उनकी उपज (टन / हेक्टेयर)

किस्में	**पूर्वी भारत में अनुशंसित राज्य**	**उपज**
सपना (के.पी.एम. आर–1441)	उत्तर प्रदेश	2.0–2.5
मालवीय मटर–15 (एच.यू.डी.पी.–15)	पूर्वी उत्तर प्रदेश, बिहार, पश्चिम बंगाल	2.5–3.0
डी.डी.आर.–23 (पूसा प्रभात)	पूर्वी उत्तर प्रदेश, बिहार, पश्चिम बंगाल	1.5
शुभ्रा (आई.एम.–9101)	छत्तीसगढ़	1.5–2.0
प्रकाश (आई.पी. एफ.डी.–1–10)	छत्तीसगढ़	2.1
पारस	छत्तीसगढ़	1.8–2.4
भी.एल.–मटर–42	पूर्वी उत्तर प्रदेश, बिहार, पश्चिम बंगाल, असम, झारखण्ड	2.0

तालिका–30ल. खेसारी के अग्रणी प्रभेदों का विवरण एवं उनकी उपज (टन / हेक्टेयर)

किस्में	**पूर्वी भारत में अनुशंसित राज्य**	**उपज**
बायो एल.–212 (रतन)	पूर्वी उत्तर प्रदेश, बिहार, पश्चिम बंगाल	1.5
आर.एल.एस 4595 (महा त्योरा)	छत्तीसगढ़	1.5
बी.–1 (निर्मल)	बिहार	1.2–1.5
पूसा 24	बिहार	1.5–2.0
एल.एस.157–14 (प्रतिक)	बिहार	1.3–1.6

दलहन की उत्पादकता बढ़ाने के लिए प्रौद्योगिकीय उपाय एवं समस्यायें

दलहन की उत्पादकता बढ़ाने हेतु अभिग्रहित किये गये विभिन्न प्रकार के तकनीकों एवं बाधाओं को तालिका 31अ तथा 31ब में दर्शाया गया है–

तालिका–31अ. दलहन की उत्पादकता बढ़ाने के लिए अपनाये गये प्रौद्योगिकीय उपाय

उन्नत किस्मों का परिचय	बीज उपचार	कीट प्रबंधन	स्थल विशिष्ट पोषक तत्व प्रबंधन
एकीकृत खरपतवार प्रबंधन	अनाज और तिलहन के साथ फसल उत्पादन	उत्तम कृषि पद्धति का चयन	श्रेष्ठ प्रबंधन पद्धति

तालिका–31ब. दलहन की उत्पादकता में रुकावटें

कम बीज/किस्म प्रतिस्थापन दर	गुणवत्ता के बीज उत्पादन	धान परती भूमि में अल्प मात्रा में दलहन की खेती	विविधीकरण का अभाव
देर से बोए गए दालों के लिए उत्पादन तकनीक	दलहन में संसाधन संरक्षण तकनीक	दलहन में परजीवी खरपतवार अमरबेल का प्रबंधन	ठंड और उच्च तापमान सहिष्णु, एवं कम अवधि किस्मों का विकास
भूमि में जैविक कार्बन की कमी		अम्लीय तथा क्षारीय एवं लवणीय भूमि	

प्रति व्यक्ति दलहन की उपलब्धता

छत्तीसगढ़ तथा झारखण्ड राज्य को छोड़कर सभी पूर्वी राज्यों में प्रति व्यक्ति दाल की उपलब्धता कम पायी गयी है। पूर्वी क्षेत्र में औसतन 19.4 ग्राम/व्यक्ति/दिन की उपलब्धता है जो कि राष्ट्रीय स्तर से कम (24.2 ग्राम/व्यक्ति/दिन) है (रेखाचित्र–34)।

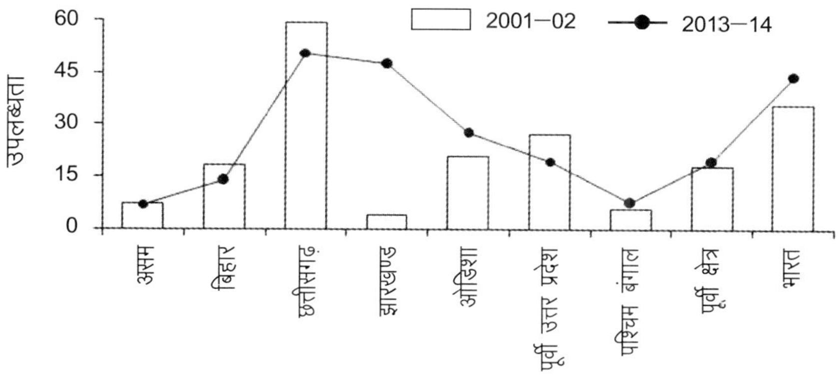

रेखाचित्र–34. प्रति व्यक्ति दलहन की उपलब्धता (ग्राम/दिन)

तिलहन

पूर्वी राज्यों का तिलहन के क्षेत्र में राष्ट्रीय स्तर पर मात्र 6.8 प्रतिशत का योगदान है। वर्ष 2000–01 की तुलना में वर्ष 2013–14 में पूर्वी क्षेत्र में तिलहन क्षेत्र में 0.28 मिलियन हेक्टेयर (13 प्रतिशत) की बढ़ोतरी हुई (कृषि एवं सहकारिता विभाग, 2015अ; पश्चिम बंगाल सरकार, 2008; उत्तर प्रदेश सरकार, 2014; झारखण्ड सरकार, 2014; ओडिशा सरकार, 2015; छत्तीसगढ़ सरकार, 2015)। जहाँ छत्तीसगढ़, झारखंड एवं पश्चिम बंगाल में तिलहन क्षेत्र में बढ़ोतरी हुई वहीं शेष पूर्वी राज्यों में यह स्थिर रहा या घटा है। तथापि, 13 वर्षों में, राष्ट्रीय स्तर पर तिलहन क्षेत्र में 4.16 मिलियन हेक्टेयर की बढ़ोतरी हुई (तालिका–32अ, रेखाचित्र–35अ)।

तालिका–32अ. पूर्वी राज्यों में तिलहन के अंतर्गत क्षेत्रफल (मिलियन हेक्टेयर)

राज्य	वर्ष 2000–01 से 2004–05	वर्ष 2005–06 से 2009–10	वर्ष 2010–11 से 2013–14
असम	0.28–0.31	0.24–0.28	0.27–0.28
बिहार	0.13–0.15	0.14	0.13–0.14
छत्तीसगढ़	0.26–0.30	0.24–0.31	0.30–0.32
झारखण्ड	0.03–0.05	0.03–0.14	0.18–0.26
ओडिशा	0.27–0.32	0.29–0.33	0.22–0.29
पूर्वी उत्तर प्रदेश	0.14–0.19	0.13	0.13–0.15
पश्चिम बंगाल	0.57–0.68	0.64–0.71	0.67–0.79

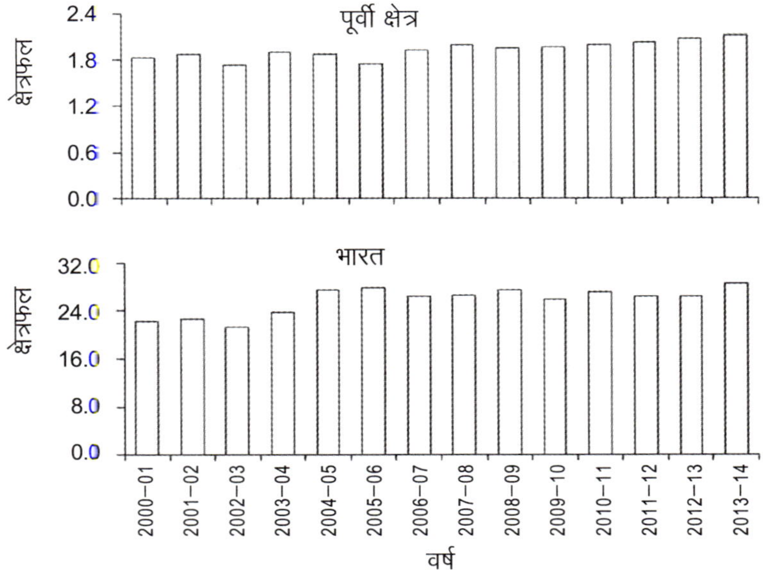

रेखाचित्र–35अ. तिलहन का क्षेत्रफल (मिलियन हेक्टेयर)

तिलहन उत्पादन, जो वर्ष 2000–01 में 1.18 मिलियन टन था, वह वर्ष 2013–14 में बढ़कर 1.87 मिलियन टन हो गया है। यह तिलहन उत्पादन में 56 प्रतिशत की वृद्धि को प्रदर्शित करता है। सभी पूर्वी राज्यों ने विगत 13 वर्षों के दौरान उत्पादन में बढ़त की शैली दिखाई है जिसमें पश्चिम बंगाल में अधिकतम (0.93 मिलियन टन) उत्पादन दर्ज किया गया है (तालिका–32ब)।

तालिका–32ब. पूर्वी राज्यों में तिलहन का उत्पादन (मिलियन टन)

राज्य	वर्ष 2000–01 से 2004–05	वर्ष 2005–06 से 2009–10	वर्ष 2010–11 से 2013–14
असम	0.15–0.16	0.11–0.14	0.15–0.17
बिहार	0.10–0.13	0.13–0.15	0.14–0.16
छत्तीसगढ़	0.09–0.13	0.13–0.19	0.17–0.22
झारखण्ड	0.01–0.03	0.01–0.07	0.09–0.20
ओडिशा	0.09–0.16	0.18–0.20	0.16–0.18
पूर्वी उत्तर प्रदेश	0.07–0.09	0.09–0.11	0.10–0.11
पश्चिम बंगाल	0.48–0.65	0.58–0.71	0.75–0.93

पूर्वी क्षेत्र में तिलहन उत्पादकता 0.64 टन/हेक्टेयर (वर्ष 2000–01) से बढ़कर 0.88 टन/हेक्टेयर (वर्ष 2013–14) हो गई जो कि विगत 13 वर्षों

के दौरान उत्पादकता में 27 प्रतिशत बढ़ोतरी को दर्शाता है। बिहार एवं पश्चिम बंगाल की तिलहन उत्पादकता राष्ट्रीय तिलहन उत्पादकता के समकक्ष दर्ज की गई। जहाँ राष्ट्रीय स्तर पर तिलहन उत्पादकता में 0.34 टन/हेक्टेयर की बढ़ोतरी थी, वहीं पूर्वी राज्यों ने 0.24 टन/हेक्टेयर की शुद्ध बढ़त दिखाई है (तालिका–32स, रेखाचित्र–35ब एवं स)।

तालिका–32स. पूर्वी राज्यों में तिलहन की उत्पादकता (टन/हेक्टेयर)

राज्य	वर्ष 2000–01 से 2004–05	वर्ष 2005–06 से 2009–10	वर्ष 2010–11 से 2013–14
असम	0.50–0.53	0.47–0.54	0.52–0.61
बिहार	0.76–0.89	0.98–1.04	1.07–1.14
छत्तीसगढ़	0.33–0.43	0.42–0.61	0.55–0.72
झारखण्ड	0.24–0.63	0.31–0.56	0.63–0.79
ओडिशा	0.35–0.57	0.55–0.61	0.59–0.73
पूर्वी उत्तर प्रदेश	0.46–0.64	0.84–0.69	0.77–0.83
पश्चिम बंगाल	0.82–0.96	0.83–1.07	1.00–1.19

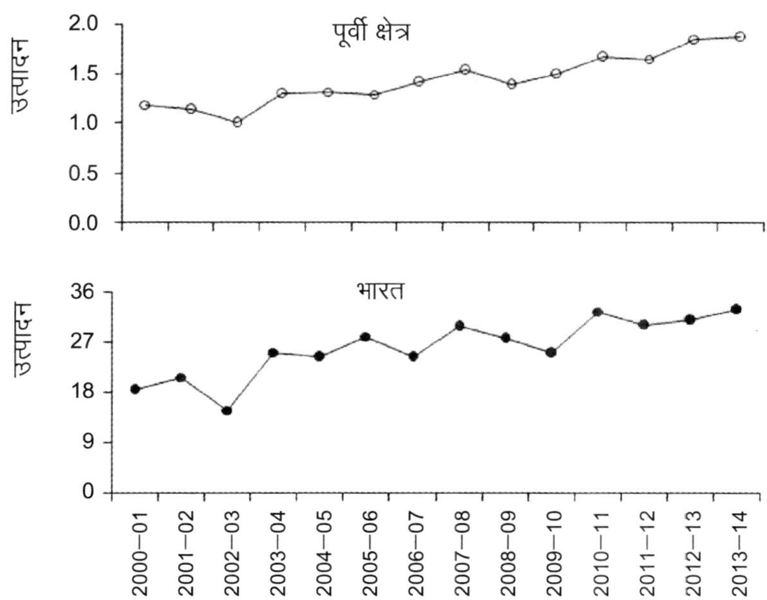

रेखाचित्र–35ब. तिलहन का उत्पादन (मिलियन टन)

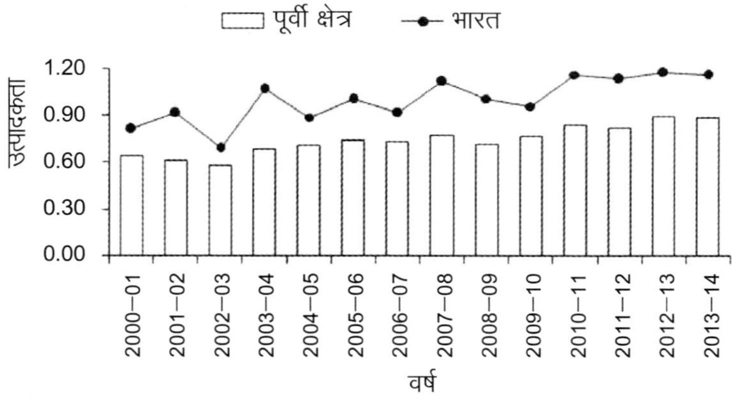

रेखाचित्र–35स. तिलहन की उत्पादकता (टन/हेक्टेयर)

तिलहन के अग्रणी प्रभेद तथा उनकी उपज

पूर्वी भारत में तिलहन के अग्रणी फसल प्रभेदों (सरसों, राई, तीसी तथा सूर्यमुखी) एवं उनकी उपज (टन/हेक्टेयर) का विवरण निम्नवत है।

तालिका–33अ. सरसों के प्रभेद

किस्में	पूर्वी भारत में अनुशांसित राज्य	उपज
पूसा अग्रणी (एस.ई.जे.2)	बिहार, पश्चिम बंगाल, ओडिशा	1.8
पूसा महक (जे.डी.6)	ओडिशा, झारखण्ड, छत्तीसगढ़, बिहार, पश्चिम बंगाल	1.8
वरूणा	बिहार	2.0
पूसा बोल्ड	बिहार	1.9
क्रांति	बिहार	2.1
आर.ए.यू.आर.डी. 9403	बिहार	1.4
आर.ए.यू.आर.डी.1002	बिहार	1.3
आर.ए.यू.आर.डी.एल 02–01	बिहार	1.6

तालिका–33ब. राई के प्रभेद

किस्में	पूर्वी भारत में अनुशंसित राज्य	उपज
66–197–3	बिहार	1.4–1.6
राजेंद्र सरसों–1	बिहार	1.5–1.6
स्वर्णा	बिहार	1.6

तालिका–33स. तीसी के प्रभेद

किस्में	पूर्वी भारत में अनुशांसित राज्य	उपज
टी. 397	बिहार	1.1
शुभ्रा (एल.एच.सी.के.–21)	बिहार	1.2
गरिमा	बिहार	1.4
श्वेता (एल.एच.सी.के.–131)	बिहार	1.2
शेखर (एल.सी.के.–9313)	बिहार	1.5
एन.एल. 142	उत्तर प्रदेश	1.5
एन.एल.165	उत्तर प्रदेश	1.6–2.3

तालिका–33द. तीसी के अनुशंसित प्रभेद

राज्य	तीसी के प्रभेद
बिहार	बी.ए.यू.–204–1, गौरव, जीवन, टी–397, एल.एच.सी.के.–131, एल. एच.सी.के.–21, एल. सी.के.–9313, आर.एल.–993, शिखा, रश्मि, आर. एलकृ–914
पश्चिम बंगाल	बी.ए.यू.–204–1, गौरव, जीवन, एल.एच.सी.के.–131, एल.एच.सी.के. –21, एलकृसी.के.–9313, नीला, आर एल.–993, मीरा, शिखा, रश्मि
असम	गौरव, जीवन, टी–397 एल.एच.सी.के.–131, एल.एच.सी.के.–21, एल. सी.के–9313, आर.एल.–993, मीरा, शिखा, रश्मि
उत्तर प्रदेश	बी.ए.यू.–204–1, गरिमा (एल.एच.सी.के.–39), गौरव, हीरा,जवाहर–23 जीवन (डी.एल.पी.–21), टी.–397,एल.एच.सी.के–131,एल.एच.सी.के–21, शेखर (एल.सी.के.–9313), मुक्ता, शीतल, आर.एल.–993, पद्मिनी, नीलम, मीरा (आर.एल.–993), शिखा (एल.सी.के.–8528), लक्ष्मी–27, रश्मि (एल. सी.के.–9216), पार्वती
ओडिशा	जवाहर–23, शीतल, पूसा–2, पद्मनी, किरण

तालिका–33र. बिहार में सूर्यमुखी के अनुशंसित प्रभेद

किस्में	उपज (टन/हे०)
मिश्रित प्रभेद	
मार्डन	1.4
सूर्या	1.5

सी.ओ.—1	1.4
पैरादेविक	1.6
डी.आर.एस.एफ.108	0.9—1.2
संकर प्रभेद	
बी.एस.एच.1	2.0—2.5
के.बी.एस.एच.1	2.0—2.5
एम.एस.एफ.एच.1	2.0—2.5
एम.एस.एफ.एच.8	2.0—2.5
एम.एस.एफ.एच.17	2.0—2.5
के.बी.एस.एच.44	2.3—2.8

तिलहन की उत्पादकता बढ़ाने के लिए प्रौद्योगिकीय उपाय एवं समस्यायें

तिलहन की उत्पादकता बढ़ाने हेतु अभिग्रहित किये गये विभिन्न प्रकार के तकनीकों एवं बाधाओं को तालिका 34अ एवं 34ब में दर्शाया गया है।

तालिका—34अ. तिलहन की उत्पादकता बढ़ाने के लिए अपनाये गये प्रौद्योगिकीय उपाय

उन्नत किस्मों का परिचय	बेहतर जल प्रबंधन	कीट प्रबंधन
बुवाई तारीखों का अनुकूलन	स्थल विशिष्ट पोषक तत्व प्रबंधन (सूक्ष्म पोषक तत्वों का प्रयोग)	एकीकृत खरपतवार प्रबंधन
सूक्ष्म पोषक तत्व जैसे बोरॉन का उपयोग	उत्तम कृषि पद्धति का चयन	श्रेष्ठ प्रबंधन पद्धति

तालिका—34ब. तिलहन की उत्पादकता में रुकावटें

कम बीज/किस्म प्रतिस्थापन दर	गुणवत्ता के बीज उत्पादन	धान परती भूमि में तिलहन उत्पादन की कमी	विविधीकरण का अभाव
देर से बुआई के लिए उत्पादन तकनीक	तिलहन में संसाधन संरक्षण तकनीक	नाइजर में परजीवी खरपतवार अमरबेल का प्रबंधन	मधुमक्खी पालन के साथ एकीकरण
भूमि में जैविक कार्बन की कमी		अम्लीय तथा क्षारीय एवं लवणीय भूमि	

तिलहन की प्रति व्यक्ति उपलब्धता

सभी पूर्वी राज्यों में राष्ट्रीय औसत से बहुत कम तिलहन उपलब्धता आंकी गयी है। औसतन प्रति व्यक्ति तिलहन की उपलब्धता पूर्वी राज्यों में 12.6 ग्राम/दिन है जो कि राष्ट्रीय स्तर (61.8 ग्राम/दिन) से बहुत कम है (रेखाचित्र–36)।

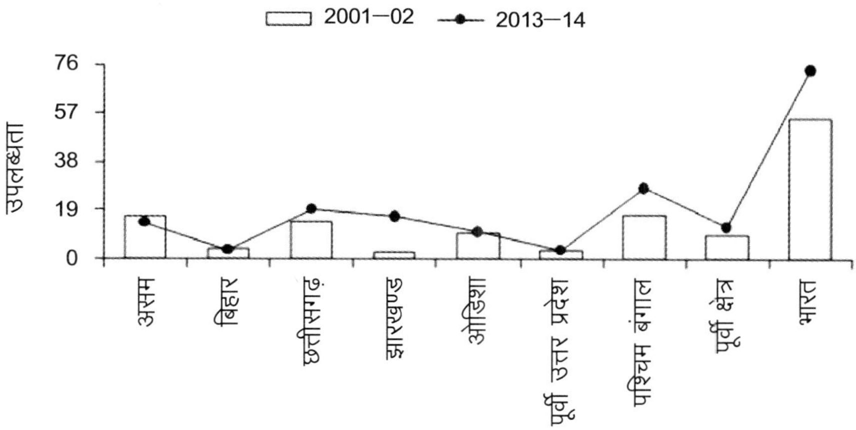

रेखाचित्र–36. प्रति व्यक्ति तिलहन की उपलब्धता (ग्राम/दिन)

□□□

अध्याय 19

खरीफ एवं रबी फसलों की उत्पादकता

पूर्वी राज्यों में औसत खरीफ उत्पादकता (1.94 टन प्रति हेक्टेयर) राष्ट्रीय औसत (1.87 टन प्रति हेक्टेयर) की तुलना में अधिक पायी गई है। पश्चिम बंगाल एवं पूर्वी उत्तर प्रदेश में खरीफ की उत्पादकता अन्य पूर्वी राज्यों की तुलना में अधिकतम है (2.58 एवं 2.10 टन प्रति हेक्टेयर, क्रमशः पश्चिम बंगाल एवं पूर्वी उत्तर प्रदेश)। वर्ष 2000–01 एवं 2013–14 के दौरान औसत खरीफ उत्पादन की अंतर्तुलना करने पर यह देखा गया है कि छत्तीसगढ़ ने आधार वर्ष (2000–01) की तुलना में वर्ष 2013–14 के दौरान 1.0 टन प्रति हेक्टेयर का शुद्ध लाभ दर्ज किया। इसी प्रकार, झारखंड (0.89 टन प्रति हेक्टेयर) तथा पश्चिम बंगाल (0.65 टन प्रति हेक्टेयर) द्वारा भी पैदावार बढ़ाने में योगदान दिया गया है। आँकड़े दर्शाते हैं कि निचले (0.59 टन प्रति हेक्टेयर) एवं मध्य गांगेय क्षेत्र (0.34 टन प्रति हेक्टेयर) की तुलना में पर्वतीय एवं पठारी क्षेत्र में शुद्ध उत्पादकता लाभ अपेक्षाकृत अधिक (0.85 टन प्रति हेक्टेयर) पाया गया (तालिका–35अ)।

तालिका–35अ. पूर्वी राज्यों में खरीफ फसलों की उत्पादकता (टन/हेक्टेयर)

राज्य	वर्ष 2000–01 से 2004–05	वर्ष 2005–06 से 2009–10	वर्ष 2010–11 से 2013–14
असम	1.37–1.48	1.21–1.65	1.67–1.94
बिहार	0.84–1.52	1.10–1.57	1.12–2.26
छत्तीसगढ़	0.60–1.33	1.05–1.34	1.48–1.66
झारखण्ड	1.04–1.21	1.08–1.79	1.25–1.97
ओडिशा	0.66–1.40	1.34–1.49	1.26–1.58
पूर्वी उत्तर प्रदेश	1.56–1.81	1.63–1.90	1.83–2.14
पश्चिम बंगाल	1.93–2.39	2.30–2.37	2.46–2.58

खरीफ की तुलना में रबी फसलों की उत्पादकता पूर्वी क्षेत्र में कम पायी गई है (खान एवं समूह, 2014; अय्यप्पन, 2010; भट्ट एवं समूह, 2013)। राष्ट्रीय स्तर पर 2.39 टन प्रति हेक्टेयर की तुलना में पूर्वी क्षेत्र में रबी के दौरान उत्पादकता 2.01 टन प्रति हेक्टेयर पायी गई है। खरीफ फसलों के समान पश्चिम बंगाल एवं पूर्वी उत्तर प्रदेश ने रबी फसलों में भी उच्च उत्पादकता दर्ज की तथा बिहार में उत्पादकता (2.19 टन प्रति हेक्टेयर) तीसरे नंबर पर रही। जबकि पर्वतीय एवं पठारी क्षेत्र में सबसे कम उत्पादकता लाभ (0.19 टन प्रति हेक्टेयर) हुआ। पूर्वी गांगेय मैदानी भागों में भी रबी के मौसम में शुद्ध लाभ मध्यम था (0.29 और 0.30 टन प्रति हेक्टेयर, क्रमशः निचले एवं मध्य गांगेय भाग में) (तालिका–35ब, रेखाचित्र–37अ एवं ब)।

तालिका–35ब. पूर्वी राज्यों में रबी फसलों की उत्पादकता (टन / हेक्टेयर)

राज्य	वर्ष 2000–01 से 2004–05	वर्ष 2005–06 से 2009–10	वर्ष 2010–11 से 2013–14
असम	1.42–1.64	1.45–1.77	1.68–2.29
बिहार	1.59–1.96	1.56–1.99	1.83–2.48
छत्तीसगढ़	0.47–0.73	0.57–0.77	0.75–0.86
झारखण्ड	1.17–1.56	1.02–1.26	1.30–1.54
ओडिशा	1.35–1.53	1.37–1.50	1.59–1.86
पूर्वी उत्तर प्रदेश	2.23–2.50	1.95–2.71	2.75–2.84
पश्चिम बंगाल	2.61–2.84	2.40–2.99	2.88–3.13

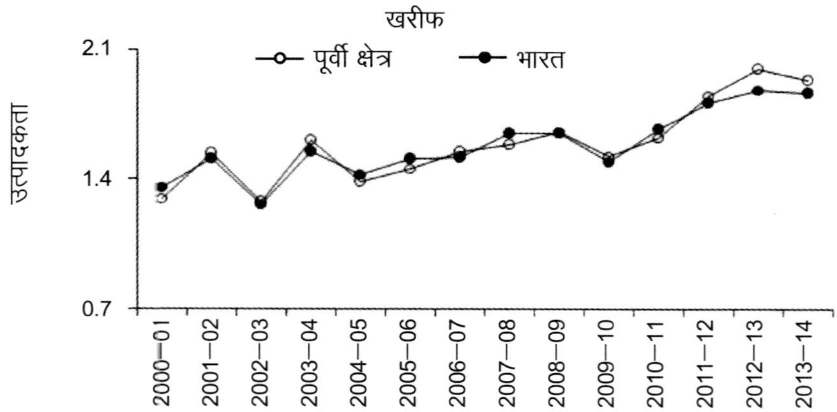

रेखाचित्र–37अ. खरीफ फसलों की उत्पादकता (टन / हेक्टेयर)

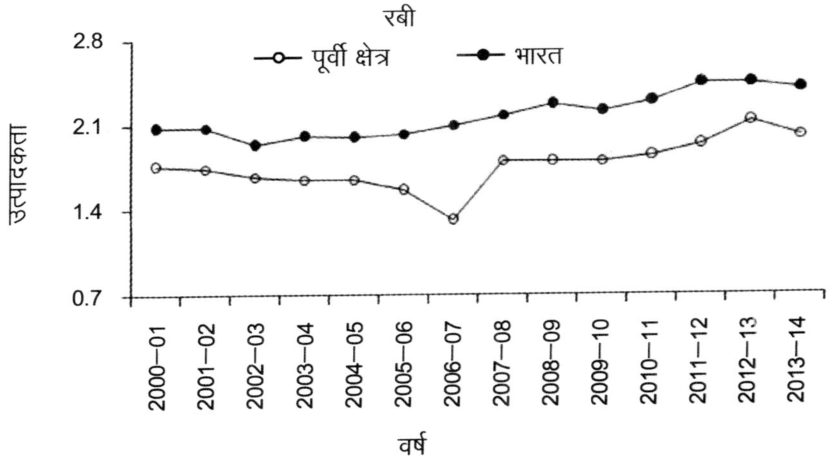

रेखाचित्र–37ब. रबी फसलों की उत्पादकता (टन/हेक्टेयर)

□□□

अध्याय 20

कृषि जलवायु क्षेत्र के आधार पर खाद्यान्न उत्पादकता

निचले गांगेय क्षेत्र में लगभग 8.77 मिलियन हेक्टेयर भूभाग पर खेती की जाती है जबकि मध्य गांगेय में यह क्षेत्र बढ़कर 14.75 मिलियन हेक्टेयर है। पठारी भूभाग एवं तटीय क्षेत्र का आकार 12.34 मिलियन हेक्टेयर है। मध्य एवं निचले गांगेय क्षेत्र का उत्पादन क्रमशः 31.7 एवं 22.0 मिलियन टन है (रेखाचित्र–38अ)।

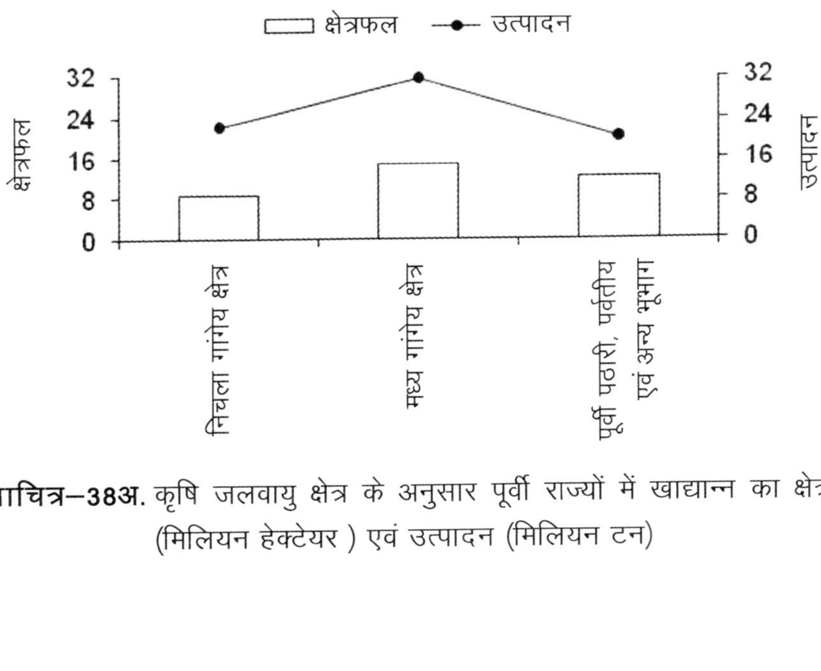

रेखाचित्र–38अ. कृषि जलवायु क्षेत्र के अनुसार पूर्वी राज्यों में खाद्यान्न का क्षेत्रफल (मिलियन हेक्टेयर) एवं उत्पादन (मिलियन टन)

खाद्यान्न उत्पादकता का कृषि जलवायु क्षेत्र के आधार पर विश्लेषण करने पर पाया गया कि निचले गांगेय क्षेत्र में खाद्यान्न उत्पादकता अधिकतम (2.34 टन/हेक्टेयर) है तत्पश्चात मध्य गांगेय क्षेत्र है जिसमें औसत उत्पादकता 2.16 टन/हेक्टेयर है। तथापि, पूर्वी तटीय मैदानी एवं पर्वतीय भाग में खाद्यान्न उत्पादकता न्यूनतम (1.67 टन/हेक्टेयर) है (रेखाचित्र–38ब)।

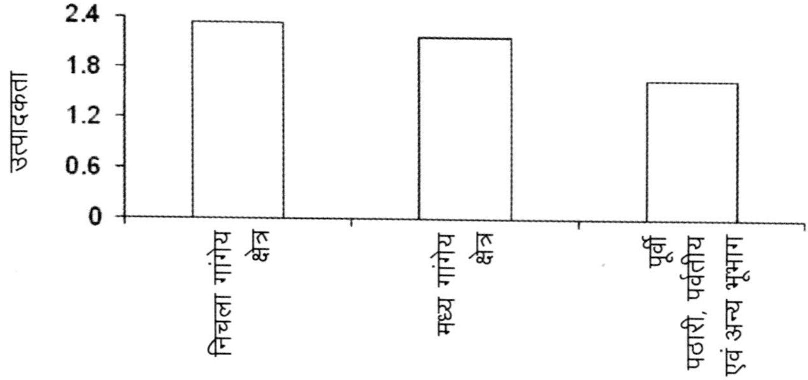

रेखाचित्र–38ब. कृषि जलवायु क्षेत्र के अनुसार पूर्वी राज्यों में खाद्यान्न की उत्पादकता (टन/हेक्टेयर)

यही स्थिति चावल उत्पादकता की भी पायी गयी (रेखाचित्र–39अ)। औसतन, निचले गांगेय क्षेत्र में चावल उत्पादकता उच्चतर (2.44 टन/हेक्टेयर) थी जिसके बाद पूर्वी हिमालय क्षेत्र (2.03 टन/हेक्टेयर) का स्थान है (रेखाचित्र 39ब)।

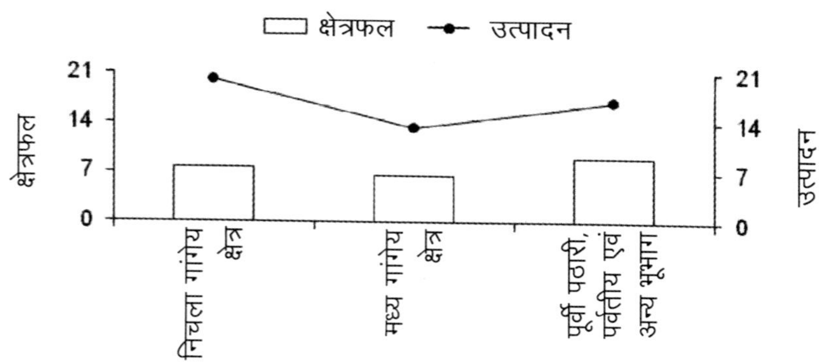

रेखाचित्र–39अ. कृषि जलवायु क्षेत्र के अनुसार पूर्वी राज्यों में चावल का क्षेत्रफल (मिलियन हेक्टेयर) एवं उत्पादन (मिलियन टन)

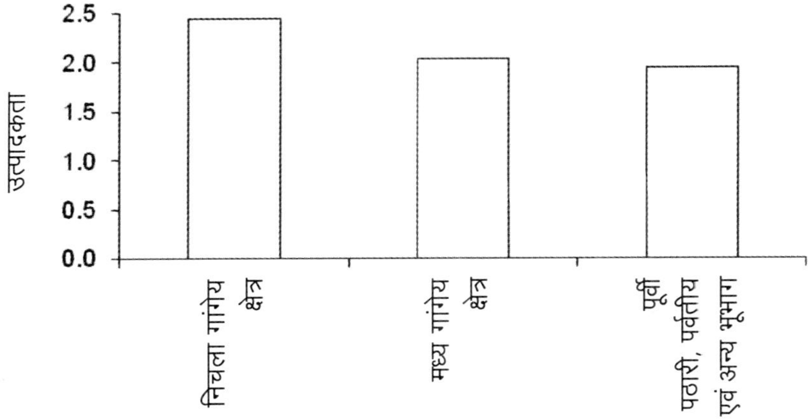

रेखाचित्र–39ब. कृषि जलवायु क्षेत्र के अनुसार पूर्वी राज्यों में चावल की उत्पादकता (टन / हेक्टेयर)

मक्का की औसत उत्पादकता भी निचले गांगेय क्षेत्र में अधिकतम (3.63 टन / हेक्टेयर) दर्ज की गयी जो घटकर मध्य गांगेय भूभाग में 2.06 टन / हेक्टेयर पायी गयी (रेखाचित्र–40अ एवं 40ब)।

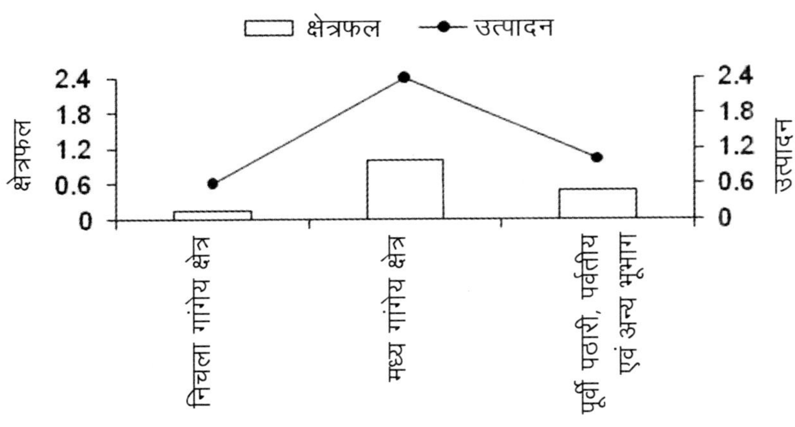

रेखाचित्र–40अ. कृषि जलवायु क्षेत्र के अनुसार पूर्वी राज्यों में मक्का का क्षेत्रफल (मिलियन हेक्टेयर) एवं उत्पादन (मिलियन टन)

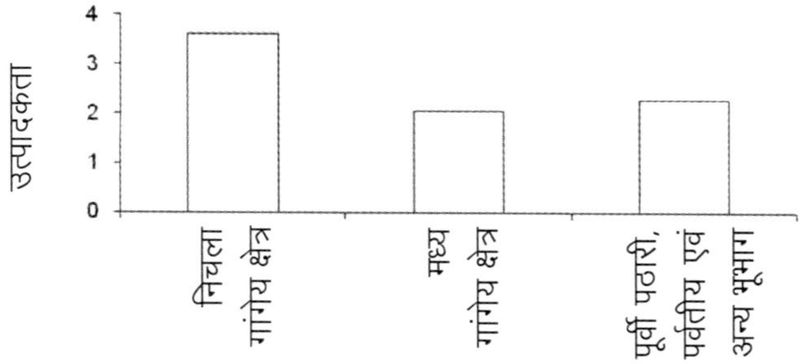

रेखाचित्र–40ब. कृषि जलवायु क्षेत्र के अनुसार पूर्वी राज्यों में मक्का की उत्पादकता (टन/हेक्टेयर)

चूँकि गेहूँ का उत्पादन मुख्यतः मध्य गांगेय क्षेत्र में ही सीमित है, इसकी औसत उत्पादकता 2.52 टन/हेक्टेयर पायी गयी (रेखाचित्र–41अ एवं 41ब)।

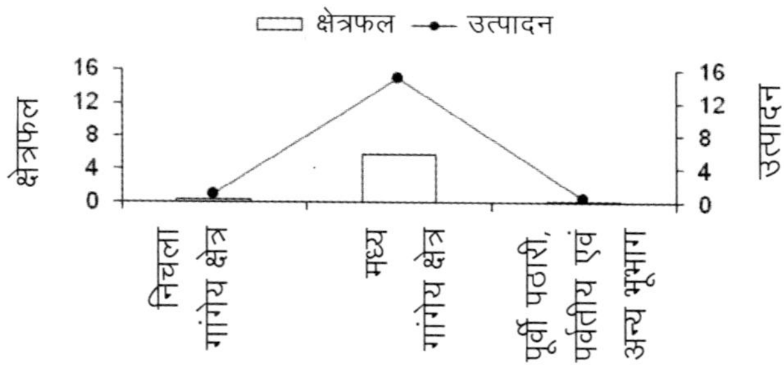

रेखाचित्र–41अ. कृषि जलवायु क्षेत्र के अनुसार पूर्वी राज्यों में गेहूँ का क्षेत्रफल (मिलियन हेक्टेयर) एवं उत्पादन (मिलियन टन)

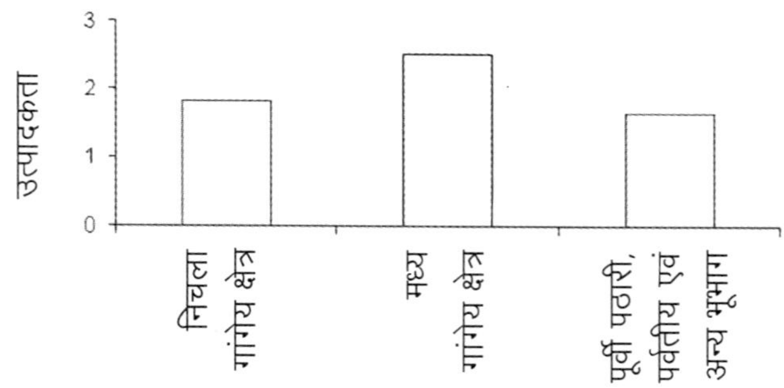

रेखाचित्र–41ब. कृषि जलवायु क्षेत्र के अनुसार पूर्वी राज्यों में गेहूँ की उत्पादकता (टन/हेक्टेयर)

गेहूँ की तरह ही दलहन एवं तिलहन फसलों की औसत उत्पादकता निचले गांगेय क्षेत्र की तुलना में मध्य गांगेय में ज्यादा पायी गयी। दलहन एवं तिलहन फसलों की उत्पादकता मध्य गांगेय क्षेत्र में क्रमशः 0.97 एवं 0.95 टन/हेक्टेयर पायी गयी जबकि निचले गांगेय भूभाग में यह इसी क्रम में 0.76 तथा 0.88 टन/हेक्टेयर आंकी गयी (रेखाचित्र–42अ एवं 42ब तथा 43अ एवं 43ब)।

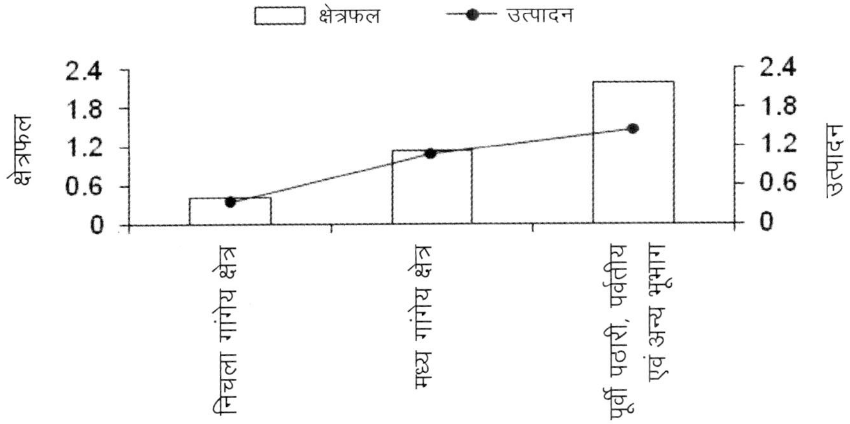

रेखाचित्र–42अ. कृषि जलवायु क्षेत्र के अनुसार पूर्वी राज्यों में दलहन का क्षेत्रफल (मिलियन हेक्टेयर) एवं उत्पादन (मिलियन टन)

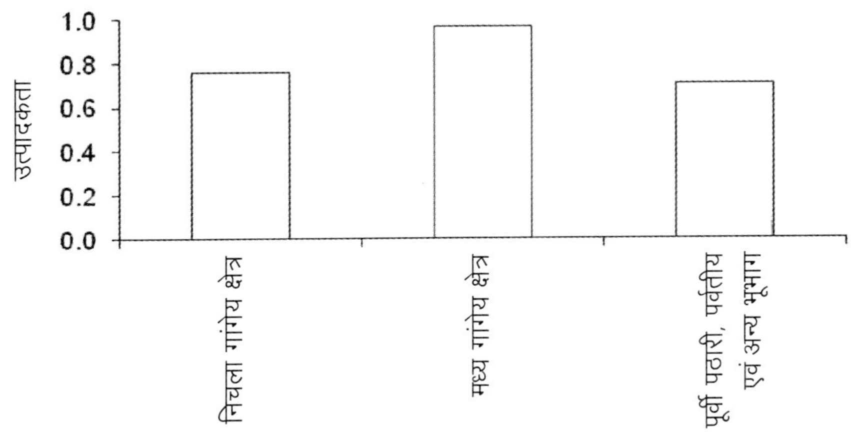

रेखाचित्र–42ब. कृषि जलवायु क्षेत्र के अनुसार पूर्वी राज्यों में दलहन की उत्पादकता (टन/हेक्टेयर)

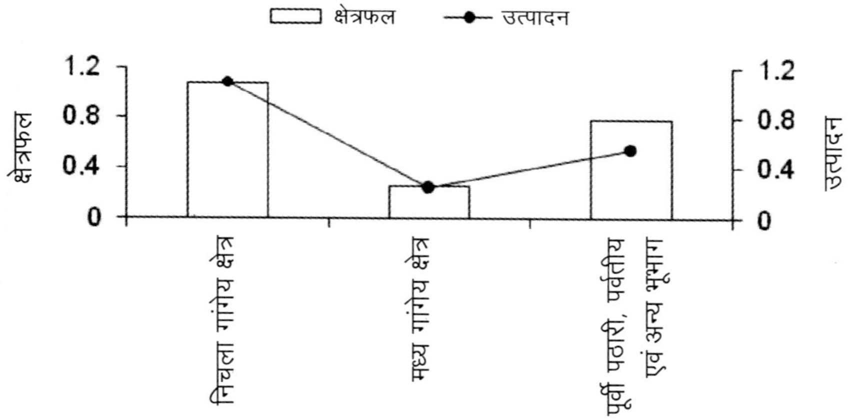

रेखाचित्र–43अ. कृषि जलवायु क्षेत्र के अनुसार पूर्वी राज्यों में तिलहन का क्षेत्रफल (मिलियन हेक्टेयर) एवं उत्पादन (मिलियन टन)

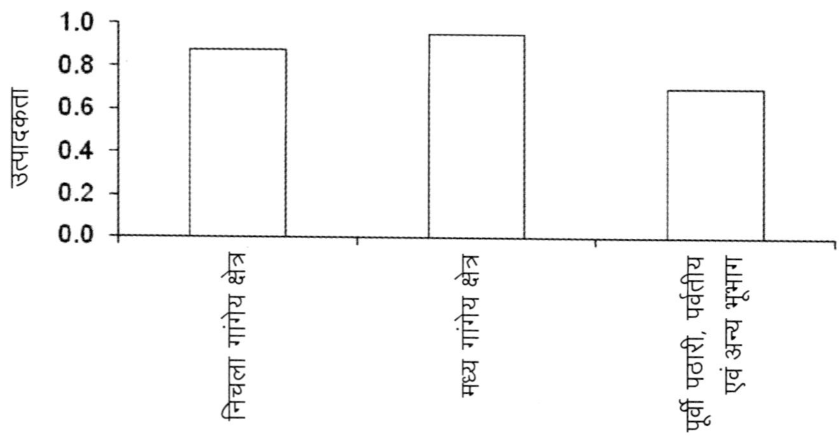

रेखाचित्र–43ब. कृषि जलवायु क्षेत्र के अनुसार पूर्वी राज्यों में तिलहन की उत्पादकता (टन/हेक्टेयर)

❑❑❑

अध्याय **21**

खाद्यान्न उत्पादकता के आधार पर पूर्वी राज्यों का वर्गीकरण

उत्पादकता के आधार पर पूर्वी क्षेत्र को क्रमशः उच्च, मध्य एवं कम उत्पादकता वाले क्षेत्र में बाँटा गया है जिसका आँकड़ा तालिका 36 में दर्शाया गया है–

तलिका–36अ. उच्च उत्पादकता (टन/हे०) वाले राज्य

फसल	राज्य
कुल खाद्यान्न	पश्चिम बंगाल (2.73); पूर्वी उत्तर प्रदेश (2.34)
चावल	पश्चिम बंगाल (2.78)
गेहूँ	पूर्वी उत्तर प्रदेश (2.79); पश्चिम बंगाल (2.79)
मक्का	पश्चिम बंगाल (4.06); असम (3.20)
दलहन	झारखण्ड (1.01)
तिलहन	पश्चिम बंगाल (1.19); बिहार (1.11)

तलिका–36ब. मध्यम उत्पादकता (टन/हे०) वाले राज्य

फसल	राज्य
कुल खाद्यान्न	बिहार (1.97); असम (1.95)
चावल	पूर्वी उत्तर प्रदेश (2.29); झारखण्ड (2.24); असम (2.10)
गेहूँ	बिहार (2.25); झारखण्ड (2.06)
मक्का	ओडिशा (2.79); बिहार (2.68); छत्तीसगढ़ (2.08)
दलहन	बिहार (0.98); पूर्वी उत्तर प्रदेश (0.96); पश्चिम बंगाल (0.95)
तिलहन	झारखण्ड (0.79); पूर्वी उत्तर प्रदेश (0.78); ओडिशा (0.73)

तलिका–36स. कम उत्पादकता (टन/हे०) वाले राज्य

फसल	राज्य
कुल खाद्यान्न	झारखण्ड (1.87); ओडिशा (1.62); छत्तीसगढ़ (1.53)
चावल	ओडिशा (1.81); बिहार (1.77); छत्तीसगढ़ (1.77)
गेहूँ	ओडिशा (1.58); छत्तीसगढ़ (1.32); असम (0.82)
मक्का	झारखण्ड (1.99); पूर्वी उत्तर प्रदेश (1.43)
दलहन	छत्तीसगढ़ (0.58); असम (0.57); ओडिशा (0.53)
तिलहन	छत्तीसगढ़ (0.59); असम (0.57)

❑❑❑

अध्याय **22**

सब्जी का उत्पादन एवं उत्पादकता

वर्ष 2013–14 के दौरान सब्जी की खेती के क्षेत्र में वर्ष 2001–02 की तुलना में 34 प्रतिशत की बढ़ोतरी हुई (राज्य बागवानी बोर्ड, 2015)। राष्ट्रीय स्तर पर मौजूद सब्जी क्षेत्र, 9.4 मिलियन हेक्टेयर, में पूर्वी राज्य का लगभग 44.5 प्रतिशत का योगदान है। सभी पूर्वी राज्यों में सब्जी की खेती के क्षेत्र में विशेष रूप से वृद्धि हुई है जैसे छत्तीसगढ़ (380 प्रतिशत) और इसके बाद झारखंड (109 प्रतिशत) (तालिका–37अ)।

तालिका–37अ. पूर्वी राज्यों में सब्जियों के अंतर्गत क्षेत्रफल (मिलि़यन हेक्टेयर)

राज्य	वर्ष 2001–02 से 2005–06	वर्ष 2006–07 से 2010–11	वर्ष 2011–12 से 2013–14
असम	0.24–0.32	0.24–0.33	0.27–0.28
बिहार	0.58–0.81	0.82–0.85	0.81–0.86
छत्तीसगढ़	0.08–0.20	0.28–0.35	0.35–0.40
झारखण्ड	0.15–0.22	0.21–0.26	0.26–0.32
ओडिशा	0.64–0.66	0.55–0.69	0.68–0.69
पूर्वी उत्तर प्रदेश	0.29–0.32	0.31–0.38	0.32–0.34
पश्चिम बंगाल	1.14–1.24	1.31–1.35	1.33–1.38

जहाँ तक उत्पादन का प्रश्न है, पूर्वी राज्यों द्वारा 67.0 मिलियन टन सब्जी का उत्पादन किया जाता है। अतः, राष्ट्रीय स्तर पर पूर्वी क्षेत्रों का सब्जी उत्पादन में 41 प्रतिशत योगदान है। विगत 13 वर्षों के दौरान, तथापि,

पूर्वी राज्यों का कुल सब्जी उत्पादन के योगदान में लगभग 8–9 प्रतिशत तक का ह्रास हुआ है (तालिका–37ब)।

तालिका–37ब. पूर्वी राज्यों में सब्जियों का उत्पादन (मिलियन टन)

राज्य	वर्ष 2001–02 से 2005–06	वर्ष 2006–07 से 2010–11	वर्ष 2011–12 से 2013–14
असम	2.94–4.23	2.9–4.57	3.03–3.42
बिहार	8.02–13.36	13.39–14.58	15.10–16.33
छत्तीसगढ़	1.36–2.43	2.80–4.25	4.58–5.47
झारखण्ड	1.74–3.40	3.39–4.11	3.90–4.33
ओडिशा	7.45–8.05	7.79–8.96	9.43–9.52
पूर्वी उत्तर प्रदेश	5.57–6.34	6.54–8.30	6.86–7.24
पश्चिम बंगाल	18.08–19.02	17.14–26.73	23.04–25.47

पूर्वी क्षेत्र में पिछले 13 वर्षों में सब्जियों की औसत उत्पादकता में 1.6 टन/हेक्टेयर की वृद्धि अंकित की गयी है जबकि राष्ट्रीय स्तर पर इसी अवधि में 2.94 टन/हेक्टेयर की वृद्धि हुई। क्षेत्र के अंतर्गत बिहार में सब्जी उत्पादकता सबसे अधिक (4.8 टन/हेक्टेयर) बढ़ी है और इसके बाद क्रमशः ओडिशा (2.4 टन/हेक्टेयर), पूर्वी उत्तर प्रदेश (2.2 टन/हेक्टेयर) तथा छत्तीसगढ़ (1.9 टन/हेक्टेयर) का स्थान है (तालिका–37स तथा रेखाचित्र–44)।

तालिका–37स. पूर्वी राज्यों में सब्जियों की उत्पादकता (टन/हेक्टेयर)

राज्य	वर्ष 2001–02 से 2005–06	वर्ष 2006–07 से 2010–11	वर्ष 2011–12 से 2013–14
असम	12.36–13.26	11.53–17.91	10.77–12.25
बिहार	13.86–16.60	16.19–17.25	18.15–18.94
छत्तीसगढ़	16.10–12.44	10.03–12.29	13.04–13.55
झारखण्ड	11.59–15.17	15.02–16.36	13.46–14.94
ओडिशा	11.58–12.26	12.39–14.07	13.75–13.93
पूर्वी उत्तर प्रदेश	19.34–19.73	19.18–21.99	21.44–21.79
पश्चिम बंगाल	15.29–15.87	13.07–19.80	16.70–18.89

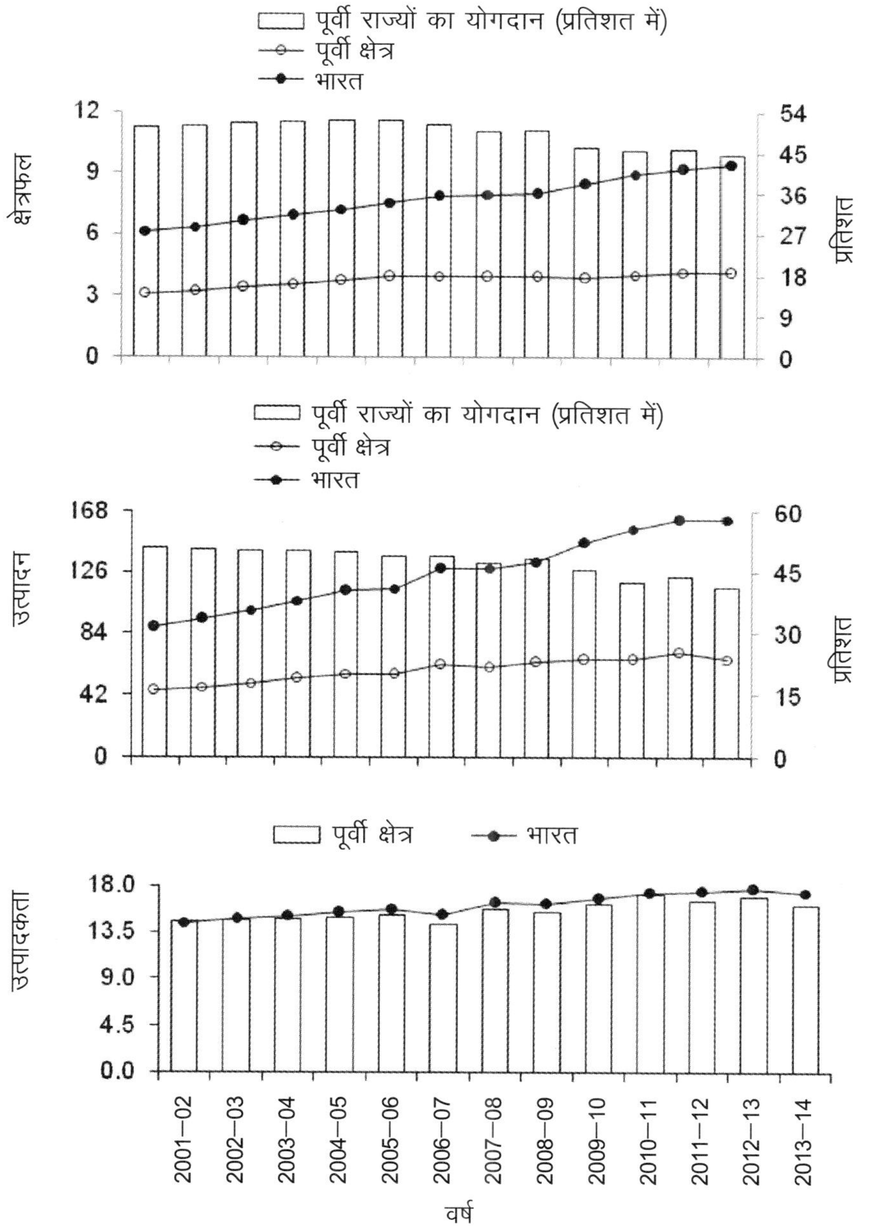

रेखाचित्र–44. सब्जी उत्पादन के अंतर्गत क्षेत्रफल (मिलियन हेक्टेयर), उत्पादन (मिलियन टन) एवं उत्पादकता (टन / हेक्टेयर)

पूर्वी राज्यों की प्रमुख सब्जियों का ब्योरा निम्नवत है

आलू

पूर्वी क्षेत्र की महत्वपूर्ण सब्जियों में आलू, बैंगन, टमाटर, फूलगोभी, भिंडी, बंदगोभी, मटर, प्याज, इत्यादि शामिल हैं। तथापि, अन्य सब्जियों की तुलना में आलू का सर्वाधिक क्षेत्र (1.14 मिलियन हेक्टेयर) है। विगत 13 वर्षों के दौरान आलू की खेती के क्षेत्र में 0.41 मिलियन हेक्टेयर की बढ़ोतरी हुई। जिसमें पश्चिम बंगाल एवं बिहार अग्रणी राज्य हैं (तालिका–38अ)।

तालिका–38अ. पूर्वी राज्यों में आलू के अंतर्गत क्षेत्रफल (मिलियन हेक्टेयर)

राज्य	वर्ष 2001–02 से 2005–06	वर्ष 2006–07 से 2010–11	वर्ष 2011–12 से 2013–14
असम	0.07–0.08	0.08–0.09	0.9–0.10
बिहार	0.14–0.31	0.31–0.32	0.32
छत्तीसगढ़	0.02	0.03–0.04	0.04
झारखण्ड	0.04	0.04	0.05
ओडिशा	0.01	0.01	0.01
पूर्वी उत्तर प्रदेश	0.14–0.17	0.18–0.21	0.21–0.22
पश्चिम बंगाल	0.30–0.35	0.41–0.37	0.38–0.41

राष्ट्रीय स्तर के कुल उत्पादन (41.6 मिलियन टन) की तुलना में पूर्वी राज्य 22.8 मिलियन टन आलू उत्पादित करते हैं। इस अनुसार राष्ट्रीय स्तर पर पूर्वी राज्यों का योगदान 55 प्रतिशत है। पश्चिम बंगाल, बिहार एवं पूर्वी उत्तर प्रदेश आलू उत्पादन में अग्रणी राज्य हैं (तालिका–38ब)।

तालिका–38ब. पूर्वी राज्यों में आलू का उत्पादन (मिलियन टन)

राज्य	वर्ष 2001–02 से 2005–06	वर्ष 2006–07 से 2010–11	वर्ष 2011–12 से 2013–14
असम	0.35–0.62	0.50–0.67	0.70–0.98
बिहार	1.43–5.70	5.03–6.02	6.10–6.64
छत्तीसगढ़	0.27–0.29	0.35–0.53	0.56–0.65
झारखण्ड	0.03–0.36	0.36–0.66	0.65–0.66
ओडिशा	0.16	0.17–0.19	0.20–0.25
पूर्वी उत्तर प्रदेश	3.54–3.74	3.90–5.02	5.11–5.34
पश्चिम बंगाल	7.45–7.82	5.05–13.39	9.69–11.59

जहाँ तक उत्पादकता का प्रश्न है, तो आलू की उत्पादकता 7.2 टन/हेक्टेयर (असम) से 24.47 टन/हेक्टेयर (पूर्वी उत्तर प्रदेश) तक है। औसत उत्पादकता 20.04 टन/हेक्टेयर थी जो कि राष्ट्रीय स्तर की उत्पादकता (21.06 टन/हेक्टेयर) के समकक्ष है (तालिका–38स, रेखाचित्र–45अ एवं ब)।

तालिका–38स. पूर्वी राज्यों में आलू की उत्पादकता (टन/हेक्टेयर)

राज्य	वर्ष 2001–02 से 2005–06	वर्ष 2006–07 से 2010–11	वर्ष 2011–12 से 2013–14
असम	5.08–7.75	6.49–8.40	7.15–9.77
बिहार	10.17–18.46	16.22–19.08	19.36–20.59
छत्तीसगढ़	15.04–15.73	11.18–14.46	14.06–14.96
झारखण्ड	0.91–9.40	9.42–15.17	13.31–14.27
ओडिशा	12.78–13.44	12.84–13.67	14.17–16.66
पूर्वी उत्तर प्रदेश	22.46–24.99	20.50–24.87	23.90–24.88
पश्चिम बंगाल	21.05–26.09	12.39–32.96	21.90–29.98

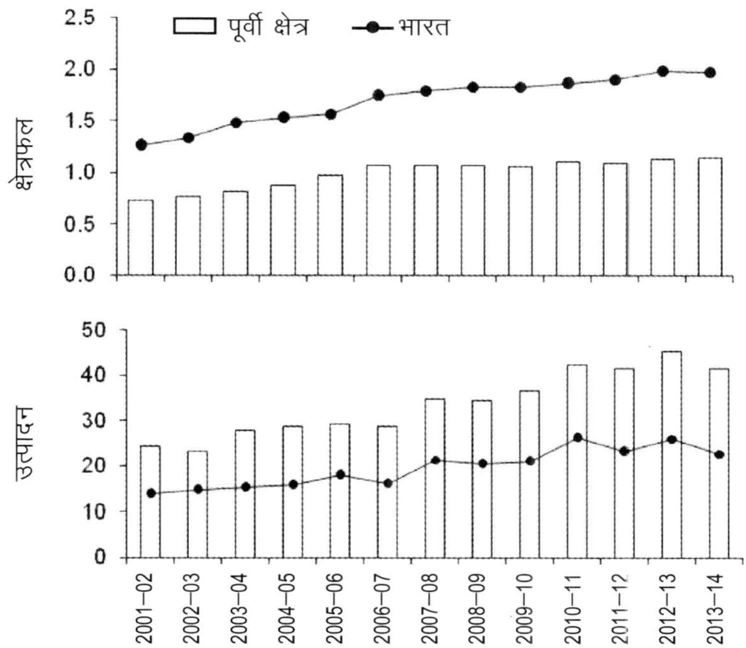

रेखाचित्र–45अ. आलू की फसल के अंतर्गत क्षेत्रफल (मिलियन हेक्टेयर) तथा उत्पादन (मिलियन टन)

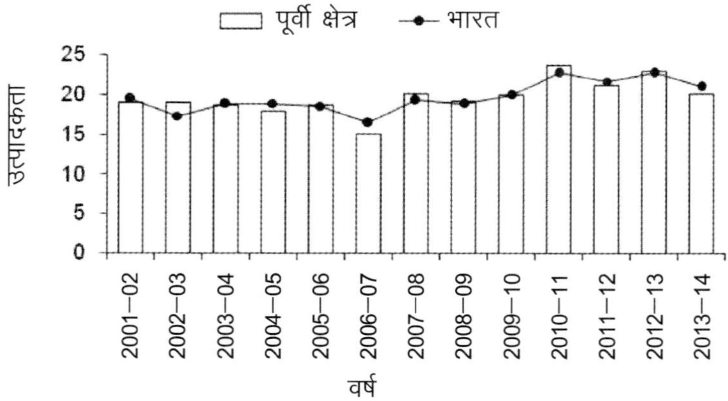

रेखाचित्र–45ब. आलू की उत्पादकता (टन / हेक्टेयर)

आलू के उन्नत किस्म के लगभग सभी प्रभेदों की पूर्वी राज्यों में खेती की जाती है। जिनका विवरण तालिका 39 में दिया गया है।

तालिका–39. पूर्वी राज्यों में आलू के विभिन्न प्रभेदों का विवरण एवं उनकी उत्पादकता (टन / हेक्टेयर)

पूर्वी राज्यों में आलू की विभिन्न फसल / प्रभेद / संकर एवं उनकी उत्पादकता	
असम	कुफरी हिमसोना (15.0–20.0), कुफरी गिरधारी (30.0–35.0)
बिहार	कुफरी सिंधुरी (30.0–35.0), कुफरी चंद्रमुखी (20.0–25.0), कुफरी ज्योति (20.0–30.0), कुफरी बादशाह (30.0–35.0), कुफरी बहार (30.0–35.0), कुफरी अशोका (25.0–30.0), कुफरी पुखराज (35.0–40.0), कुफरी चिपसोना–1 (30.0–35.0), कुफरी अरुण (30.0 –35.0), कुफरी पुष्कर (30.0–35.0), कुफरी शैलजा (30.0–35.0), कुफरी चिपसोना–3 (30.0–35.0), कुफरी सूर्या (20.0–30.0), कुफरी हिमालिनी (30.0–35.0), कुफरी सदाबहार (30.0–35.0), कुफरी ख्याति (25.0–30.0), कुफरी लौकर (20.0–25.0), कुफरी हिमसोना (15.0– 20.0), कुफरी गिरधारी (30.0–35.0), कुफरी फ्राई सोना (30.0–35.0)
छत्तीसगढ़	कुफरी सिंधुरी (30.0–35.0), कुफरी चंद्रमुखी (20.0–25.0), कुफरी ज्योति (20.0–30.0), कुफरी बादशाह (30.0–35.0), कुफरी बहार

	(30.0–35.0), कुफरी अशोका (25.0–30.0), कुफरी पुखराज (35.0–40.0), कुफरी चिपसोना–1 (30.0–35.0), कुफरी अरुण (30.0–35.0), कुफरी पुष्कर (30.0–35.0), कुफरी शैलजा (30.0–35.0), कुफरी चिपसोना–3 (30.0–35.0), कुफरी सूर्या (20.0–30.0), कुफरी ख्याति (25.0–30.0), कुफरी फ्राइसोना (30.0–35.0), कुफरी लौकर (20.0–25.0), कुफरी हिमसोना (15.0–20.0), कुफरी गिरधारी (30.0–35.0)
झारखंड	कुफरी सिंधुरी (30.0–35.0), कुफरी सदाबहार (30.0–35.0), कुफरी चंद्रमुखी (20.0–25.0), कुफरी ज्योति (20.0–30.0), कुफरी लौकर (20.0–25.0), कुफरी बादशाह (30.0–35.0), कुफरी बहार (30.0–35.0), कुफरी अशोका (25.0–30.0), कुफरी पुखराज (35.0–40.0), कुफरी चिपसोना–1 (30.0–35.0), कुफरी अरुण (30.0–35.0), कुफरी पु कर (30.0–35.0), कुफरी शैलजा (30.0–35.0), कुफरी चिपसोना–3 (30.0–35.0), कुफरी सूर्या (20.0–30.0), कुफरी हिमालिनी (30.0–35.0), कुफरी फ्राइसोना (30.0–35.0), कुफरी हिमसोना (15.0–20.0), कुफरी गिरधारी (30.0–35.0)
ओडिशा	कुफरी गिरधारी (30.0–35.0), कुफरी लौकर (20.0–25.0), कुफरी बादशाह (30.0–35.0), कुफरी पुखराज (35.0–40.0), कुफरी सूर्या (20.0–30.0), कुफरी ज्योति (20.0–30.0), कुफरी हिमसोना (15.0–20.0), कुफरी चंद्रमुखी (20.0–25.0)
पूर्वी उत्तर प्रदेश	कुफरी सिंधुरी (30.0–35.0), कुफरी चंद्रमुखी (20.0–25.0), कुफरी ज्योति (20.0–30.0), कुफरी बादशाह (30.0–35.0), कुफरी बहार (30.0–35.0), कुफरी अशोका (25.0–30.0), कुफरी पुखराज (35.0–40.0), कुफरी चिपसोना–1 (30.0–35.0), कुफरी अरुण (30.0–35.0), कुफरी पुष्कर (30.0–35.0), कुफरी शैलजा (30.0–35.0), कुफरी चिपसोना–3 (30.0–35.0), कुफरी सूर्या (20.0–30.0), कुफरी हिमालिनी (30.0–35.0), कुफरी सदाबहार (30.0–35.0), कुफरी ख्याति (25.0–30.0), कुफरी फ्राइसोना (30.0–35.0), कुफरी हिमसोना (15.0–20.0)
पश्चिम बंगाल	कुफरी चंद्रमुखी (20.0–25.0), कुफरी ज्योति (20.0–30.0), कुफरी हिमालिनी (30.0–35.0), कुफरी हिमसोना (15.0–20.0), कुफरी

गिरिधारी (30.0–35.0), कुफरी चिपसोना–4 (30.0–35.0), कुफरी सिंधुरी (30.0–35.0), कुफरी बहार (30.0–35.0), कुफरी अशोका (25.0–30.0), कुफरी चिपसोना–1 (30.0–35.0), कुफरी कंचन (25.0–30.0), कुफरी अरुण (30.0–35.0), कुफरी पुष्कर (30.0–35.0), कुफरी शैलजा (30.90–35.0), कुफरी चिपसोना–3 (20.0–30.0), कुफरी ख्याति (25.0–30.0)

बैंगन

पूर्वी क्षेत्र को बैंगन में विविधताओं का मूल स्थल के नाम से जाना जाता है। राष्ट्रीय स्तर पर बैंगन की खेती 0.711 मिलियन हेक्टेयर क्षेत्र में की जाती है जिसमें से 0.417 मिलियन हेक्टेयर पूर्वी राज्यों के अंतर्गत आता है (राष्ट्रीय बागवानी बोर्ड, 2015)। पूर्वी क्षेत्र का बैंगन की खेती में 59 प्रतिशत योगदान है (तालिका–40अ)।

तालिका–40अ. पूर्वी राज्यों में बैंगन के अंतर्गत क्षेत्रफल (मिलियन हेक्टेयर)

राज्य	वर्ष 2001–02 से 2005–06	वर्ष 2006–07 से 2010–11	वर्ष 2011–12 से 2013–14
असम	0.013	0.014–0.016	0.016–0.017
बिहार	0.054–0.056	0.054–0.056	0.056–0.057
छत्तीसगढ़	0.011–0.019	0.022–0.027	0.029–0.033
झारखण्ड	0.017	0.017–0.023	0.021–0.024
ओडिशा	0.112–0.128	0.129–0.133	0.130–0.125
पूर्वी उत्तर प्रदेश	0.001	0.001	0.001
पश्चिम बंगाल	0.141–0.153	0.153–0.158	0.160–0.162

पश्चिम बंगाल एवं ओडिशा का न केवल क्षेत्रफल में बल्कि उत्पादन में भी कुल योगदान 65 प्रतिशत से अधिक है। औसतन, पूर्वी राज्य देश के कुल बैंगन उत्पादन में 56 प्रतिशत तक का योगदान देते हैं। बैंगन का राष्ट्रीय स्तर पर उत्पादन 13.56 मिलियन टन अंकित किया गया है (तालिका–40ब)।

तालिका–40ब. पूर्वी राज्यों में बैंगन का उत्पादन (मिलियन टन)

राज्य	वर्ष 2001–02 से 2005–06	वर्ष 2006–07 से 2010–11	वर्ष 2011–12 से 2013–14
असम	0.17–0.62	0.21–0.28	0.26–0.27
बिहार	1.03–1.11	1.12–1.22	1.24–1.29
छत्तीसगढ़	0.13–0.27	0.33–0.44	0.50–0.59
झारखण्ड	0.33–0.34	0.34–0.44	0.27–0.30
ओडिशा	1.42–1.85	1.91–2.20	2.16–2.19
पूर्वी उत्तर प्रदेश	0.02–0.03	0.03–0.04	0.03–0.04
पश्चिम बंगाल	2.45–2.76	2.70–2.87	2.95–2.98

क्षेत्रीय एवं राष्ट्रीय स्तर पर बैंगन की उत्पादकता का विश्लेषण करने पर पाया गया कि पूर्वी क्षेत्र में जहाँ बैंगन की उत्पादकता 17.35 टन/हेक्टेयर (वर्ष 2001–02) से बढ़कर 18.11 टन/हेक्टेयर हुई, वहीं राष्ट्रीय स्तर पर उत्पादकता 16.62 टन/हेक्टेयर से बढ़कर 19.06 टन/हेक्टेयर दर्ज की गई। इससे स्पष्ट होता है कि बैंगन की उत्पादकता में पिछले 13 वर्षों में राष्ट्रीय स्तर पर 2.44 टन/हेक्टेयर की वृद्धि हुई जबकि क्षेत्रीय स्तर पर यह वृद्धि मात्र 0.76 टन/हेक्टेयर आंकी गई (तालिका–40स तथा रेखाचित्र–46)।

तालिका–40स. पूर्वी राज्यों में बैंगन की उत्पादकता (टन/हेक्टेयर)

राज्य	वर्ष 2001–02 से 2005–06	वर्ष 2006–07 से 2010–11	वर्ष 2011–12 से 2013–14
असम	13.19–48.56	14.91–17.80	15.78–22.97
बिहार	17.99–20.00	20.71–21.82	17.49–22.66
छत्तीसगढ़	11.63–14.97	13.68–16.46	12.27–17.72
झारखण्ड	19.80–20.15	15.68–20.00	12.85–16.86
ओडिशा	12.65–14.50	14.84–16.55	16.81–33.95
पूर्वी उत्तर प्रदेश	31.45–32.37	30.62–32.10	12.04–31.36
पश्चिम बंगाल	16.60–18.27	17.70–18.12	18.41–18.62

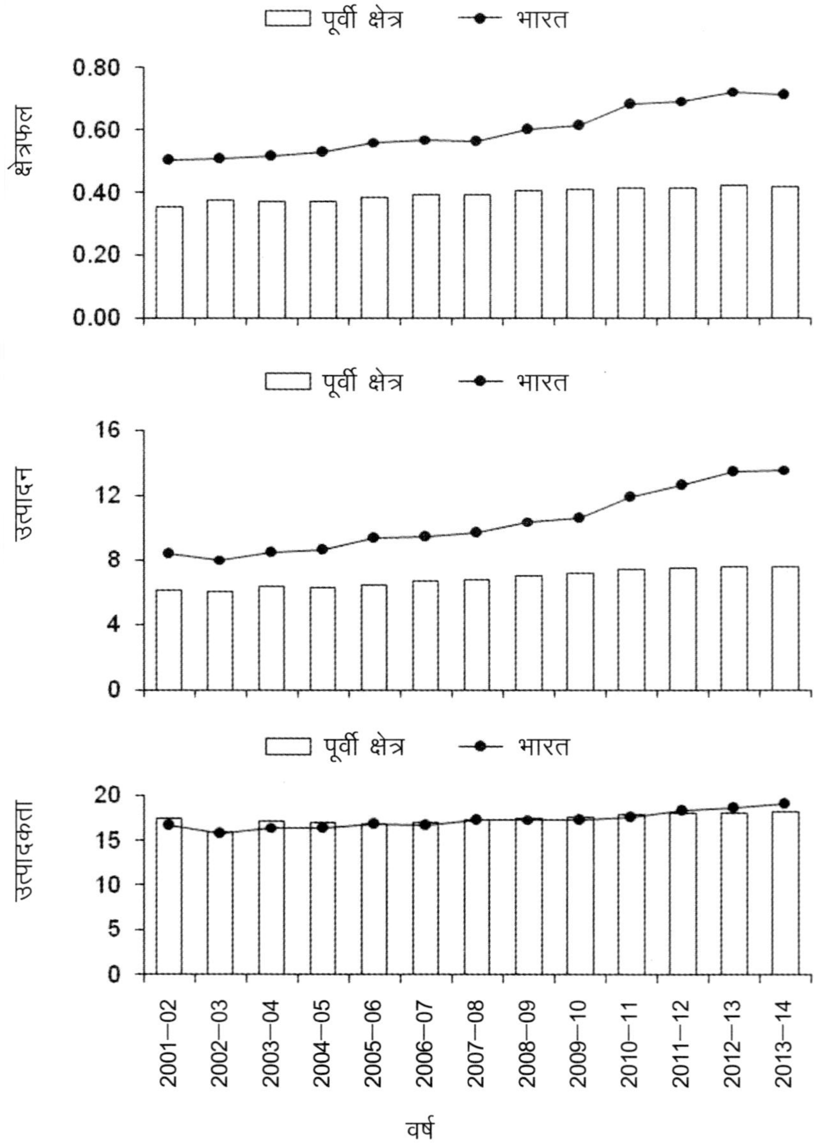

रेखाचित्र–46. बैंगन की फसल के अंतर्गत क्षेत्रफल (मिलियन हेक्टेयर), उत्पादन (मिलियन टन) एवं उत्पादकता (टन/हेक्टेयर)

पूर्वी राज्यों में बैंगन के उन्नत प्रभेदों की खेती की जाती है जिसका राज्यवार विवरण तालिका 41 में दिया गया है।

तालिका–41. पूर्वी राज्यों में बैंगन के विभिन्न प्रभेदों का विवरण एवं उनकी उत्पादकता (टन/हेक्टेयर)

पूर्वी राज्यों में बैंगन की विभिन्न फसल/प्रभेद/संकर एवं उनकी उत्पादकता	
असम	पूसा पर्पल क्लस्टर (25.0), काशी संदेश (78.0), काशी कोमल (80.0), पी.एच.–4 (25.0–30.0), बी.आर.–112 (25.0), हिसार श्यामल (30.0–32.5), जे.सी.–1 (34.0), जे.सी.–2 (35.0), पंत सम्राट (30.0)
बिहार	पूसा पर्पल लौंग (28.0–31.0), पूसा पर्पल क्लस्टर (25.0), पूसा क्रांति (27.5–30.0), पूसा उत्तम (42.5–45.0), पूसा बिंदु (25.0–30.0), पूसा उपकार (65.0–67.0), पूसा श्यामला (39.0), पूसा हाइब्रिड–5 (52.0– 54.0), पूसा हाइब्रिड–6 (45.0–47.0), डी.बी.एच.एल.–20 (52.4), अर्का नवनीत (हाइब्रिड) (65.0–75.0), अरका कुसुमाकर (40.0), काशी संदेश (78.0), काशी कोमल (80.0), पी.एच–4 (25.0–30.0), बी.आर.–112 (25.0), हिसार यामल (30.0–32.5), जी.बी.एच.–1 (58.0), पंत सम्राट (30.0), पंत रितुराज (30.0), आजाद बी–2 (35.0–40.0), आजाद बी–3 (40.0–45.0), आजाद बी–4 (30.0–35.0), आजाद हाइब्रिड (50.0–55 0), स्वर्ण श्यामली (60.0–65.0), स्वर्ण प्रतिभा (45.0–50.0), स्वर्ण शक्ति (हाइब्रिड) (70.0–75.0), स्वर्ण नीलिमा (70.0–75.0)
छत्तीसगढ़	पूसा पर्पल क्लस्टर (25.0), पूसा उत्तम (42.5–45.0), पूसा बिन्दू (25.0–30.0), पूसा हाइब्रिड–5 (52.0–54.0), पूसा हाइब्रिड–6 (45.0–47.0), काशी संदेश (78.0), काशी कोमल (80.0), पीएच–4 (25.0–30.0), बीआर–112 (25.0), हिसार श्यामल (30.0–32.5), पंत सम्राट (30.0), स्वर्ण श्यामली (60.0–65.0), स्वर्ण प्रतिभा (45.0–50.0)
झारखंड	पूसा पर्पल क्लस्टर (25.0), अर्का नवनीत (हाइब्रिड) (65.0–75.0), अर्का कुसुमाकर (40.0), काशी संदेश (78.0), काशी तरु (70.0–75.0), काशी प्रकाश (65.0–70.0), काशी कोमल (80.0), पी.एच.–4

	(25.0–30.0), बी.आर.–112 (25.0), हिसार श्यामल (30.0–32.5), जी.बी.एच.–1 (57.8), पंत सम्राट (30.0), पंत रितुराज (30.0), आजाद बी–2 (35.0–40.0), आजाद बी–3 (40.0–45.0), आजाद बी–4 (30.0–35.0), आजाद हाइब्रिड (50.0–55.0), स्वर्ण श्यामली (60.0–65.0), स्वर्ण प्रतिभा (45.0–50.0), स्वर्ण शक्ति (हाइब्रिड) (70.0–75.0), स्वर्ण नीलिमा (हाइब्रिड) (70.0–75.0)
ओडिशा	पूसा पर्पल क्लस्टर (25.0), काशी संदेश (78.0), काशी कोमल (80.0), पी.एच.–4 (25.0–30.0), बी.आर.–112 (25.0), हिसार श्यामल (30.0–32.5), आनंद ब्रिंजल स्मॉल राउण्ड–2 (41.0), पंत रितुराज (30.0), स्वर्ण श्यामली (60.0–65.0), स्वर्ण प्रतिभा (45.0–50.0), स्वर्ण शक्ति (हाइब्रिड) (70.0–75.0)
पूर्वी उत्तर प्रदेश	पूसा पर्पल लांग (28.0–31.0), पूसा पर्पल क्लस्टर (25.0), पूसा क्रांति (27.5–30.0), पूसा उत्तम (42.5–45.0), पूसा बिन्दू (25.0–30.0), पूसा उपकार (65.0–67.0), पूसा हाइब्रिड–5 (52.0–54.0), पूसा हाइब्रिड–6 (45.0–47.0), अर्का नवनीत (हाइब्रिड) (65.0–75.0), अर्का कुसुमाकर (40.0),काशी संदेश (78.0), काशी प्रकाश (65.0–70.0), काशी तरू (70.0–75.0), काशी कोमल (80.0), पी.एच.–4 (25.0–30.0), बी.आर.–112 (25.0), हिसार श्यामल (30.0–32.5), जी.बी.एच.–1 (58.0), पंत सम्राट (30.0), पंत रितुराज (30.0), आजाद बी–2 (35.0–40.0), आजाद बी–3 (40.0–45.0), आजाद बी–4 (30.0–35.0), आजाद हाइब्रिड (50.0–55.0), स्वर्ण नीलिमा (हाइब्रिड) (70.0–75.0)
पश्चिम बंगाल	पूसा पर्पल क्लस्टर (25.0), पूसा उत्तम (42.5–45.0), पूसा बिन्दू (25.0–30.0), पूसा हाइब्रिड–5 (52.0–54.0), पूसा हाइब्रिड–6 (45.0–47.0), अर्का नवनीत (हाइब्रिड) (65.0–75.0), काशी संदेश (78.0), काशी कोमल (80.0), पी.एच.–4 (25.0–30.0), बी.आर.–112 (25.0), हिसार श्यामल (30.0–32.5), पंत सम्राट (30.0)

टमाटर

राष्ट्रीय स्तर पर 0.882 मिलियन हेक्टेयर क्षेत्र की तुलना में पूर्वी राज्यों में टमाटर की खेती का क्षेत्र 0.298 मिलियन हेक्टेयर है। विगत 13 वर्षों के दौरान पूर्वी क्षेत्र के 50 प्रतिशत की तुलना में राष्ट्रीय स्तर पर टमाटर की

खेती के क्षेत्र में 90 प्रतिशत से अधिक की बढ़ोतरी दर्ज की गयी (तालिका–42अ)।

तालिका–42अ. पूर्वी राज्यों में टमाटर के अंतर्गत क्षेत्रफल (मिलियन हेक्टेयर)

राज्य	वर्ष 2001–02 से 2005–06	वर्ष 2006–07 से 2010–11	वर्ष 2011–12 से 2013–14
असम	0.014–0.015	0.015–0.016	0.017
बिहार	0.045–0.047	0.046–0.047	0.047–0.048
छत्तीसगढ़	0.018–0.029	0.038–0.076	0.045–0.050
झारखण्ड	0.014–0.015	0.015–0.022	0.024–0.026
ओडिशा	0.056–0.100	0.097–0.103	0.097
पूर्वी उत्तर प्रदेश	0.002	0.002	0.002–0.007
पश्चिम बंगाल	0.044–0.050	0.051–0.054	0.055–0.057

इसी प्रकार, राष्ट्रीय स्तर पर 18.7 मिलियन टन के उत्पादन की तुलना में पूर्वी राज्य 5.2 मिलियन टन टमाटर का उत्पादन करते हैं। विगत 13 वर्षों के दौरान जहाँ राष्ट्रीय स्तर पर टमाटर उत्पादन 150 प्रतिशत बढ़ा है वहीं पूर्वी क्षेत्र ने उत्पादन में मात्र 70 प्रतिशत की बढ़ोतरी दर्ज की। ओडिशा और उसके बाद पश्चिम बंगाल, बिहार एवं छत्तीसगढ़ टमाटर उत्पादन में अग्रणी राज्य हैं (तालिका–42ब)।

तालिका–42ब. पूर्वी राज्यों में टमाटर का उत्पादन (मिलियन टन)

राज्य	वर्ष 2001–02 से 2005–06	वर्ष 2006–07 से 2010–11	वर्ष 2011–12 से 2013–14
असम	0.32–0.33	0.33–0.34	0.40–0.41
बिहार	0.59–0.76	0.91–1.06	1.06–1.13
छत्तीसगढ़	0.22–0.29	0.40–0.63	0.72–0.81
झारखण्ड	0.30–0.31	0.31–0.44	0.25
ओडिशा	0.67–1.33	1.34–1.39	1.38–1.39
पूर्वी उत्तर प्रदेश	0.10	0.09–0.32	0.10–0.31
पश्चिम बंगाल	0.59–0.75	0.87–1.06	1.10–1.14

जहाँ तक उत्पादकता का प्रश्न है, राष्ट्रीय स्तर पर 21.2 टन/हेक्टेयर उत्पादकता की तुलना में पूर्वी क्षेत्र में औसत उत्पादकता 17.4 टन/हेक्टेयर है। पूर्वी उत्तर प्रदेश, असम एवं बिहार में औसत उत्पादकता राष्ट्रीय औसत की तुलना में भी उच्चतर है। विगत 13 वर्षों के दौरान राष्ट्रीय एवं क्षेत्रीय स्तर पर औसत उत्पादकता की अंतर्तुलना करने पर यह देखा गया कि राष्ट्रीय स्तर पर शुद्ध बढ़ोतरी लगभग 5.0 टन/हेक्टेयर है। तथापि, क्षेत्रीय स्तर पर यह मात्र 1.9 टन/हेक्टेयर है (तालिका–42स तथा रेखाचित्र–47 अ एवं ब)।

तालिका–42स. पूर्वी राज्यों में टमाटर की उत्पादकता (टन/हेक्टेयर)

राज्य	वर्ष 2001–02 से 2005–06	वर्ष 2006–07 से 2010–11	वर्ष 2011–12 से 2013–14
असम	22.86–23.30	18.56–22.41	23.27–23.46
बिहार	13.00–16.00	19.70–22.57	22.26–23.56
छत्तीसगढ़	7.45–16.00	6.30–14.64	15.89–16.16
झारखण्ड	20.01–20.81	18.01–20.01	9.53–10.25
ओडिशा	12.00–13.25	13.30–14.15	14.25–14.32
पूर्वी उत्तर प्रदेश	46.64–49.09	39.15–49.95	39.69–42.97
पश्चिम बंगाल	13.50–15.70	17.10–19.66	20.00–20.20

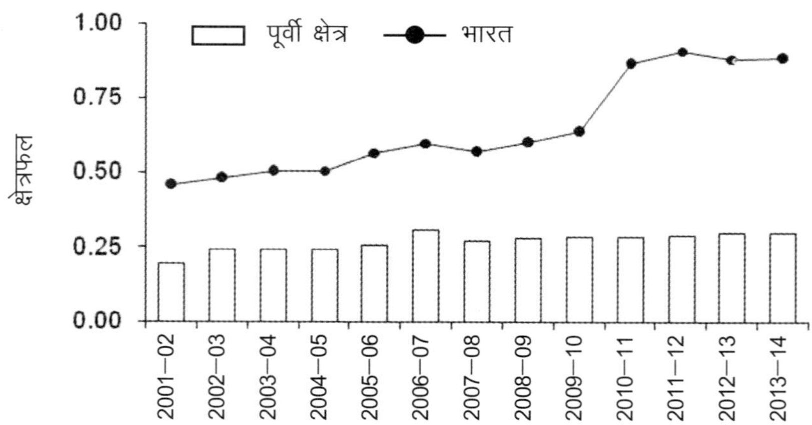

रेखाचित्र–47 अ. टमाटर की फसल के अंतर्गत क्षेत्रफल (मिलियन हेक्टेयर)

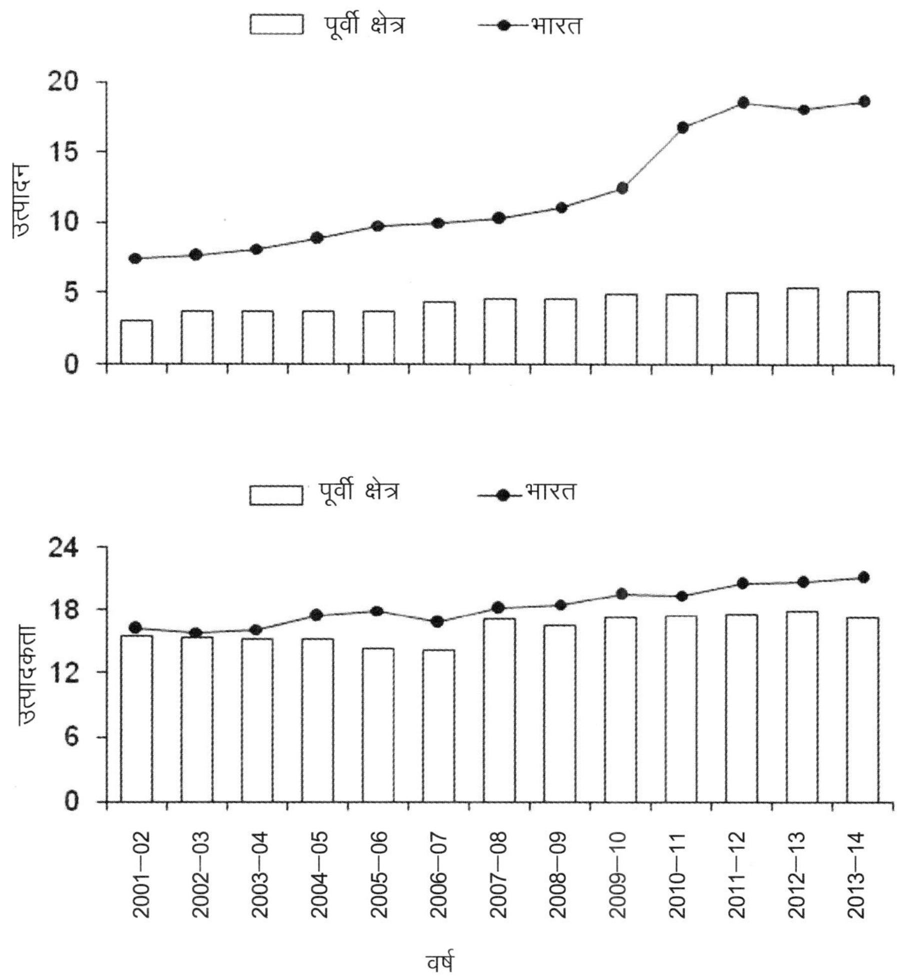

रेखाचित्र–47ब. टमाटर की फसल का उत्पादन (मिलियन टन) एवं उत्पादकता (टन/हेक्टेयर)

टमाटर के उन्नत किस्म के प्रभेदों का विवरण तालिका 43 में दिया जा रहा है–

तालिका–43. पूर्वी राज्यों में टमाटर के विभिन्न प्रभेदों का विवरण एवं उनकी उत्पादकता (टन/हेक्टेयर)

पूर्वी राज्यों में टमाटर की विभिन्न फसल/प्रभेद/संकर एवं उनकी उत्पादकता	
असम	पूसा–120 (30.0–32.0), पूसा रूबी (28.0–30.0), अर्का आभा, एच. एस.–101 (25.0–27.5), हिसार ललित (25.0–30.0), हिसार अरूण (27.5–30.0)
बिहार	पूसा–120 (30.0–32.0), पूसा रूबी (28.0–30.0), पूसा ीतल (35.0), पूसा गौरव (33.0–35.0), पूसा उपहार (37.0), पूसा हाइब्रिड–2 (60.0–62.5), पूसा हाइब्रिड–8 (43.0–45.0), पूसा हाइब्रिड 4 (42.0–45.0), पूसा दिव्य (35.0), अर्का अनन्या (हाइब्रिड) (65.0–70.0), अर्का वरदान (हाइब्रिड) (75.0), अर्का विशाल (हाइब्रिड) (75.0), अर्का विकास (35.0), अर्का आभा (43.0), अर्का सौरभ (30.0–35.0), अर्का आलोक (46.0), काशी विशेष (40.0–45.0), काशी अमृत (62.0), एच.एस.–101 (25.0–27.5), एच.एस.–102 (25.0–27.5), हिसार ललित (25.0–30.0), हिसार अरूण (27.5–30.0), पंत बहार (25.0), पंत टी–3 (30.0), पंत पॉलीहाउस टोमैटो–1 (140.0), पंत पॉलीहाउस टोमैटो–हाइब्रिड–1 (180.0), आजाद टी–5 (40.0–45.0), आजाद टी–6 (45.0–50.0), के.टी.एच.–2 (हाइब्रिड) (55.0–60.0), के.टी.एच.–1 (हाइब्रिड) (50.0–55.0), स्वर्ण नवीन (60.0–65.0), स्वर्ण लालिमा (60.0–70.0), स्वर्ण बैभव (90.0–100.0), स्वर्ण समृद्धि (हाइब्रिड) (100.0–105.0), स्वर्ण संपदा (हाइब्रिड) (100.0–105.0), स्वर्ण विजया (हाइब्रिड) (100.0–105.0)
छत्तीसगढ़	पूसा 120 (30.0–32.0), पूसा रूबी (28.0–30.0), पूसा शीतल (35.0), अर्का अनन्या (65.0–70.0), अर्का अभिजीत (65.0), अर्का विकास (35.0), अर्का आभा (43.0), अर्का सौरभ (30.0–35.0), काशी विशेष (40.0–45.0), काशी हेमंत (40.0–42.0), एच.एस.–101 (25.0–27.5), एच.एस.–102 (25.0–27.5), हिसार ललित (25.0–30.0), हिसार अरुण (27.5–30.0), पूसा हाइब्रिड 4 (42.0–45.0)

झारखंड पूसा–120 (30.0–32.0), पूसा रूबी (28.0–30.0), पूसा हाइब्रिड 4 (42.0–45.0), अर्का अनन्या (65.0–70.0), अर्का वरदान (75.0), अर्का विशाल (75.0), अर्का विकास (35.0), अर्का आभा (43.0), अर्का सौरभ (30.0–35.0), अर्का आलोक (46.0), काशी विशेष (40.0–45.0), काशी अमृत (62.0), एच.एस.–101 (25.0–27.5), एच.एस.–102 (25.0–27.5), हिसार ललित (25.0–30.0), हिसार अरुण (27.5– 30.0), पंत बहार (25.0), पंत टी–3 (30.0), पंत पॉलीहाउस टोमैटो–1 (140.0), पंत पॉलीहाउस टोमैटो–हाइब्रिड–1 (180.0), आजाद टी–5 (40.0–45.0), आजाद टी–6 (45.0–50.0), के.टी.एच.–2 (हाइब्रिड) (55.0–60.0), के.टी.एच.–1 (हाइब्रिड) (50.0–55.0), स्वर्ण नवीन (60.0–65.0), स्वर्ण लालिमा (60.0–70.0), स्वर्ण बैभव (90.0– 100.0), स्वर्ण समृद्धि (हाइब्रिड) (100.0–105.0), स्वर्ण संपदा (हाइब्रिड) (100.0–105.0), स्वर्ण विजया (हाइब्रिड) (100.0–105.0), स्वर्ण अनमोल (पॉलीहाउस हाइब्रिड) (160.0–180.0), स्वर्ण कंचन (पॉलीहाउस वेराइटी) (50.0–55.0), स्वर्ण रतन (50.0–60.0)

ओडिशा पूसा 120 (30.0–32.0), पूसा रूबी (28.0–30.0), पूसा हाइब्रिड 4 (42.0–45.0), अर्का अनन्या (65.0–70.0), अर्का अभिजीत (65.0), अर्का विकास (35.0), अर्का आभा (43.0), अर्का सौरभ (30.0–35.0), काशी विशेष (40.0–45.0), काशी हेमंत (40.0–42.0), एच.एस.–101 (25.0–27.5), एच.एस.–102 (25.0–27.5), हिसार ललित (25.0–30.0), हिसार अरुण (27.5–30.0)

पूर्वी उत्तर प्रदेश पूसा 120 (30.0–32.0), पूसा रूबी (28.0–30.0), पूसा शीतल (35.0), पूसा गौरव (33.0–35.0), पूसा उपहार (37.0), पूसा रोहिणी (41.5), पूसा हाइब्रिड 2 (60.0–62.5), पूसा सदाबहार (35.0), पूसा हाइब्रिड–8 (43.0–45.0), पूसा दिव्य (35.0), अर्का अनन्या (65.0–70.0), अर्का वरदान (75.0), अर्का विशाल (75.0), अर्का अभिजीत (65.0), अर्का विकास (35.0), अर्का आभा (43.0), अर्का सौरभ (30.0–35.0), अर्का आलोक (46.0), काशी विशेष (40.0–45.0), काशी अमृत (62.0), एच.एस.–101 (25.0–27.5), एच.एस.–102 (25.0–27.5), हिसार ललित (25.0–30.0), हिसार अरुण (27.5–30.0), पंत बहार (25.0), पंत टी–3 (30.0), पंत पॉलीहाउस टोमैटो–1 (140.0), पंत पॉलीहाउस टोमैटो–हाइब्रिड–1 (180.0), आजाद टी–5 (40.0–45.0), आजाद टी–6 (45.0–50.0), के.टी.एच.

	–2 (हाइब्रिड) (55.0–60.0), के.टी.एच.–1 (हाइब्रिड) (50.0–55.0), स्वर्ण समृद्धि (हाइब्रिड) (100.0–105.0), स्वर्ण संपदा (हाइब्रिड) (100.0–105.0), स्वर्ण विजया (हाइब्रिड) (100.0–105.0)
पश्चिम बंगाल	पूसा–120 (30.0–32.0), पूसा रूबी (28.0–30.0), पूसा शीतल (35.0), पूसा हाइब्रिड 2 (60.0–62.5), अर्का आभा (43.0), एच.एस. –101 (25.0–27.5), एच.एस.–102 (25.0–27.5), हिसार ललित (25.0–30.0), हिसार अरुण (27.5–30.0)

भिंडी

पूर्वी राज्यों में कुल 0.276 मिलियन हेक्टेयर भिंडी खेती का क्षेत्र है जबकि राष्ट्रीय स्तर पर 0.533 मिलियन हेक्टेयर भूमि पर भिंडी की खेती की जाती है जो कि यह दर्शाता है कि राष्ट्रीय स्तर पर पूर्वी राज्यों का भिंडी खेती के क्षेत्र में 50 प्रतिशत से अधिक का योगदान है। तथापि, विगत 13 वर्षों में भिंडी की खेती के क्षेत्र में मात्र 0.031 मिलियन हेक्टेयर की बढ़ोतरी हुई जबकि राष्ट्रीय स्तर पर यह क्षेत्रफल बढ़कर 0.186 मिलियन हेक्टेयर हुआ (तालिका–44अ)।

तालिका–44अ. पूर्वी राज्यों में भिंडी के अंतर्गत क्षेत्रफल (मिलियन हेक्टेयर)

राज्य	वर्ष 2001–02 से 2005–06	वर्ष 2006–07 से 2010–11	वर्ष 2011–12 से 2013–14
असम	0.010	0.010–0.011	0.011–0.012
बिहार	0.056–0.058	0.057–0.059	0.058–0.059
छत्तीसगढ़	0.009–0.014	0.015–0.025	0.026–0.028
झारखण्ड	0.027–0.029	0.025–030	0.032–0.033
ओडिशा	0.071–0.074	0.070–0.074	0.065–0.068
पूर्वी उत्तर प्रदेश	0.009–0.010	0.008–0.011	0.005–0.012
पश्चिम बंगाल	0.059–0.066	0.068–0.074	0.074–0.075

पूर्वी राज्य 3.34 मिलियन टन भिंडी का उत्पादन करते हैं जो यह दर्शाता है कि पूर्वी क्षेत्र 50 प्रतिशत से अधिक भिंडी का उत्पादन करता है। पश्चिम बंगाल एवं उसके बाद बिहार और कुछ हद तक ओडिशा एवं छत्तीसगढ़ भिंडी उत्पादन में अग्रणी राज्य हैं (तालिका–44ब)।

तालिका–44ब. पूर्वी राज्यों में भिंडी का उत्पादन (मिलियन टन)

राज्य	वर्ष 2001–02 से 2005–06	वर्ष 2006–07 से 2010–11	वर्ष 2011–12 से 2013–14
असम	0.12	0.12–0.15	0.15–0.17
बिहार	0.71–0.93	0.71–0.79	0.78–0.85
छत्तीसगढ़	0.10–0.18	0.19–0.25	0.25–0.43
झारखण्ड	0.16–0.32	0.32–0.42	0.44–0.45
ओडिशा	0.59–0.67	0.62–0.65	0.58–0.65
पूर्वी उत्तर प्रदेश	0.03–0.10	0.03–0.13	0.06–0.16
पश्चिम बंगाल	0.64–0.72	0.76–0.86	0.86–0.88

पूर्वी भारत में भिंडी उत्पादकता (12.2 टन/हेक्टेयर) राष्ट्रीय स्तर की उत्पादकता (11.91 टन/हेक्टेयर) से ज्यादा है। राष्ट्रीय औसत की तुलना में पश्चिम बंगाल एवं ओडिशा को छोड़कर सभी राज्यों में भिंडी की उत्पादकता अधिक है। जहाँ तक विगत 13 वर्षों के दौरान भिंडी उत्पादकता में शुद्ध लाभ का प्रश्न है, राष्ट्रीय स्तर पर 2.30 टन/हेक्टेयर की पैदावार में वृद्धि हुई परन्तु क्षेत्रीय स्तर पर यह बढ़ोतरी मात्र 1.6 टन/हेक्टेयर आंकी गयी है (तालिका–44स तथा रेखाचित्र–48)।

तालिका–44स. पूर्वी राज्यों में भिंडी की उत्पादकता (टन/हेक्टेयर)

राज्य	वर्ष 2001–02 से 2005–06	वर्ष 2006–07 से 2010–11	वर्ष 2011–12 से 2013–14
असम	11.94–12.18	11.80–13.55	13.67–14.69
बिहार	12.71–16.01	12.37–13.48	13.99–14.42
छत्तीसगढ़	7.94–13.19	8.80–12.82	9.79–15.49
झारखण्ड	5.84–11.02	12.72–14.06	13.76–14.00
ओडिशा	8.26–9.15	8.68–9.31	8.86–9.65
पूर्वी उत्तर प्रदेश	3.77–10.33	3.26–11.93	11.83–12.81
पश्चिम बंगाल	10.44–11.22	11.21–11.65	11.61–11.69

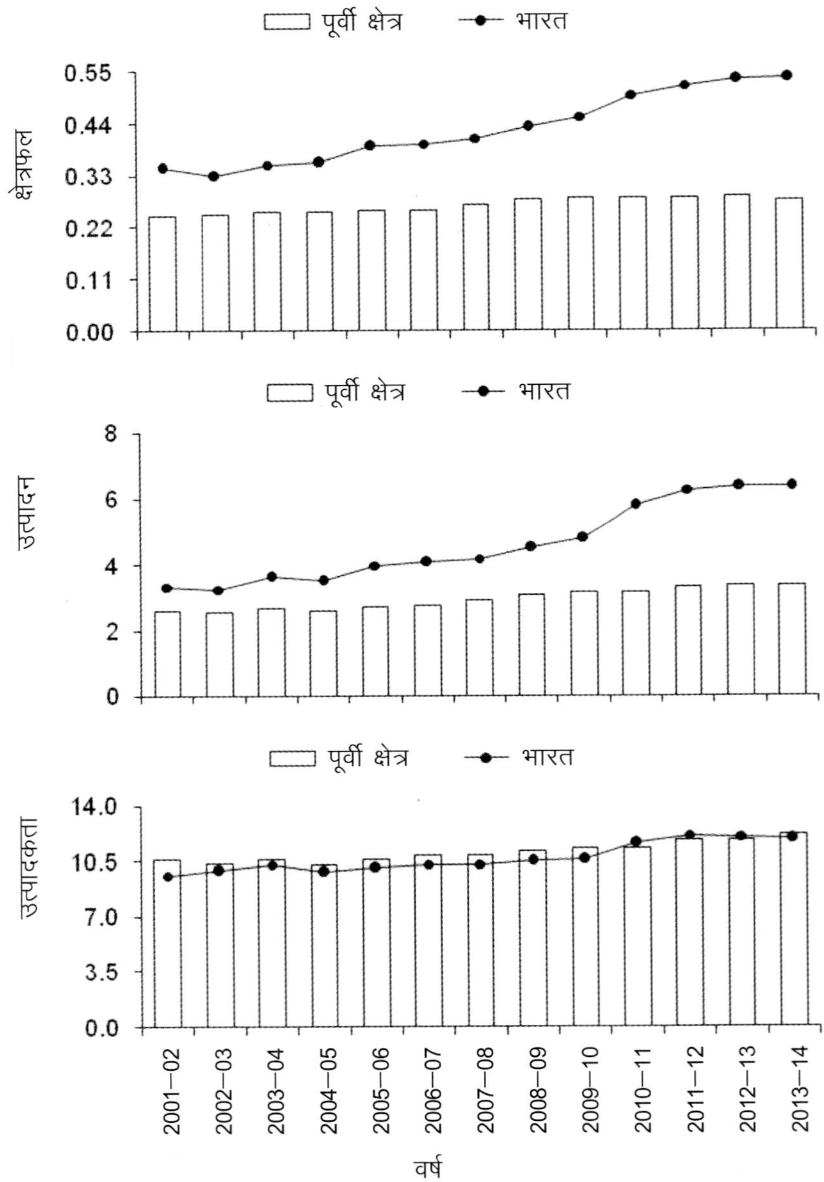

रेखाचित्र–48. भिंडी की फसल के अंतर्गत क्षेत्रफल (मिलियन हेक्टेयर), उत्पादन (मिलियन टन) एवं उत्पादकता (टन / हेक्टेयर)

पूर्वी राज्यों में भिंडी के प्रमुख प्रभेदों का विवरण निम्नवत है –

तालिका–45. पूर्वी राज्यों में भिंडी के विभिन्न प्रभेदों का विवरण एवं उनकी उत्पादकता (टन/हेक्टेयर)

पूर्वी राज्यों में भिंडी की विभिन्न फसल/प्रभेद/संकर एवं उनकी उत्पादकता	
असम	पूसा सावनी (15.0–17.5), पूसा ए4 (14.0), पर्किन्स लांग ग्रीन (5.0–9.0), अर्का अभय (18.0), अरका अनामिका (20.0), वर्षा उपहार (9.0–10.0), हिसार उन्नत (10.0–11.0), हिसार नवीन (11.0–12.0), एच.बी.एच.–142 (संकर) (13.5–15.0)
बिहार	पूसा सावनी (15.0–17.5), पूसा ए4 (14.0), पर्किन्स लांग ग्रीन (5.0–9.0), अर्का अनामिका (20.0), काशी क्रांति (14.0–15.0), वर्षा उपहार (9.0–10.0), हिसार उन्नत (10.0–11.0), हिसार नवीन (11.0–12.0), एच.बी.एच.–142 (हाइब्रिड) (13.5–15.0)
छत्तीसगढ़	पूसा सावनी (15.0–17.5), पूसा ए4 (14.0), पर्किन्स लांग ग्रीन (5.0–9.0), अर्का अनामिका (20.0), काशी प्रगति (18.0–19.0), वर्षा उपहार (9.0–10.0) हिसार उन्नत (10.0–11.0), हिसार नवीन (11.0–12.0), एच.बी.एच.–142 (हाइब्रिड) (13.5–15.0)
झारखंड	पूसा सावनी (15.0–17.5), पूसा ए4 (14.0), पर्किन्स लांग ग्रीन (5.0–9.0), अर्का अनामिका (20.0), काशी क्रांति (14.0–15.0), वर्षा उपहार (9.0–10.0), हिसार उन्न्त (10.0–11.0), हिसार नवीन (11.0–12.0), एच.बी.एच.–142 (हाइब्रिड) (13.5–15.0)
ओडिशा	पूसा सावनी (15.0–17.5), पूसा ए4 (14.0), पर्किन्स लांग ग्रीन (5.0–9.0), अर्का अनामिका (20.0), काशी प्रगति (18.0–19.0), वर्षा उपहार (9.0–10.0), हिसार उन्नत (10.0–11.0), हिसार नवीन (11.0–12.0), एच.बी.एच.–142 (हाइब्रिड) (13.5–15.0)
पूर्वी उत्तर प्रदेश	पूसा सावनी (15.0–17.5), पूसा ए4 (14.0), पर्किन्स लांग ग्रीन (5.0–9.0), अर्का अनामिका (20.0), काशी प्रगति (18.0–19.0), वर्षा उपहार (9.0–10.0), हिसार उन्नत (10.0–11.0), हिसार नवीन (11.0–12.0), एच.बी.एच.–142 (हाइब्रिड) (13.5–15.0), आजाद भिंडी–1 (10.0–12.5), आजाद भिंडी–3 (12.5–15.0)

पश्चिम बंगाल	पूसा सावनी (15.0–17.5), पूसा ए4 (14.0), पर्किन्स लांग ग्रीन (5.0–9.0), अर्का अनामिका (20.0), वर्षा उपहार (9.0–10.0), हिसार उन्नत (10.0–11.0), हिसार नवीन (11.0–12.0), एच.बी.एच.–142 (हाइब्रिड) (13.5–15.0)

फूलगोभी

राष्ट्रीय स्तर पर 0.434 मिलियन हेक्टेयर की तुलना में पूर्वी भारत में फूलगोभी खेती का क्षेत्र 0.254 मिलियन हेक्टेयर है। राष्ट्रीय स्तर पर फूलगोभी खेती का क्षेत्र 0.164 मिलियन हेक्टेयर बढ़ा जिसमें पूर्वी राज्यों का योगदान 0.053 मिलियन हेक्टेयर का है (तालिका–46अ)।

तालिका–46अ. पूर्वी राज्यों में फूलगोभी के अंतर्गत क्षेत्रफल (मिलियन हेक्टेयर)

राज्य	**वर्ष 2001–02 से 2005–06**	**वर्ष 2006–07 से 2010–11**	**वर्ष 2011–12 से 2013–14**
असम	0.016–0.017	0.017–0.021	0.021–0.022
बिहार	0.037–0.060	0.060–0.063	0.063–0.066
छत्तीसगढ़	0.004–0.010	0.010–0.018	0.019–0.021
झारखण्ड	0.010–0.017	0.019–0.027	0.023–0.025
ओडिशा	0.045–0.52	0.045–0.047	0.044–0.045
पूर्वी उत्तर प्रदेश	0.002	0.003–0.008	0.004–0.011
पश्चिम बंगाल	0.026–0.065	0.066–0.070	0.071–0.074

राष्ट्रीय स्तर पर औसतन 8.57 मिलियन टन फूलगोभी का उत्पादन किया गया जिसमें से 4.87 मिलियन टन का उत्पादन पूर्वी क्षेत्रों द्वारा किया जाता है। अतः, पूर्वी क्षेत्र का फूलगोभी के कुल उत्पादन में योगदान 50 प्रतिशत से अधिक है। पश्चिम बंगाल और उसके बाद बिहार फूलगोभी उत्पादन में अग्रणी राज्य हैं। जहाँ राष्ट्रीय स्तर पर फूलगोभी उत्पादन में 3. 68 मिलियन टन के अतिरिक्त उत्पादन का लाभ हुआ, वहीं विगत 13 वर्षों के दौरान पूर्वी राज्य में 1.06 मिलियन टन उत्पादन का शुद्ध लाभ हुआ (तालिका–46ब)।

तालिका–46ब. पूर्वी राज्यों में फूलगोभी का उत्पादन (मिलियन टन)

राज्य	वर्ष 2001–02 से 2005–06	वर्ष 2006–07 से 2010–11	वर्ष 2011–12 से 2013–14
असम	0.24–0.25	0.25–0.35	0.34–0.45
बिहार	0.60–0.95	1.01–1.12	1.15–1.19
छत्तीसगढ़	0.06–0.12	0.14–0.31	0.33–0.40
झारखण्ड	0.19–0.30	0.30–0.44	0.36–0.38
ओडिशा	0.24–0.64	0.64–0.68	0.67–0.68
पूर्वी उत्तर प्रदेश	0.04–0.05	0.04–0.07	0.08
पश्चिम बंगाल	1.65–1.74	1.66–1.78	1.82–1.88

पूर्वी क्षेत्र में फूलगोभी की उत्पादकता राष्ट्रीय स्तर से ज्यादा अंकित की गयी है। पश्चिम बंगाल एवं पूर्वी उत्तर प्रदेश की फूलगोभी उत्पादकता राष्ट्रीय स्तर से भी ज्यादा है। पिछले 13 वर्षों में फूलगोभी की उत्पादकता में राष्ट्रीय स्तर पर 1.66 टन/हेक्टेयर का शुद्ध लाभ हुआ परन्तु क्षेत्रीय स्तर पर इसमें मामूली वृद्धि हुई (तालिका–46स तथा रेखाचित्र–49)।

तालिका–46स. पूर्वी राज्यों में फूलगोभी की उत्पादकता (टन/हेक्टेयर)

राज्य	वर्ष 2001–02 से 2005–06	वर्ष 2006–07 से 2010–11	वर्ष 2011–12 से 2013–14
असम	14.71–14.86	14.29–17.14	15.55–20.69
बिहार	15.69–16.41	16.79–17.87	17.46–18.91
छत्तीसगढ़	10.66–17.57	13.22–16.70	17.45–18.47
झारखण्ड	14.02–19.91	16.00–16.01	15.42–16.00
ओडिशा	5.34–14.18	14.23–15.02	15.11–15.15
पूर्वी उत्तर प्रदेश	19.98–20.75	9.58–20.57	20.76–22.47
पश्चिम बंगाल	25.40–29.10	25.09–25.39	25.50–25.53

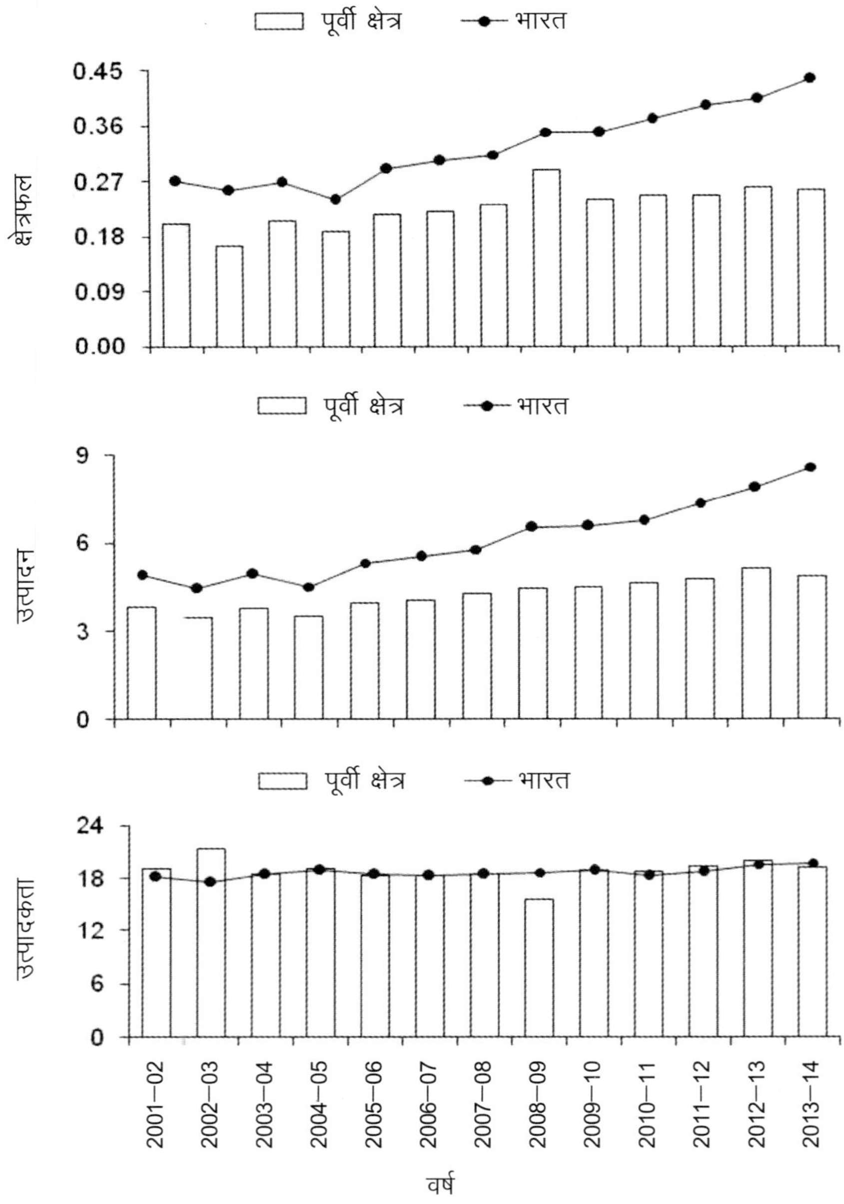

रेखाचित्र–49. फूलगोभी की फसल के अंतर्गत क्षेत्रफल (मिलियन हेक्टेयर), उत्पादन (मिलियन टन) एवं उत्पादकता (टन/हेक्टेयर)

फूलगोभी के प्रमुख प्रभेदों का विवरण नीचे दिया गया है–

तालिका–47. पूर्वी राज्यों में फूलगोभी के विभिन्न प्रभेदों का विवरण एवं उनकी उत्पादकता (टन/हेक्टेयर)

पूर्वी राज्यों में फूलगोभी की विभिन्न फसल/प्रभेद/संकर एवं उनकी उत्पादकता	
असम	पूसा स्नोबॉल के–1 (30.0), पूसा स्नोबॉल केटी–25 (17.5–30.0), पूसा हिमज्योति (16.0), पूसा हाइब्रिड–2 (25.0–27.0), पूसा कार्तिक संकर (14.5–16.0), हिसार–1 (25.0)
बिहार	उन्नत जापानीज (11.0–12.5), पूसा शुब्रा (25.0–30.0), पूसा अर्ली सिंथेटिक (12.0–15.0), पूसा पौसजा (40.0), पूसा स्नोबॉल के–1 (30.0), पूसा स्नोबॉल केटी–25 (17.5–30.0), पूसा हिमज्योति (16.0), पूसा हाइब्रिड–2 (25.0–27.0), पूसा कार्तिक शंकर (14.5–16.0), हिसार–1 (25.0), काशी कुंवारी (30.0–35.0), पंत शुब्रा (25.0), पंत गोभी–2 (10.0), पंत गोभी–3 (15.0)
छत्तीसगढ़	उन्नत जापानीज (11.0–12.5), पूसा स्नोबॉल के–1 (30.0), पूसा स्नोबॉल केटी–25 (17.5–30.0), पूसा हिमज्योते (16.0), हिसार–1 (25.0), पंत गोभी–2 (10.0), पंत गोभी–3 (15.0)
झारखंड	पूसा स्नोबॉल के–1 (30.0), पूसा स्नोबॉल केटी–25 (17.5–30.0), पूसा हिमज्योति (16.0), पूसा कार्तिक संकर (14.5–16.0), हिसार–1 (25.0), काशी कुंवारी (30.0–35.0), पंत शुब्रा (25.0)
ओडिशा	पूसा स्नोबॉल के–1 (30.0), पूसा स्नोबॉल केटी–25 (17.5–30.0), पूसा हिमज्योति (16.0), हिसार–1 (25.0)
पूर्वी उत्तर प्रदेश	उन्नत जापानीज (11.0–12.5), पूसा शुब्रा (25.0–30.0), पूसा अर्ली सिंथेटिक (12.0–15.0), पूसा पौशजा (40.0), पूसा मेघना (12.5), पूसा शरद (24.0), पूसा शुक्ति (44.0), पूसा स्नोबॉल के–1 (30.0), पूसा स्नोबॉल केटी–25 (17.5–30.0), पूसा हिमज्योति (16.0), पूसा कार्तिक संकर (14.5–16.0), हिसार–1 (25.0), काशी कुंवारी (30.0–35.0), पंत शुब्रा (25.0), पंत गोभी–2 (10.0), पंत गोभी–3 (15.0)
पश्चिम बंगाल	उन्नत जापानीज (11.0–12.5), पूसा स्नोबॉल के–1 (30.0), पूसा स्नोबॉल केटी–25 (17.5–30.0), पूसा हिमज्योति (16.0), पूसा हाइब्रिड–2 (25.0–27.0), पूसा कार्तिक संकर (14.5–16.0), हिसार–1 (25.0), पंत गोभी–2 (10.0), पंत गोभी–3 (15.0)

बंदगोभी

राष्ट्रीय स्तर पर 0.40 मिलियन हेक्टेयर की तुलना में पूर्वी क्षेत्र में बंदगोभी की खेती का क्षेत्र 0.241 मिलियन हेक्टेयर है (तालिका–48अ)।

तालिका–48अ. पूर्वी राज्यों में बंदगोभी के अंतर्गत क्षेत्रफल (मिलियन हेक्टेयर)

राज्य	वर्ष 2001–02 से 2005–06	वर्ष 2006–07 से 2010–11	वर्ष 2011–12 से 2013–14
असम	0.024–0.025	0.026–0.031	0.031–0.032
बिहार	0.035–0.060	0.037–0.039	0.040
छत्तीसगढ़	0.003–0.007	0.008–0.015	0.016–0.019
झारखण्ड	0.007–0.009	0.011–0.027	0.029–0.031
ओडिशा	0.033–0.045	0.034–0.041	0.041
पूर्वी उत्तर प्रदेश	0.003	0.001–0.003	0.001–0.002
पश्चिम बंगाल	0.066–0.075	0.073–0.075	0.077–0.078

पूर्वी राज्य 5.57 मिलियन टन बंदगोभी का उत्पादन करते हैं जो कि राष्ट्रीय स्तर पर कुल उत्पादन के 60 प्रतिशत से अधिक है। पश्चिम बंगाल और ओडिशा बंदगोभी उत्पादन में अग्रणी राज्य हैं (तालिका–48ब)।

तालिका–48ब. पूर्वी राज्यों में बंदगोभी का उत्पादन (मिलियन टन)

राज्य	वर्ष 2001–02 से 2005–06	वर्ष 2006–07 से 2010–11	वर्ष 2011–12 से 2013–14
असम	0.47–0.49	0.49–0.63	0.64–0.66
बिहार	0.56–0.96	0.62–0.71	0.73–0.78
छत्तीसगढ़	0.05–0.12	0.13–0.26	0.28–0.34
झारखण्ड	0.11–0.17	0.17–0.45	0.47–0.48
ओडिशा	0.58–1.24	0.93–1.15	1.15–1.16
पूर्वी उत्तर प्रदेश	0.08	0.01–0.08	0.02–0.07
पश्चिम बंगाल	1.83–1.98	1.97–2.09	2.15–2.20

जहाँ तक उत्पादकता का प्रश्न है, राष्ट्रीय औसत की तुलना में ओडिशा, पूर्वी उत्तर प्रदेश और पश्चिम बंगाल की औसत उत्पादकता उच्चतर है। यद्यपि राष्ट्रीय स्तर पर बंदगोभी की उत्पादकता में पिछले 13 वर्षों में 0.60 टन/हेक्टेयर की वृद्धि हुई, परंतु पूर्वी राज्यों ने औसत उत्पादकता में

1.0 टन / हेक्टेयर से अधिक की गिरावट दर्ज की (तालिका–48स तथा रेखाचित्र–50 अ एवं ब)।

तालिका–48स. पूर्वी राज्यों में बंदगोभी की उत्पादकता (टन / हेक्टेयर)

राज्य	वर्ष 2001–02 से 2005–06	वर्ष 2006–07 से 2010–11	वर्ष 2011–12 से 2013–14
असम	19.67–19.77	19.02–20.61	20.67–20.73
बिहार	15.99–27.64	16.85–18.14	18.38–19.60
छत्तीसगढ़	11.17–46.14	15.70–17.53	17.86–18.21
झारखण्ड	14.06–20.11	15.97–16.73	15.42–16.50
ओडिशा	17.21–27.61	27.61–27.96	28.02–28.08
पूर्वी उत्तर प्रदेश	29.91–29.96	19.35–29.99	31.57–34.18
पश्चिम बंगाल	25.89–27.98	27.03–27.73	28.00–28.10

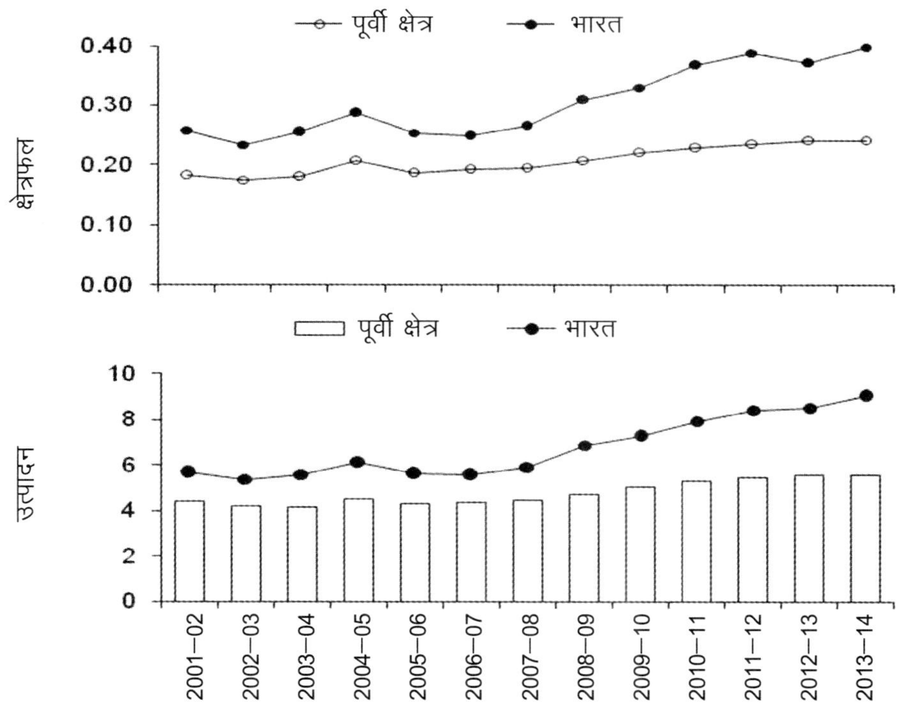

रेखाचित्र–50अ. बंदगोभी की फसल के अंतर्गत क्षेत्रफल (मिलियन हेक्टेयर) एवं उत्पादन (मिलियन टन)

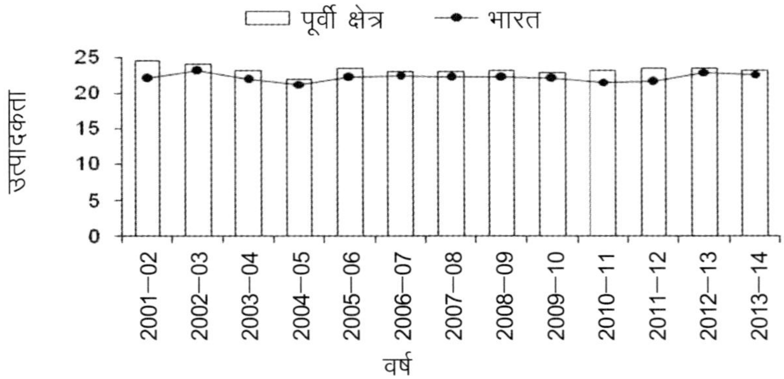

रेखाचित्र–50ब. बंदगोभी की फसल की उत्पादकता (टन/हेक्टेयर)

बंदगोभी के प्रमुख प्रभेदों जिनकी पूर्वी राज्यों में खेती की जाती है, का विवरण तालिका 49 में दिया गया है–

तालिका–49. पूर्वी राज्यों में बंदगोभी के विभिन्न प्रभेदों का विवरण एवं उनकी उत्पादकता (टन/हेक्टेयर)

पूर्वी राज्यों में बंदगोभी विभिन्न की फसल/प्रभेद/संकर एवं उनकी उत्पादकता	
असम	पूसा अगेती (11.0–33.0), पूसा ड्रम हेड (30.0), गोल्डेन एकड़ (25.0), पूसा मुक्ता (30.0)
बिहार	पूसा अगेती (11.0–33.0), पूसा ड्रम हेड (30.0), गोल्डन एकड़ (25.0), पूसा मुक्ता (30.0), के.जी.एम.आर.–1 (35.0–40.0)
छत्तीसगढ़	पूसा अगेती (11.0–33.0), पूसा ड्रम हेड (30.0), गोल्डन एकड़ (25.0), पूसा मुक्ता (30.0)
झारखंड	पूसा अगेती (11.0–33.0), पूसा ड्रम हेड (30.0), गोल्डन एकड़ (25.0), पूसा मुक्ता (30.0)
ओडिशा	पूसा अगेती (11.0–33.0), पूसा ड्रम हेड (30.0), गोल्डन एकड़ (25.0), पूसा मुक्ता (30.0)
पूर्वी उत्तर प्रदेश	पूसा अगेती (11.0–33.0), पूसा ड्रम हेड (30.0), गोल्डन एकड़ (25.0), पूसा मुक्ता (30.0), के.जी.एम.आर.–1 (35.0–40.0)
पश्चिम बंगाल	पूसा अगेती (11.0–33.0), पूसा ड्रम हेड (30.0), गोल्डन एकड़ (25.0), पूसा मुक्ता (30.0)

मटर

राष्ट्रीय स्तर पर 0.434 मिलियन हेक्टेयर भूमि में मटर उत्पादन में पूर्वी राज्य 0.166 मिलियन हेक्टेयर भूमि का योगदान करते हैं। पिछले 13 वर्षों में राष्ट्रीय स्तर पर मटर की खेती का क्षेत्र लगभग 40 प्रतिशत से अधिक बढ़ा। तथापि, क्षेत्रीय स्तर पर इसमें मामूली वृद्धि (<15 प्रतिशत) हुई (तालिका–50अ)।

तालिका–50अ. पूर्वी राज्यों में मटर के अंतर्गत क्षेत्रफल (मिलियन हेक्टेयर)

राज्य	वर्ष 2001–02 से 2005–06	वर्ष 2006–07 से 2010–11	वर्ष 2011–12 से 2013–14
असम	0.017–0.022	0.017–0.022	0.022–0.031
बिहार	0.007–0.008	0.009–0.010	0.010
छत्तीसगढ़	0.007–0.008	0.010–0.011	0.010–0.011
झारखण्ड	0.023–0.038	0.012–0.021	0.023–0.024
ओडिशा	0.005–0.006	0.005–0.006	0.006
पूर्वी उत्तर प्रदेश	0.048–0.055	0.056–0.059	0.060–0.063
पश्चिम बंगाल	0.019–0.025	0.021–0.022	0.022

पूर्वी उत्तर प्रदेश में मटर खेती का क्षेत्र पूर्वी क्षेत्र के कुल मटर खेती के क्षेत्र का लगभग 40 प्रतिशत है। राष्ट्रीय स्तर पर मटर उत्पादन 3.87 मिलियन टन आँका गया है जिसका 1.42 मिलियन टन पूर्वी क्षेत्र से आता है (तालिका–50ब)।

तालिका–50ब. पूर्वी राज्यों में मटर का उत्पादन (मिलियन टन)

राज्य	वर्ष 2001–02 से 2005–06	वर्ष 2006–07 से 2010–11	वर्ष 2011–12 से 2013–14
असम	0.01–0.02	0.01–0.02	0.02–0.03
बिहार	0.09–0.10	0.06–0.11	0.07–0.09
छत्तीसगढ़	0.04–0.06	0.04–0.10	0.12
झारखण्ड	0.05–0.11	0.24–0.33	0.36
ओडिशा	0.04–0.05	0.02–0.05	0.05
पूर्वी उत्तर प्रदेश	0.38–0.47	0.44–0.57	0.59–0.66
पश्चिम बंगाल	0.09–0.13	0.12–0.13	0.13

मटर की औसत उत्पादकता झारखंड, छत्तीसगढ़ एवं पूर्वी उत्तर प्रदेश में उच्चतर दर्ज की गई। विगत 13 वर्षों के दौरान, राष्ट्रीय स्तर पर 2.22

टन/हेक्टेयर की उत्पादकता में शुद्ध वृद्धि की तुलना में पूर्वी भारत में यह लाभ 3.0 टन/हेक्टेयर से अधिक था (तालिका–50स तथा रेखाचित्र–51 अ एवं ब)।

तालिका–50स. पूर्वी राज्यों में मटर की उत्पादकता (टन/हेक्टेयर)

राज्य	वर्ष 2001–02 से 2005–06	वर्ष 2006–07 से 2010–11	वर्ष 2011–12 से 2013–14
असम	0.68–0.83	0.61–0.86	0.75–0.85
बिहार	11.65–12.75	6.40–12.53	6.61–8.86
छत्तीसगढ़	4.91	4.49–9.23	11.14–11.95
झारखण्ड	1.30–4.82	11.72–19.95	14.84–15.75
ओडिशा	8.60–8.70	4.98–9.36	8.93–8.96
पूर्वी उत्तर प्रदेश	8.00–8.25	7.82–9.63	9.91–10.73
पश्चिम बंगाल	4.70–6.00	5.80–6.05	6.05–6.10

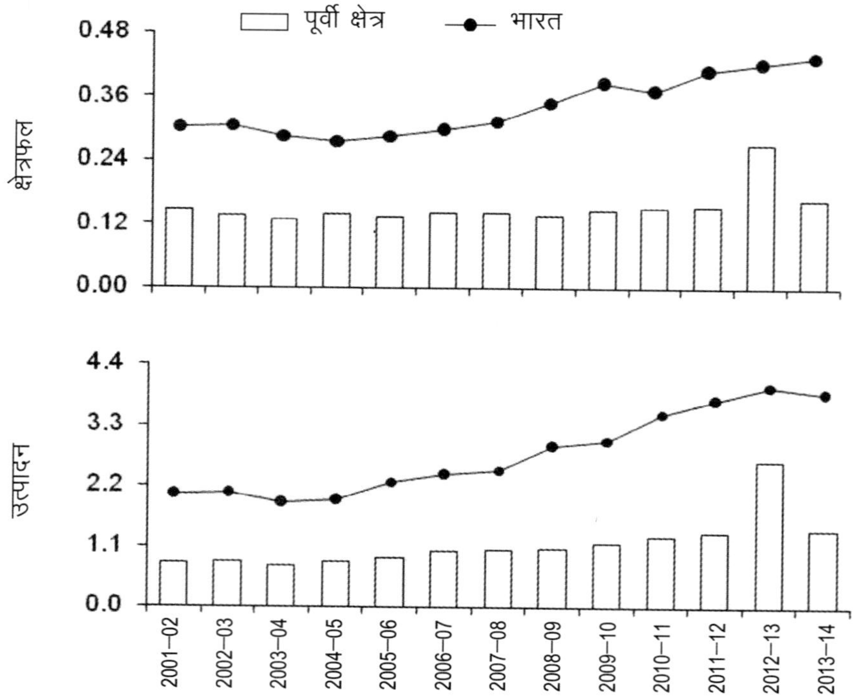

रेखाचित्र–51अ. मटर की खेती के अंतर्गत क्षेत्रफल (मिलियन हेक्टेयर) एवं उत्पादन (मिलियन टन)

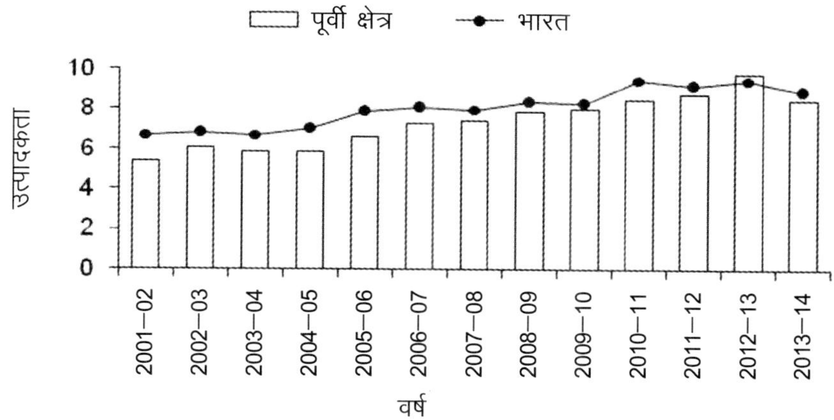

रेखाचित्र–51ब. मटर की उत्पादकता (टन/हेक्टेयर)

मटर की उन्नत किस्मों का राज्यवार विवरण नीचे दिया गया है–

तालिका–51. पूर्वी राज्यों में मटर के विभिन्न प्रभेदों का विवरण एवं उनकी उत्पादकता (टन/हेक्टेयर)

पूर्वी राज्यों में मटर की विभिन्न फसल/प्रभेद/संकर एवं उनकी उत्पादकता	
असम	वोनविले (6.5–7.0), आर्केल (7.5–8.0), पूसा प्रगति (7.0)
बिहार	बोनविले (6.5–7.0), आर्केल (7.5–8.0), पूसा प्रगति (7.0), काशी नंदिनी (7.5–8.0), पंत मटर–2 (10.0), पंत सब्जी मटर–3 (9.0), पंत सब्जी मटर–4 (9.0), पंत सब्जी मटर–5 (9.0–10.0), आजाद पी–2 (6.5–7.0), आजाद पी–4 (8.0–9.0), आजाद पी–5 (9.0–10.0), स्वर्ण अमर (20.0–25.0), स्वर्ण मुक्ति (20.0–25.0), स्वर्ण तृप्ति (स्नो पी) (25.0–30.0)
छत्तीसगढ़	बोनविले (6.5–7.0), आर्केल (7.5–8.0), पूसा प्रगति (7.0)
झारखंड	बोनविले (6.5–7.0), आर्केल (7.5–8.0), पूसा प्रगति (7.0), काशी नंदिनी (7.5–8.0), पंत मटर–2 (10.0), पंत सब्जी मटर–3 (9.0), पंत सब्जी मटर–4 (9.0), पंत सब्जी मटर–5 (9.0–10.0), आजाद पी–2 (6.5–7.0), आजाद पी–4 (8.0–9.0), आजाद पी–5 (9.0–10.0), स्वर्ण अमर (20.0–25.0), स्वर्ण मुक्ति (20.0–25.0), स्वर्ण तृप्ति (स्नो पी) (25.0–30.0)

ओडिशा	बोनविले (6.5–7.0), आर्केल (7.5–8.0), पूसा प्रगति (7.0), स्वर्ण तृप्ति (स्नो पी) (25.0–30.0)
पूर्वी उत्तर प्रदेश	बोनविले (6.5–7.0), आर्केल (7.5–8.0), पूसा प्रगति (7.0), अर्का अजीत (10.0), काशी नंदिनी (7.5–8.0), काशी उदय (8.5–9.0), पंत उपहार (10.0), पंत मटर–2 (10.0), पंत सब्जी मटर–3 (9.0), पंत सब्जी मटर–4 (9.0), पंत सब्जी मटर–5 (9.0–10.0), आजाद पी–2 (6.5–7.0), आजाद पी–4 (8.0–9.0), आजाद पी–5 (9.0–10.0), स्वर्ण मुक्ति (20.0–25.0),स्वर्ण तृप्ति (स्नो पी) (25.0–30.0)
पश्चिम बंगाल	बोनविले (6.5–7.0), आर्केल (7.5–8.0), पूसा प्रगति (7.0), स्वर्ण तृप्ति (स्नो पी) (25.0–30.0)

प्याज

राष्ट्रीय स्तर पर 1.204 मिलियन हेक्टेयर की तुलना में पूर्वी क्षेत्र में 0.166 मिलियन हेक्टेयर में प्याज की खेती की जाती है। क्षेत्र के अंतर्गत बिहार में प्याज की खेती का क्षेत्र अपेक्षाकृत उच्चतर है (तालिका–52अ)।

तालिका–52अ. पूर्वी राज्यों में प्याज के अंतर्गत क्षेत्रफल (मिलियन हेक्टेयर)

राज्य	वर्ष 2001–02 से 2005–06	वर्ष 2006–07 से 2010–11	वर्ष 2011–12 से 2013–14
असम	0.006–0.007	0.007–0.008	0.007–0.009
बिहार	0.013–0.016	0.015–0.54	0.053–0.054
छत्तीसगढ़	0.004–0.005	0.004–0.010	0.014–0.020
झारखण्ड	0.002–0.003	0.003–0.015	0.016–0.017
ओडिशा	0.027–0.030	0.031–0.034	0.035–0.036
पूर्वी उत्तर प्रदेश	0.007–0.009	0.008–0.009	0.009
पश्चिम बंगाल	0.016–0.017	0.018–0.021	0.022–0.024

पूर्वी क्षेत्र के 2.89 मिलियन टन के कुल प्याज उत्पादन में बिहार का उत्पादन 45 प्रतिशत है (तालिका–52ब)।

तालिका–52ब. पूर्वी राज्यों में प्याज का उत्पादन (मिलियन टन)

राज्य	वर्ष 2001–02 से 2005–06	वर्ष 2006–07 से 2010–11	वर्ष 2011–12 से 2013–14
असम	0.02	0.02	0.02–0.03
बिहार	0.11–0.14	0.12–1.08	1.11–1.30
छत्तीसगढ़	0.02–0.03	0.02–0.18	0.22–0.31
झारखण्ड	0.22–0.23	0.23–0.31	0.32
ओडिशा	0.21–0.24	0.26–0.39	0.42–0.43
पूर्वी उत्तर प्रदेश	0.08–0.12	0.11–0.14	0.14–0.47
पश्चिम बंगाल	0.22	0.24–0.30	0.30–0.34

प्याज की औसत उत्पादकता न केवल बिहार में बल्कि झारखंड एवं पूर्वी उत्तर प्रदेश में भी उच्चतर पायी गयी है। विगत 13 वर्षों के दौरान, प्याज की औसत उत्पादकता में न केवल राष्ट्रीय बल्कि क्षेत्रीय स्तर पर भी 5.0 टन/हेक्टेयर का अतिरिक्त लाभ हुआ (तालिका– 52स तथा रेखाचित्र–52)।

तालिका–52स. पूर्वी राज्यों में प्याज की उत्पादकता (टन/हेक्टेयर)

राज्य	वर्ष 2001–02 से 2005–06	वर्ष 2006–07 से 2010–11	वर्ष 2011–12 से 2013–14
असम	2.79–2.98	2.34–2.69	2.95–3.87
बिहार	7.55–9.74	7.98–20.00	20.90–24.01
छत्तीसगढ़	5.53–8.92	4.77–17.78	15.00–15.94
झारखण्ड	8.40–9.20	18.92–20.78	18.71–20.27
ओडिशा	7.60–8.13	8.36–11.49	11.92–12.07
पूर्वी उत्तर प्रदेश	11.30–12.87	13.00–15.72	16.19–17.80
पश्चिम बंगाल	12.68–13.50	13.20–14.57	14.05–14.59

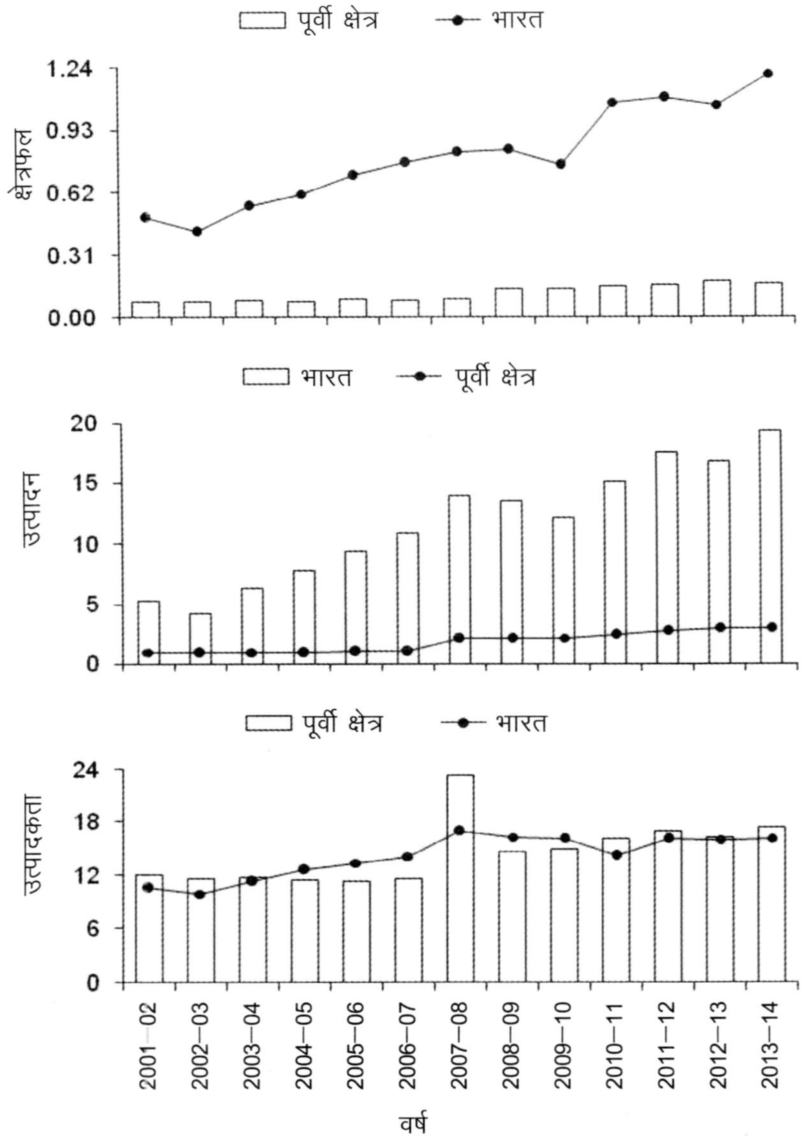

रेखाचित्र–52. प्याज की खेती के अंतर्गत क्षेत्रफल (मिलियन हेक्टेयर), उत्पादन (मिलियन टन) एवं उत्पादकता (टन / हेक्टेयर)

प्याज के प्रभेदों का विवरण तालिका 53 में दिया गया है–

तालिका–53. पूर्वी राज्यों में प्याज के विभिन्न प्रभेदों का विवरण एवं उनकी उत्पादकता (टन/हेक्टेयर)

पूर्वी राज्यों में	प्याज की विभिन्न फसल/प्रभेद/संकर एवं उनकी उत्पादकता
असम	पूसा व्हाइट फ्लैट (30.0–32.5), पूसा व्हाइट राउंड, पूसा रतनार (32.0–35.0), एग्रीफाउंड डार्क रेड (30.0–32.5), एग्रीफाउंड लाइट रेड (30.0–32.5), एन.एच.आर.डी.एफ. रेड–2 (एल–355) (30.0–35.0), एन–53 (25.0), हिसार–2 (20.0–25.0)
बिहार	पूसा व्हाइट फ्लैट (30.0–32.5), पूसा व्हाइट राउंड, पूसा रेड (25.0–30.0), पूसा रत्नार (32.5–35.0), सेल–126 (25.0), अर्का कल्याण (45.0), पूसा रत्नागर (30.0), अर्का निकेतन (37.0), एग्रीफाउंड डार्क रेड (30.0), एग्रीफाउंड लाइट रेड (30.0–32.5), एन.एच.आर.डी.एफ. रेड (एल–28) (25.0–30.0), एन.एच.आर.डी.एफ. रेड–2 (एल–355) (30.0–35.0), पंजाब सेलेक्शन (20.0), पंजाब रेड राउंड (20.0–25.0), पंजाब–48 (30.0), कल्याणपुर रेड राउंड (25.0–30.0), एन–53 (25.0), हिसार–2 (20.0–25.0), भीमा किरण (30.0–31.0), भीमा शक्ति (42.0–46.0), भीमा श्वेता (36.0)
छत्तीसगढ़	पूसा व्हाइट फ्लैट (30.0–32.5), पूसा व्हाइट राउंड, पूसा रत्नार (32.5–35.0), सेल. 126 (25.0), अर्का कल्याण (45.0), एग्रीफाउंड डार्क रेड (30.0), एग्रीफाउंड लाइट रेड (30.0–32.5), एन.एच.आर.डी.एफ. रेड (एल–28) (25.0–30.0), एग्रीफाउण्ड व्हाइट (25.0–30.0), एन–53 (25.0), हिसार–2 (20.0–25.0), भीमा शक्ति (42.0–46.0), भीमा श्वेता (36.0)
झारखंड	पूसा व्हाइट फ्लैट (30.0–32.5), पूसा व्हाइट राउंड, पूसा रत्नार (32.5–35.0), अर्का कल्याण (45.0), पूसा रत्नागर (30.0), अर्का निकेतन (37.0), एग्रीफाउंड डार्क रेड (30.0), एग्रीफाउंड लाइट रेड (30.0–32.5), एन.एच.आर.डी.एफ. रेड–2 (एल–355) (30.0–35.0), पंजाब सेलेक्शन (20.0), पंजाब रेड राउंड (20.0–25.0), पंजाब–48 (30.0), कल्याणपुर रेड राउंड (25.0–30.0), एन–53 (25.0), हिसार–2 (20.0–25.0)
ओडिशा	पूसा व्हाइट फ्लैट (30.0–32.5), पूसा व्हाइट राउंड, पूसा रत्नार (32.5–35.0), सेल. 126 (25.0), अर्का कल्याण (45.0), एग्रीफाउंड डार्क रेड (30.0), एग्रीफाउंड लाइट रेड (30.0–32.5), एग्रीफाउंड व्हाइट

	(25.0–30.0), एन–53 (25.0), हिसार–2 (20.0–25.0), भीमा शक्ति (42.0–46.0), भीमा श्वेता (36.0)
पूर्वी उत्तर प्रदेश	पूसा व्हाइट फ्लैट (30.0–32.5), पूसा व्हाइट राउंड, पूसा रेड (25.0–30.0), पूसा रत्नार (32.5–35.0), सेल–126 (25.0), अर्का कल्याण (45.0), पूसा रत्नागर (30.0), अर्का निकेतन (37.0), एग्रीफाउंड डार्क रेड (30.0), एग्रीफाउंड लाइट रेड (30.0–32.5), एन.एच.आर.डी.एफ. रेड (एल–28) (25.0–30.0), एन.एच.आर.डी.एफ. रेड–2 (एल–355) (30.0–35.0), पंजाब सेलेक्शन (20.0), पंजाब रेड राउंड (20.0–25.0), पंजाब–48 (30.0), कल्याणपुर रेड राउंड (25.0–30.0), एन–53 (25.0), हिसार–2 (20.0–25.0), भीमा किरण (30.0–31.0), भीमा शक्ति (42.0–46.0), भीमा श्वेता (36.0)
पश्चिम बंगाल	पूसा व्हाइट फ्लैट (30.0–32.5), पूसा व्हाइट राउंड, पूसा रेड (25.0–30.0), पूसा रत्नार (32.5–35.0), एग्रीफाउंड डार्क रेड (30.0), एग्रीफाउंड लाइट रेड (30.0–32.5), एन.एच.आर.डी.एफ. रेड (एल–28) (25.0–30.0), एन.एच.आर.डी.एफ. रेड–2 (एल–355) (30.0–35.0), एन–53 (25.0), हिसार–2 (20.0–25.0)

उपरोक्त वर्णित मुख्य सब्जियों के अलावा पूर्वी क्षेत्र में अन्य सब्जियों का भी घरेलू स्तर पर उत्पादन किया जाता है। इस प्रकार की विभिन्न सब्जियों के प्रभेदों का राज्यवार विवरण तालिका 54 में दिया जा रहा है।

तालिका–54. अन्य उगायी जाने वाली सब्जियों के प्रभेदों / संकरों एवं राज्यवार विवरण एवं उनकी उत्पादकता (टन / हेक्टेयर)

फसल	फसल / प्रभेद / संकर
असम	
मिर्च (हरी)	पूसा ज्वाला (8.5), पूसा सदाबहार (9.5), काशी सुर्ख (24.0), पंत सी.–1 (7.5), सूर्यमुखी (8.5), कृष्णा (9.0), बलिजुरी (7.5)
शिमला मिर्च	कैलिफोर्निया वंडर (17.0), पूसा दीप्ति (22.5), अर्का मोहिनी (20.0), अर्का गौरव (16.0), अर्का वसंत (15.0)
गांठ गोभी	पर्पल वियना (20.0–24.0), व्हाइट वियना (22.0)
ब्रॉकली	पूसा ब्रॉकली केटी–1 (12.5)
लोबिया	ए.वी.सी.पी.–1 (7.3)

फ्रास बीन	कंटेंडर (20.0), पूसा पार्वती (22.5), अर्का अनूप (20.0)
गाजर	नंतेस (12.0), पूसा केसर (30.0), पूसा यमदाग्नि (12.0)
मूली	पूसा चेतकी (20.0–25.0), जापानीज व्हाइट (37.5), पूसा रेशमी (35.0), पूसा देसी (30.0), पूसा हिमानी (32.5), अर्का निशांत (35.0–40.0)
शलजम	पर्पल टॉप व्हाइट ग्लोब (30.0), पूसा स्वर्णिमा (35.0), पूसा चंद्रिमा (35.0), पूसा स्वेती (25.0), पूसा कंचन (25.0)
चुकंदर	डेट्रोयट डार्क रेड (18.0), क्रिमसन ग्लोब (18.0)
लौकी	पूसा समर प्रॉलिफीक लौंग (25.0–30.0), पूसा हाइब्रिड–3 (42.5–47.0)
नेनुआ	पूसा चिकनी (20.0–22.5)
झींगी / तोरई	पूसा नसदार (9.0–13.0)
ककड़ी	करनाल सेलेक्शन (9.0–10.0)
कद्दू	आजाद पंपकिन–1 (45.0–50.0)
चप्पन कद्दू	ऑस्ट्रेलियन ग्रीन (25.0–30.0), पूसा अलंकार (हाइब्रिड) (43.0–45.0)
पालक	पूसा भारती (50.0), पूसा ज्योति (42.5), पूसा हरित (26.0)
लाल साग	पूसा लाल चौलाई (40.0–45.0), पूसा कीर्ति (50.0), पूसा किरण (35.0)
मेथी का साग	पूसा अर्ली वंचिंग (7.0–8.0), पूसा कसूरी (9.0–10.0), हिसार सोनाली (7.0–8.0), हिसार मुक्त (7.0–8.0), एच.एम.–219 (7.0–8.0)
लेटूस	ग्रेट लेक्स (10.0–14.0), चाइनीज येलो (10.0–14.0)
परसले	मॉस कर्ल्ड (7.0–10.0)
लहसुन	यमुना सफेद (जी.–1) (15.0–17.5), यमुना सफेद–5 (जी.–189) (15.0–16.0)
खरबूज	पूसा शर्बती (16.0)
अरवी	मुक्ताकेशी (25.0–30.0)
ओल	गजेन्द्र (40.0–50.0)

गेठी कंदा (लेसर याम)	श्री लता (25.0–30.0)
शकरकंद	राजेन्द्र शकर कंद–35 (25.0–30.0), राजेन्द्र शकर कंद–43 (20.0–23.0), श्री भद्र (30.0–40.0)

बिहार

मिर्च	पूसा ज्वाला (8.5), पूसा सदाबहार (9.5), अर्का मेघना (हाइब्रिड) (33.5), अर्का श्वेता (हाइब्रिड) (33.0), काशी अर्ली (20.0), काशी अनमोल (20.0), काशी सुर्ख (24.0), पंत सी–1 (7.5), रोरी (5.5), मोती मिर्ची (6.0), चिट्टी (6.5)
शिमला मिर्च	कैलिफोर्निया वंडर (17.0), पूसा दीप्ति (22.5), अर्का मोहिनी (20.0), अर्का गौरव (16.0), अर्का बसंत (15.0)
गांठ गोभी	पर्पल वियना (20.0–24.0), व्हाइट वियना (22.0)
ब्रॉकली	पूसा ब्रोकोली केटी–1 (12.5)
लोबिया	पूसा कोमल (10.0–11.5), काशी कंचन (15.0–20.0), स्वर्ण श्वेता (25.0–30.0), स्वर्ण हरिता (30.0–35.0), स्वर्ण सुफला (25.0–30.0), स्वर्ण मुकुट (12.0–15.0)
फ्रास बीन	कंटेंडर (20.0), पूसा पार्वती (22.5), अर्का अनूप (20.0), पंत अनुपमा (9.0)
गाजर	नैनटेस (12.0), पूसा केसर (30.0), पूसा यमदाग्नि (12.0)
मूली	पूसा चेतकी (20.0–25.0), जापानीज व्हाइट (37.5), पूसा रेशमी (35.0), पूसा देसी (30.0), पूसा हिमानी (32.5), अर्का निशांत (35.0–40.0), काशी श्वेता (45.0–47.0)
शलजम	पर्पल टॉप व्हाइट ग्लोब (30.0), पूसा स्वर्णिमा (35.0), पूसा चंद्रिमा (35.0), पूसा स्वेती (25.0), पूसा कंचन (25.0)
चुकंदर	डेट्रायट डार्क रेड (18.0), क्रिमसन ग्लोब (18.0)
खीरा	स्वर्ण अगेती (30.0–32.0), स्वर्ण शीतल (25.0–30.0), स्वर्ण पूर्णा (30.0–35.0)
लौकी	पूसा समर प्रॉलिफिक लांग (25.0–30.0), पूसा संतुष्टि (26.0–29.0), पूसा हाइब्रिड–3 (42.5–47.0), हाइब्रिड काशी बहार (50.0–55.0), पंत लौकी–4 (30.0), एन. बॉटल गार्ड हाइब्रिड–4 (70.0–100.0), आजाद नूतन (35.0–40.0)

करेला	पूसा दो मौसमी (9.0–10.0), पूसा विशेष (15.0), पूसा हाइब्रिड–2 (19.0–20.0)
नेनुआ	पूसा चिकनी (20.0–22.5), पूसा सुप्रिया (13.0–14.0), आजाद तरोई–2 (14.0–16.0), स्वर्ण प्रभा (20.0–25.0)
झींगी / तोरई	पूसा नसदार (9.0–13.0), स्वर्ण मंजरी (18.0–20.0), स्वर्ण उपहार (20.0–30.0)
परवल	स्वर्ण रेखा (30.0–35.0), स्वर्ण अलौकिक (20.0–25.0), स्वर्ण सुरूचि (25.0–30.0)
ककड़ी	करनाल सेलेक्शन (9.0–10.0)
खरबूज	पूसा मधुरस (15.0–17.0), पूसा शरबती (16.0), गुजरात मस्कमेलन–3 (13.0)
तरबूज	अर्का माणिक (60.0)
कद्दू	पूसा विश्वास (40.0–42.5), काशी हरित (30.0–35.0), आजाद पम्पकीन–1 (24.4), स्वर्ण अमृत (50.0–60.0)
सफेद कुमड़ा / जल कुमड़ा	काशी उज्ज्वल (60.0–61.0)
चप्पन कद्दू	ऑस्ट्रेलियन ग्रीन (25.0–30.0), पूसा अलंकार (हाइब्रिड) (43.0–45.0)
सेम	स्वर्ण उत्कृष्ट (35.0–40.0), स्वर्ण रितुवार (12.0–15.0)
सब्जी सोयाबीन	स्वर्ण वसुंधरा (15.0–20.0)
पालक	पूसा भारती (50.0), पूसा ज्योति (42.5), पूस हरित (26.0)
लाल साग	पूसा लाल चौलाई (40.0–45.0), पूसा कीर्ति (50.0), पूसा किरण (35.0)
मेथी का साग	पूसा अर्ली बंचिंग (7.0–8.0), पूसा कसूरी (9.0–10.0), हिसार सोनाली (7.0–8.0), हिसार मुक्ता (7.0–8.0), एचएम–219 (7.0–8.0)
लेटूस	ग्रेट लेक्स (10.0–14.0), चाइनीज येलो (10.0–14.0)
परसले	मॉस कर्ल्ड (7.0–10.0)

लहसुन	यमुना सफेद (जी–1) (15.0–17.5), यमुना सफेद–2 (जी–50) (15.0 –20.0), यमुना सफेद–4 (जी–323) (17.5–20.0), यमुना सफेद–5 (जी–189) (15.0–16.0), भीम पर्पल (6.8)
अरवी	मुक्ताकेशी (25.0–30.0)
ओल	गजेन्द्र (40.0–50.0)
आरू कंदा (ग्रेटर याम)	ओडिशा एलाइट (30.0–35.0), हाथीखोजो (20.0–25.0), श्री नीलिमा (22.0–25.0), श्री कीर्ति (20.0–25.0), श्री शिल्पा (हाइब्रिड) (20.0–25.0), श्री रूपा (18.0–25.0)
गेठी कंदा (लेसर याम)	श्री लता (25.0–30.0), लोटनी (15.0–20.0), चापरी (15.0–20.0)
मिश्रीकंद	एल–19 (30.0–40.0)
शकरकंद	राजेन्द्र शकरकंद–35 (25.0–30.0), राजेन्द्र शकरकंद–43 (20.0–23.0), राजेन्द्र शकरकंद–47 (25.0–32.0), राजेन्द्र शकरकंद–5 (24.0–30.0), श्री भद्र (30.0–40.0)

छत्तीसगढ़

मिर्च	पूसा ज्वाला (8.5), पूसा सदाबहार (9.5), अर्का लोहित (25.0), अर्का मेघना (हाइब्रिड) (33.5), काशी अर्ली (25.0), काशी सुर्ख (24.0), पंत सी–1 (7.5)
शिमला मिर्च	कैलिफोर्निया वंडर (17.0), पूसा दीप्ति (22.5), अर्का मोहिनी (20.0), अर्का गौरव (16.0), अर्का बसंत (15.0)
गांठ गोभी	पर्पल वियना (20.0–24.0), व्हाइट वियना (22.0)
ब्रॉकली	पूसा ब्रोकोली केटी–1 (12.5)
लोबिया	काशी कंचन (15.0–20.0), स्वर्ण हरिता (30.0–35.0)
फ्रास बीन	कंटेंडर (20.0), पूसा पार्वती (22.5), अर्का अनूप (20.0)
गाजर	नैनटेस (12.0), पूसा केसर (30.0), पूसा यमदाग्नि (12.0)
मूली	पूसा चेतकी (20.0–25.0), जापानीज व्हाइट (37.5), पूसा रेशमी (35.0), पूसा देसी (30.0), पूसा हिमानी (32.5), अर्का निशांत (35.0–40.0)
शलजम	पर्पल टॉप व्हाइट ग्लोब (30.0), पूसा स्वर्णिमा (35.0), पूसा चंद्रिमा (35.0), पूसा स्वेती (25.0), पूसा कंचन (25.0)

चुकंदर	डेट्रायट डार्क रेड (18.0), क्रिमसन ग्लोब (18.0)
लौकी	पूसा समर प्रॉलिफिक लांग (25.0–30.0), पूसा हाइब्रिड–3 (42.5–47.0)
करेला	पूसा हाइब्रिड–2 (19.0–20.0)
नेनुआ	पूसा चिकनी (20.0–22.5)
झींगी/तोरई	पूसा नसदार (9.0–13.0)
परवल	स्वर्ण रेखा (30.0–35.0), स्वर्ण अलौकिक (20.0–25.0), स्वर्ण सुरूचि (25.0–30.0)
ककड़ी	करनाल सेलेक्शन (9.0–10.0)
तरबूज	सूगर बेबी (15.0–17.0)
कद्दू	पूसा विश्वास (40.0–42.5), काशी हरित (30.0–35.0)
कुंदरू	इंदिरा कुंदरू–05 (102.0), इंदिरा कुंदरू–35 (94.0)
चप्पन कद्दू	ऑस्ट्रेलियन ग्रीन (25.0–30.0), पूसा अलंकार (हाइब्रिड) (43.0–45.0)
सेम	स्वर्ण उत्कृष्ट (35.0–40.0), स्वर्ण रितुवार (12.0–15.0)
सब्जी सोयाबीन	स्वर्ण वसुंधरा (15.0–20.0)
पालक	पूसा भारती (50.0), पूसा ज्योति (42.5), पूसा हरित (26.0)
लाल साग	पूसा लाल चौलाई (40.0–45.0), पूसा कीर्ति (50.0), पूसा किरण (35.0)
मेथी का साग	पूसा अर्ली बंचिंग (7.0–8.0), पूसा कसूरी (9.0–10.0), हिसार सोनाली (7.0–8.0), हिसार मुक्ता (7.0–8.0), एचएम–219 (7.0–8.0)
लेटूस	ग्रेट लेक्स (10.0–14.0), चाइनीज येलो (10.0–14.0)
परसले	मॉस कर्ल्ड (7.0–10.0)
लहसुन	यमुना सफेद (जी–1) (15.0–17.5), यमुना सफेद–2 (जी–50) (15.0–20.0), यमुना सफेद–3 (जी–282) (17.5–20.0), यमुना सफेद–4 (जी–323) (17.5–20.0)

अरवी	मुक्ताकेशी (25.0—30.0), श्री किरण (हाइब्रिड) (15.0—20.0), व्हाइट गौरिया (12.0—14.0)
ओल	गजेन्द्र (40.0—50.0), श्री पद्मा (40.0—45.0)
आरू कंदा (ग्रेटर याम)	ओडिसा एलाइट (30.0—35.0), हाथीखोजो (20.0—25.0), श्री नीलिमा, श्री कीर्ति (20.0—25.0), श्री शिल्पा (हाइब्रिड) (20.0—25.0), श्री रूपा (18.0—25.0)
लेसर याम (गेठी कंदा)	श्री लता (25.0—30.0)
मिश्रीकंद	एल—19 (30.0—40.0)
कसावा / सेमल कंदा:	निधि (35.0—40.0), श्री हर्षा (35.0—40.0), श्री साहया (35.0—40.0), श्री विशाकम (35.0—38.0), श्री जया (20.0—25.0), श्री विजया (25.0—30.0), श्री पद्मनाभम (30.0—35.0)
शकरकंद	गौरी (18.0—25.0), शंकर (15.0—20.0), वर्षा (20.0—25.0), श्री कनका (20.0—25.0), एस.टी.—14 (20.0—25.0), श्री भद्र (30.0—40.0), गौतम (18.0—20.0), शॉरिन (16.0—22.0), किसान (16.0—26.0), कलिंगा (25.0—28.0), श्री नंदिनी (20.0—25.0), श्री वर्धिनी (20.0—25.0), श्री अरूण (20.0—28.0), श्री वरूण (20.0—28.0), श्री रत्ना (20.0—22.0)

झारखंड

मिर्च	पूसा ज्वाला (8.5), पूसा सदाबहार (9.5), अर्का मेघना (हाइब्रिड) (33.5), अर्का श्वेता (हाइब्रिड) (33.0), काशी अर्ली (20.0), काशी अनमोल (20.0), काशी सुर्ख (24.0), पंत सी—1 (7.5), स्वर्ण प्रफुल्य (20.0—25.0)
शिमला मिर्च	कैलिफोर्निया वंडर (17.0), पूसा दीप्ति (22.5), अर्का मोहिनी (20.0), अर्का गौरव (16.0), अर्का बसंत (15.0), स्वर्ण अतुल्य (40.0—45.0)
गांठ गोभी	पर्पल वियना (20.0—24.0), व्हाइट वियना (22.0)
ब्रॉकली	पूसा ब्रोकोली केटी—1 (12.5)
लोबिया	काशी कंचन (15.0—20.0), स्वर्ण श्वेता (25.0—30.0), स्वर्ण हरिता (30.0—35.0), स्वर्ण सुफला (25.0—30.0), स्वर्ण मुकुट (12.0—15.0)
फ्रास बीन	कंटेंडर (20.0), पूसा पार्वती (22.5), अर्का अनूप (20.0), पंत अनुपमा (9.0), स्वर्ण प्रिया (12.0—14.0), स्वर्ण लता (12.0—14.0)

लोबिया	काशी कंचन (15.0–20.0), स्वर्ण हरिता (30.0–35.0)
फ्रास बीन	कंटेंडर (20.0), पूसा पार्वती (22.5), अर्का अनूप (20.0)
गाजर	नैनटेस (12.0), पूसा केसर (30.0), पूसा यमदाग्नि (12.0)
मूली	जापानीज व्हाइट (37.5), पूसा रेशमी (35.0), पूसा देसी (30.0), पूसा हिमानी (32.5), अर्का निशांत (35.0–40.0)
शलजम	पर्पल टॉप व्हाइट ग्लोब (30.0), पूसा स्वर्णिमा (35.0), पूसा चंद्रिमा (35.0), पूसा स्वेती (25.0), पूसा कंचन (25.0)
चुकंदर	डेट्रायट डार्क रेड (18.0), क्रिमसन ग्लोब (18.0)
लौकी	पूसा समर प्रॉलिफिक लांग (25.0–30.0), पूसा हाइब्रिड–3 (42.5 –47.0)
करेला	पूसा हाइब्रिड–2 (19.0–20.0)
नेनुआ	पूसा चिकनी (20.0–22.5)
झींगी / तोरई	पूसा नसदर (9.0–13.0)
परवल	स्वर्ण रेखा (30.0–35.0), स्वर्ण अलौकिक (20.0–25.0), स्वर्ण सुरूचि (25.0–30.0)
ककड़ी	करनाल सेलेक्शन (9.0–10.0)
तरबूज	शुगर बेबी (15.0–17.0)
कद्दू	पूसा विश्वास (40.0–42.5)
चप्पन कद्दू	ऑस्ट्रेलियन ग्रीन (25.0–30.0), पूसा अलंकार (हाइब्रिड) (43.0–45.0)
सब्जी सोयाबीन	स्वर्ण वसुंधरा (15.0–20.0)
पालक	पूसा भारती (50.0), पूसा ज्योति (42.5), पूसा हरित (26.0)
लाल साग	पूसा लाल चौलाई (40.0–45.0), पूसा कीर्ति (50.0), पूसा किरण (35.0)
मेथी का साग	पूसा अर्ली बंचिंग (7.0–8.0), पूसा कसूरी (9.0–10.0), हिसार सोनाली (7.0–8.0), हिसार मुक्ता (7.0–8.0), एचएम–219 (7.0–8.0)
लेटूस	ग्रेट लेक्स (10.0–14.0), चाइनीज येलो (10.0–14.0)

परसले	मॉस कर्ल्ड (6.0–8.0)
लहसुन	यमुना सफेद (जी–1) (15.0–17.0)
अरवी	मुक्ताकेशी (25.0–30.0), श्री किरण (हाइब्रिड) (15.0–20.0), व्हाइट गौरिया (12.0–15.0)
ओल	गजेन्द्र (40.0–50.0), श्री पद्मा (40.0–45.0)
आरू कंदा (ग्रेटर याम)	ओडिसा एलाइट (30.0–35.0), हाथीखोजो (20.0–25.0), श्री नीलिमा (20.0–25.0), श्री कीर्ति (20.0–25.0), श्री शिल्पा (हाइब्रिड) (20.0–25.0), श्री रूपा (18.0–25.0)
गेठी कंदा (लेसर याम)	श्री लता (25.0–30.0)
मिश्रीकंद	एल–19 (30.0–40.0)
कसावा/सेमल कंदा	निधि (35.0–40.0), श्री हर्षा (35.0–40.0), श्री साहया (35.0–40.0), श्री विशाकम (35.0–38.0), श्री जया (20.0–25.0), श्री विजया (25.0–30.0), श्री पद्मनाभम (30.0–35.0)
शकरकंद	गौरी (18.0–25.0), शंकर (15.0–20.0), वर्षा (20.0–25.0), श्री कनका (20.0–25.0), एस.टी.–14 (20.0–25.0), श्री भद्र (30.0–40.0), गौतम (18.0–20.0), शॉरिन (16.0–22.0), किसान (16.0–26.0), कलिंगा (25.0–28.0), श्री नंदिनी (20.0–25.0), श्री वर्धिनी (20.0–25.0), श्री अरूण (20.0–28.0), श्री वरूण (20.0–28.0), श्री रत्ना (20.0–22.0)
कुरका (चाइनीज पोटैटो)	श्री धरा (20.0–25.0)

पूर्वी उत्तर प्रदेश

मिर्च	पूसा ज्वाला (8.5), पूसा सदाबहार (9.5), अर्का मेघना (हाइब्रिड) (33.5), अर्का श्वेता (हाइब्रिड) (33.0), काशी अर्ली (20.0), काशी अनमोल (20.0), काशी सुर्ख (24.0), पंत सी–1 (7.5)
शिमला मिर्च	कैलिफोर्निया वंडर (17.0), पूसा दीप्ति (22.5), अर्का मोहिनी (20.0), अर्का गौरव (16.0), अर्का बसंत (15.0)
गांठ गोभी	पर्पल वियना (20.0–24.0), व्हाइट वियना (22.0)
ब्रॉकुली	पूसा ब्रोकोली केटी–1 (12.5)

लोबिया	पूसा सुकोमल (6.0–6.5), पूसा कोमल (10.0–11.5), काशी कंचन (15.0–20.0), काशी उन्नति (12.5–15.0), काशी गौरी (10.0–12.5), स्वर्ण हरिता (30.0–35.0)
सेम	पूसा सेम–2 (15.0–20.0), पूसा सेम–3 (15.0–20.0), कल्याणपुर टाइप 2 (18.0–20.0), रजनी (18.0–20.0), आजाद सेम–1 (15.0 –18.0)
वकला (ब्रोड बीन)	पूसा सुमीत (18.0–20.0)
फ्रास बीन	कंटेंडर (20.0), पूसा पार्वती (22.5), अर्का अनूप (20.0), अर्का कोमल (15.0), अर्का सुविधा (19.0), पंत अनुपमा (9.0), पंत बीन–2 (10.0), आजाद राजमास (6.5–7.0)
गाजर	पूसा रूधिरा (33.0), पूसा असिता (30.0), पूसा वृष्टि (25.0), नैनटेस (12.0), पूसा केसर (30.0), पूसा यमदाग्नि (12.0) पूसा नयन ज्योति (35.0–45.0)
मूली	पूसा चेतकी (20.0–25.0), जापानीज व्हाइट (37.5), पूसा रेशमी (35.0), पूसा देसी (30.0), पूसा हिमानी (32.5), अर्का निशांत (35.0–40.0), काशी श्वेता (45.0–47.0), काशी हंस (43.0–45.0)
शलजम	पर्पल टॉप व्हाइट ग्लोब (30.0), पूसा स्वर्णिमा (35.0), पूसा चंद्रिमा (35.0), पूसा स्वेती (25.0), पूसा कंचन (25.0)
चुकंदर	डेट्रायट डार्क रेड (18.0), क्रिमसन ग्लोब (18.0)
खीरा	स्वर्ण अगेती (30.0–32.0), स्वर्ण शीतल (25.0–30.0), स्वर्ण पूर्णा (30.0–35.0)
लौकी	पूसा समर प्रॉलिफिक लांग (25.0–30.0), पूसा हाइब्रिड–3 (42.5–47.0), पूसा समृद्धि (27.2), पूसा संदेश (32.0), हाइब्रिड काशी बहार (50.0–55.0), काशी गंगा (48.0–55.0), पंत संकर लौकी–1 (40.0), पंत संकर लौकी–2 (40.0), पंत लौकी–4 (30.0), एन. बॉटल गार्ड हाइब्रिड–4 (70.0–100.0), एन. रश्मि (एन.डी.बी.जी.–1) (30.0–40.0), एन. धारीदार (एन.डी.बी.जी.–208–1) (35.0), एन. ज्योति (एन.डी.बी.जी.–104) (40.0–60.0), एन. शिशिर (एन.डी.बी.जी.–202) (85.0), एन. माधुरी (एन.डी.बी.जी.–505) (100.0), एन. शिवानी (एन.डी.बी.जी.–403) (130.0), एन. बॉटल गार्ड (एन.डी.बी.जी–132) (30.0), बॉटल गार्ड (एन.डी.बी.जी–619) (30.0), आजाद नूतन (35.0–40.0)

करेला	पूसा दो मौसमी (9.0–10.0), पूसा विशेष (15.0), पूसा हाइब्रिड–1 (20.0), पूसा हाइब्रिड–2 (19.0–20.0), काशी उर्वशी (20.0–22.0), पंत करेला–1 (15.0)
नेनुआ	पूसा चिकनी (20.0–22.5), पूसा सुप्रिया (13.0–14.0), पूसा स्नेहा (12.0), आजाद तरोई–1 (12.5–15.0), आजाद तरोई–2 (14.0–16.0), स्वर्ण प्रभा (20.0–25.0)
झींगी / तरोई	पूसा नसदर (9.0–13.0), पूसा नूतन (16.0), पंत तोरई–1 (10.0), स्वर्ण उपहार (20.0–30.0)
खीरा	पूसा उदय (15.0–16.0), पंत संकर खीरा–1 (20.0), पंत खीरा–1 (15.0), पंत पार्थेनोकार्पिक खीरा–2 (21.0), पार्थेनोकार्पिक खीरा–3 (20.0)
परवल	स्वर्ण रेखा (30.0–35.0), स्वर्ण अलौकिक (20.0–25.0), स्वर्ण सुरूचि (25.0–30.0)
ककड़ी	करनाल सेलेक्शन (9.0–10.0), पंत ककड़ी–1 (30.0)
खरबूज	पूसा मधुरस (15.0–17.0), पूसा शरबती (16.0), काशी मधु (20.0–27.0), गुजरात मस्कमेलन–3 (12.7)
तरबूज	अर्का माणिक (60.0)
स्नैप मेलन / फुट	पूसा शानदार (38.0)
कद्दू	पूसा विश्वास (40.0–42.5), पूसा विकास (30.0), पूसा हाइब्रिड–1 (50.0–52.0), काशी हरित (30.0–35.0), एन. अग्रिम (30.0–40.0), एन. अमृत (35.0–38.0), एन. आभूषण (हाइब्रिड) (70.0), आजाद पम्पकीन–1 (24.4), स्वर्ण अमृत (50.0–60.0)
सफेद कुमड़ा / जल कुमड़ा	काशी उज्ज्वल (60.0–61.0)
चप्पन कद्दू	ऑस्ट्रेलियन ग्रीन (25.0–30.0), पूसा अलंकार (हाइब्रिड) (43.0–45.0)
सेम	स्वर्ण उत्कृष्ट (35.0–40.0)
पालक	पूसा भारती (50.0), पूसा ज्योति (42.5), पूसा हरित (26.0)
लाल साग	पूसा लाल चौलाई (40.0–45.0), पूसा कीर्ति (50.0), पूसा किरण (35.0)

मेथी का साग	पूसा अर्ली बंचिंग (7.0–8.0), पूसा कसूरी (9.0–10.0), हिसार सोनाली (7.0–8.0), हिसार मुक्ता (7.0–8.0), एचएम–219(7.0–8.0)
सब्जी सरसों	पूसा साग–1 (9.0–10.0)
बथुआ	पूसा बथुआ–1 (30.0)
लेटूस	ग्रेट लेक्स (10.0–14.0), चाइनीज येलो (10.0–14.0)
परसले	मॉस कर्ल्ड (6.0–8.0)
लहसुन	यमुना सफेद (जी–1) (15.0–17.0), यमुना सफेद–2 (जी–50) (15.0–20.0), यमुना सफेद–4 (जी–323) (17.5–20.0), यमुना सफेद–5 (जी–189) (15.0–16.0), एग्रीफाउंड पार्वती (जी–313) (17.5–22.5), भीमा पर्पल (6.8), पंत लोहित (12.5–13.0)
शकरकंद	वी.एल.–शकरकंद (20.0–25.0)

पश्चिम बंगाल

मिर्च	पूसा ज्वाला (8.5), पूसा सदाबहार (9.5), काशी सुर्ख (24.0), पंत सी–1 (7.5), सिति एण्ड सुति (12.0), आकाशी (20.0)
शिमला मिर्च	कैलिफोर्निया वंडर (17.0), पूसा दीप्ति (22.5), अर्का मोहिनी (20.0), अर्का गौरव (16.0), अर्का बसंत (15.0)
गांठ गोभी	पर्पल वियना (20.0–24.0), व्हाइट वियना (22.0)
ब्रॉकली	पूसा ब्रोकोली केटी–1 (12.5)
लोबिया	ए.वी.सी.पी.–1 (7.3), स्वर्ण हरिता (30.0–35.0)
फ्रास बीन	कंटेंडर (20.0), पूसा पार्वती (22.5), अर्का अनूप (20.0)
गाजर	नैनटेस (12.0), पूसा केसर (30.0), पूसा यमदाग्नि (12.0)
मूली	पूसा चेतकी (20.0–25.0), जापानीज व्हाइट (37.5), पूसा रेशमी (35.0), पूसा देसी (30.0), पूसा हिमानी (32.5), अर्का निशांत (35.0–40.0)
शलजम	पर्पल टॉप व्हाइट ग्लोब (30.0), पूसा स्वर्णिमा (35.0), पूसा चंद्रिमा (35.0), पूसा स्वेती (25.0), पूसा कंचन (25.0)
चुकंदर	डेट्रायट डार्क रेड (18.0), क्रिमसन ग्लोब (18.0)
लौकी	पूसा समर प्रॉलिफिक लांग (25.0–30.0), पूसा हाइब्रिड–3 (42.5–47.0), पंत लौकी–4 (30.0)
नेनुआ	पूसा चिकनी (20.0–22.5)

झींगी / तरोई	पूसा नसदर (9.0–13.0)
खीरा	पूसा संयोग (20.0)
परवल	स्वर्ण रेखा (30.0–35.0), स्वर्ण अलौकिक (20.0–25.0), स्वर्ण सुरूचि (25.0–30.0)
ककड़ी	करनाल सेलेक्शन (9.0–10.0)
चप्पन कद्दू	ऑस्ट्रेलियन ग्रीन (25.0–30.0), पूसा अलंकार (हाइब्रिड) (43.0–45.0)
पालक	पूसा भारती (50.0), पूसा ज्योति (42.5), पूसा हरित (26.0)
लाल साग	पूसा लाल चौलाई (40.0–45.0), पूसा कीर्ति (50.0), पूसा किरण (35.0)
मेथी का साग	पूसा अर्ली बंचिंग (7.0–8.0), पूसा कसूरी (9.0–10.0), हिसार सोनाली (7.0–8.0), हिसार मुक्ता (7.0–8.0), एचएम–219 (7.0–8.0)
सरसों साग	पूसा साग–1 (9.0–10.0)
बथुआ	पूसा बथुआ–1 (30.0)
लेटूस	ग्रेट लेक्स (10.0–14.0), चाइनीज येलो (10.0–14.0)
परसले	मॉस कर्ल्ड (8.0–10.0)
लहसुन	यमुना सफेद (जी–1) (15.0–17.5), यमुना सफेद–2 (जी–50) (15.0–20.0), यमुना सफेद–4 (जी–323) (17.5–20.0)
अरवी	मुक्ताकेशी (25.0–30.0), काकाकाचु (8.0–10.0), पंचमुखी (15.0–20.0), शसरामुखी (20.0), नदिया लोकल (15.0–18.0), कदमा (15.0)
ओल	गजेन्द्र (40.0–50.0), संतरागाछी (30.0–40.0)
गेठी कंदा (लेसर याम)	श्री लता (25.0–30.0)
मिश्रीकंद	एल–19 (30.0–40.0), राजेन्द्र मिश्रीकंद–1 (30.0–40.0)
शकरकंद	कमला सुंदरी (20.0–25.0), बिधान जगन्नाथ (25.0–30.0), श्री भद्र (30.0–40.0)

❑❑❑

अध्याय 23

कृषि जलवायु क्षेत्र के आधार पर सब्जियों की उत्पादकता

निचले गांगेय क्षेत्र में लगभग 1.66 मिलियन हेक्टेयर में सब्जियों की खेती की जाती है तथा इस क्षेत्र में औसत उत्पादकता 13.74 टन/हेक्टेयर आंकी गई है। यद्यपि मध्य गांगेय क्षेत्र में सब्जियाँ 1.13 मिलियन हेक्टेयर क्षेत्रफल में ही उगाई जाती हैं परंतु इस भूभाग की उत्पादकता सर्वाधिक (20.11 टन/हेक्टेयर) दर्ज की गई है। वहीं पूर्वी पर्वतीय एवं पठारी क्षेत्र, जिसमें सब्जियों की खेती 1.39 मिलियन हेक्टेयर में की जाती है, की उत्पादकता (13.66 टन/हेक्टेयर) निचले गांगेय क्षेत्र की उत्पादकता के अनुरूप ही है। अतः, मध्य गांगेय क्षेत्र की राष्ट्रीय स्तर पर सब्जियों की उत्पादकता 17.34 टन/हेक्टेयर से भी अधिक पाई गई है (रेखाचित्र–53अ एवं 53ब)।

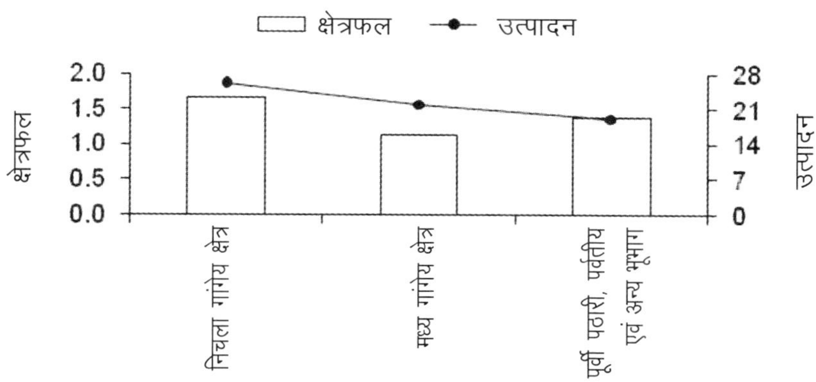

रेखाचित्र–53अ. कृषि जलवायु क्षेत्र के अनुसार सब्जियों के अंतर्गत क्षेत्रफल (मिलियन हेक्टेयर) एवं उत्पादन (मिलियन टन)

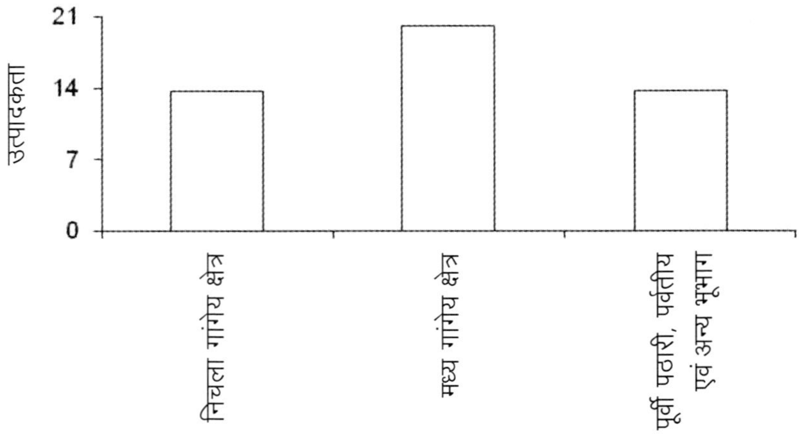

रेखाचित्र–53ब. कृषि जलवायु क्षेत्र के अनुसार सब्जियों की उत्पादकता (टन/हेक्टेयर)

❑❑❑

अध्याय **24**

सब्जी उत्पादकता के आधार पर पूर्वी राज्यों का वर्गीकरण

सब्जी उत्पादकता के आधार पर पूर्वी क्षेत्र को उच्च, मध्य एवं कम उत्पादकता वाले क्षेत्र में निम्नानुसार बाँटा गया है –

तालिका–55अ. उच्च उत्पादकता (टन/हे०) वाले राज्य

आलू	पूर्वी उत्तर प्रदेश (24.47); पश्चिम बंगाल (21.90); बिहार (20.52)
बैगन	बिहार (21.58); पश्चिम बंगाल (18.43)
टमाटर	पूर्वी उत्तर प्रदेश (40.63)
भिंडी	छत्तीसगढ (15.49); असम (14.69)
फूलगोभी	पश्चिम बंगाल (25.53); पूर्वी उत्तर प्रदेश (21.09)
बंदगोभी	पूर्वी उत्तर प्रदेश (32.39); पश्चिम बंगाल (28.10); ओडिशा (28.08)
मटर	झारखण्ड (14.89); छत्तीसगढ (11.95); पूर्वी उत्तर प्रदेश (10.41)
प्याज	बिहार (24.01); झारखण्ड (19.76)

तालिका–55ब. मध्यम उत्पादकता (टन/हे०) वाले राज्य

आलू	ओडिशा (16.66); छत्तीसगढ (14.68); झारखण्ड (13.31)
बैगन	छत्तीसगढ (17.72); ओडिशा(17.24); असम (15.94)
टमाटर	असम (23.38); बिहार (22.26); पश्चिम बंगाल (20.20); छत्तीसगढ (16.16); ओडिशा (14.29)
भिंडी	झारखण्ड (13.76); बिहार (13.49); पूर्वी उत्तर प्रदेश (12.19); पश्चिम बंगाल (11.69)

फूलगोभी	छत्तीसगढ (18.47); बिहार (17.46)
बंदगोभी	असम (20.72); बिहार (18.38); छत्तीसगढ (18.21)
मटर	ओडिशा (8.96); बिहार (6.61); पश्चिम बंगाल (6.10)
प्याज	पूर्वी उत्तर प्रदेश (16.89); छत्तीसगढ (15.42); पश्चिम बंगाल (14.59); ओडिशा (12.07)

तालिका–55स. कम उत्पादकता (टन/हे०) वाले राज्य

आलू	असम (7.15)
बैगन	झारखण्ड (12.85); पूर्वी उत्तर प्रदेश (12.04)
टमाटर	झारखण्ड (9.53)
भिंडी	ओडिशा (8.87)
फूलगोभी	झारखण्ड (15.76); असम (15.55); ओडिशा (15.15)
बंदगोभी	झारखण्ड (15.62)
मटर	असम (0.85)
प्याज	असम (3.87)

सब्जियों का उत्पादन बढ़ाने के प्रौद्योगिकी उपाय एवं समस्यायें

पूर्वी क्षेत्र में प्रयोग में लाये जा रहे विभिन्न प्रौद्योगिक उपाय तथा समस्याओं का विवरण नीचे दिया जा रहा है–

तालिका–56अ. सब्जियों की उत्पादकता बढ़ाने के लिए अपनाये गये प्रौद्योगिकीय उपाय

- अधिक उपज या संकर प्रभेदों का उपयोग।
- गुणवत्तापूर्ण बीजों का उत्पादन।
- अम्लीय मिट्टी में सोलेनेसियस फसलों के झुलसा रोग प्रतिरोधी प्रभेद/संकर प्रभेदों का विकास।
- रूट नॉट निमेटॉड सहिष्णु प्रभेद/संकर प्रभेद।
- समेकित पोषक तत्व प्रबंधन खासकर सूक्ष्म पोषक तत्वों का उपयोग।
- समेकित कीट एवं रोग प्रबंधन जिसमें सब्जियों में कीटनाशक के अवशेषों को कम करने हेतु पर्यावरण के अनुकूल कार्यों जैसे स्टिकी ट्रैप्स, फेरेमॉन ट्रैप्स, पेस्ट रेपिलैंट क्रॉप्स, फसल चक्रण इत्यादि पर जोर दिया जाय।
- टपक सिंचाई, मलचिंग के द्वारा जल उपयोग क्षमता को बढ़ाना।

तालिका–56ब. सब्जियों के उत्पादन में रूकावटें

- बीज, उर्वरक, जैविक खाद, प्रभावी कीटनाशक जैसे उत्पादन सामग्रियों की कमी।
- मिट्टी का अम्लीय अथवा क्षारीय होना।
- कीटों जैसे फ्रूट एवं शूट बोरर को समाप्त करने के लिए प्रतिरोधी प्रभेदों की अनुपलब्धता।
- जैविक एवं अजैविक तनाव।
- अनुचित रूप से सूक्ष्म पोषक तत्वों का प्रबंधन।
- फसल कटाई प्रबंधन हेतु उच्च लागत की तकनीक।

उपरोक्त के अलावा, सब्जियों के उत्पादन में आने वाली अन्य बाधाओं का विवरण निम्नवत हैं–

आलू	अर्ली ब्लाइट, लेट ब्लाइट, स्टोरेज बीविल जैसे रोग
बैंगन एवं टमाटर	बैक्टीरियल बिल्ट, फ्यूसेरियम बिल्ट, फॉमोप्सिस ब्लाइट, फ्रूट एवं शूट बोरर, सकिंग कीट जैसे थ्रिप्स, माइट्स, एफिड्स एवं व्हाइट फ्लाइज तथा नेमाटोड्स
	बोरॉन (फलों में दरार) तथा कैल्शियम की कमी
बंदगोभी/फूलगोभी	डायमण्ड बैक्ड मोथ एवं कॉलर रॉट
	मॉलिबिडनम की कमी के कारण व्हिप टेल बीमारी
भिंडी	येलो वेन मोजाइक वायरस, थ्रिप्स, व्हाइट फ्लाइज तथा एफिड्स
मटर	पाउडरी मिलड्यू, फ्यूसेरियम बिल्ट, पॉड बोरर
प्याज	पर्पल ब्लॉच, स्मट तथा थ्रिप्स

प्रति व्यक्ति सब्जियों की उपलब्धता

प्रतिवेदन की अवधि के दौरान खाद्यान्न की तुलना में सब्जियों की प्रति व्यक्ति उपलब्धता में घरेलू एवं व्यक्तिगत स्तर पर भी विशेष रूप से सुधार हुआ। कुल सब्जी की उपलब्धता, जो कि वर्ष 2001 के दौरान 362.6 ग्राम/दिन थी, वर्ष 2011 सेंसस के दौरान 450.3 ग्राम/दिन आँकी गई। इसी अवधि के दौरान सब्जियों की प्रति व्यक्ति उपलब्धता

राष्ट्रीय स्तर पर भी 236.0 ग्राम/दिन से बढ़कर 354.0 ग्राम/दिन हो गई है। आँकड़ों से स्पष्ट है कि पूर्वी क्षेत्र में सब्जियों की प्रति व्यक्ति उपलब्धता राष्ट्रीय स्तर से 96.5 ग्राम/दिन अधिक है (रेखाचित्र–54)।

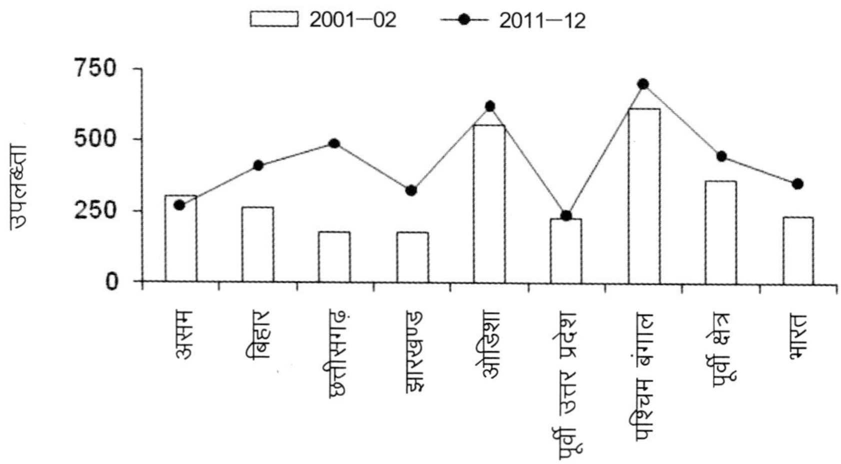

रेखाचित्र–54. प्रति व्यक्ति सब्जियों की उपलब्धता (ग्राम/दिन)

❑❑❑

अध्याय **25**

फलों का उत्पादन एवं उत्पादकता

राष्ट्रीय स्तर पर 7.22 मिलियन हेक्टेयर की तुलना में पूर्वी राज्यों में 1.44 मिलियन हेक्टेयर भूमि में फलों का उत्पादन किया जाता है (राष्ट्रीय बागवानी बोर्ड, 2015; पश्चिम बंगाल सरकार, 2008; उत्तर प्रदेश सरकार, 2014; झारखण्ड सरकार, 2014; ओडिशा सरकार, 2015; छत्तीसगढ़ सरकार, 2015)। विगत 13 वर्षों के दौरान राष्ट्रीय स्तर पर फलों की खेती में 3.21 मिलियन हेक्टेयर की वृद्धि हुई जबकि क्षेत्रीय स्तर पर यह वृद्धि 0.54 मिलियन हेक्टेयर की हुई (तालिका–57अ)।

तालिका–57अ. पूर्वी राज्यों में फलों के अंतर्गत क्षेत्रफल (मिलियन हेक्टेयर)

राज्य	वर्ष 2001–02 से 2005–06	वर्ष 2006–07 से 2010–11	वर्ष 2011–12 से 2013–14
असम	0.11	0.11–0.14	0.14–0.15
बिहार	0.27–0.28	0.28–0.30	0.30
छत्तीसगढ़	0.01–0.07	0.09–0.18	0.19–0.21
झारखण्ड	0.03	0.03–0.07	0.08–0.09
ओडिशा	0.23–0.24	0.26–0.32	0.33
पूर्वी उत्तर प्रदेश	0.11	0.11–0.13	0.12–0.14
पश्चिम बंगाल	0.15–0.17	0.19–0.21	0.22

राष्ट्रीय स्तर पर 88.98 मिलियन टन फलों के उत्पादन में पूर्वी राज्यों का योगदान 16.45 मिलियन टन का है। बिहार और उसके बाद पश्चिम बंगाल, पूर्वी उत्तर प्रदेश एवं ओडिशा फल उत्पादन में अग्रणी राज्य हैं।

तथापि झारखंड में न्यूनतम उत्पादन (0.89 मिलियन टन) होता है। विगत 13 वर्षों के दौरान राष्ट्रीय स्तर पर 107 प्रतिशत की तुलना में पूर्वी क्षेत्र में फल उत्पादन में 84 प्रतिशत की बढ़ोतरी हुई है (तालिका–57ब)।

तालिका–57ब. पूर्वी राज्यों में फलों का उत्पादन (मिलियन टन)

राज्य	वर्ष 2001–02 से 2005–06	वर्ष 2006–07 से 2010–11	वर्ष 2011–12 से 2013–14
असम	1.34–1.37	1.39–1.76	1.85–2.07
बिहार	2.88–3.08	3.25–3.91	3.95–4.25
छत्तीसगढ़	0.14–0.60	0.61–1.57	1.57–1.93
झारखण्ड	0.32–0.39	0.38–0.78	0.85–0.89
ओडिशा	1.36–1.40	1.42–2.05	2.15–2.21
पूर्वी उत्तर प्रदेश	0.84–1.12	1.27–1.99	1.92–2.55
पश्चिम बंगाल	1.99–2.30	2.64–2.95	2.91–3.17

विभिन्न पूर्वी राज्यों के अंतर्गत पूर्वी उत्तर प्रदेश में उच्चतम उत्पादकता (18.17 टन/हेक्टेयर) दर्ज की गई। राष्ट्रीय एवं क्षेत्रीय स्तर पर फल उत्पादकता में शुद्ध लाभ 1.50 टन/हेक्टेयर दर्ज की गई (तालिका– 57स तथा रेखाचित्र–55)।

तालिका–57स. पूर्वी राज्यों में फलों की उत्पादकता (टन/हेक्टेयर)

राज्य	वर्ष 2001–02 से 2005–06	वर्ष 2006–07 से 2010–11	वर्ष 2011–12 से 2013–14
असम	12.00–12.31	11.50–14.97	12.97–13.88
बिहार	10.57–11.13	11.36–12.81	13.19–14.10
छत्तीसगढ़	8.18–17.21	6.72–9.46	8.47–9.07
झारखण्ड	10.19–11.65	10.16–15.32	9.47–10.15
ओडिशा	5.83–6.08	4.81–6.39	6.55–6.59
पूर्वी उत्तर प्रदेश	7.92–10.01	11.15–16.53	15.87–18.17
पश्चिम बंगाल	13.21–13.53	13.66–14.23	13.02–14.38

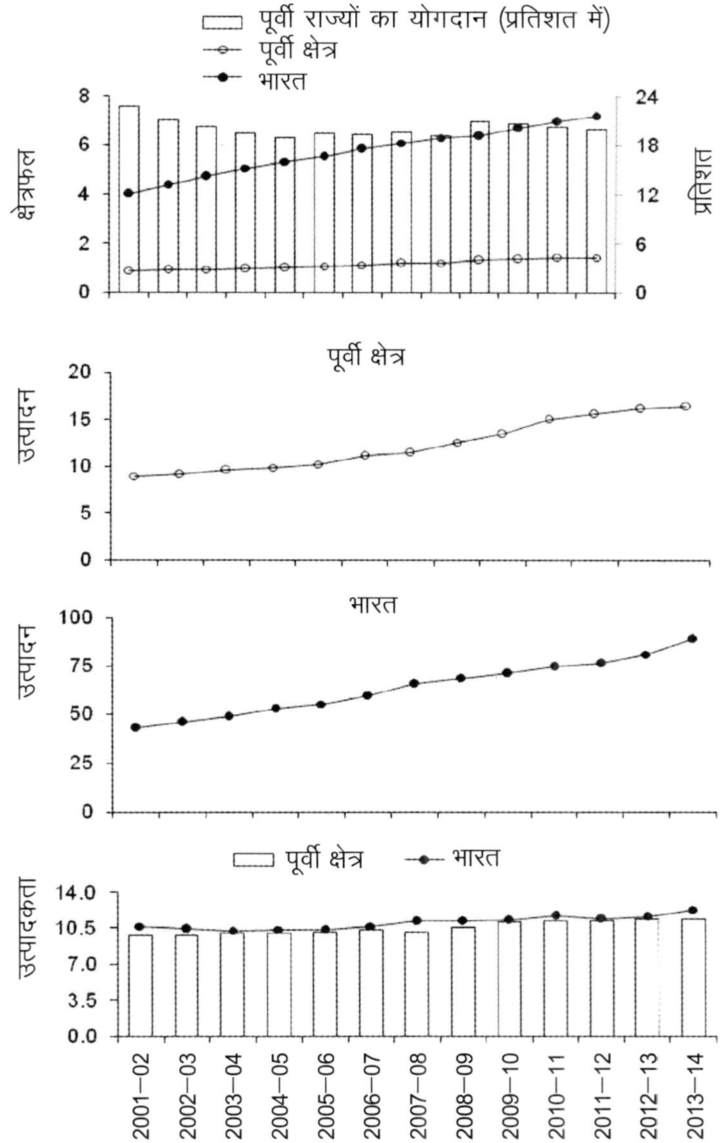

रेखाचित्र–55. फलों के अंतर्गत क्षेत्रफल (मिलियन हेक्टेयर), उत्पादन (मिलियन टन) एवं उत्पादकता (टन / हेक्टेयर)

आम, केला, नींबू, अमरूद, लीची एवं पपीता इत्यादि पूर्वी क्षेत्र के मुख्य फल हैं। फलवार उत्पादन एवं उत्पादकता का विवरण निम्नवत है–

आम

राष्ट्रीय स्तर पर 2.516 मिलियन हेक्टेयर की तुलना में पूर्वी क्षेत्र में आम की खेती 0.657 मिलियन हेक्टेयर क्षेत्र में की जाती है (तालिका–58अ)। जिससे 5.03 मिलियन टन आम का उत्पादन प्राप्त होता है। पूर्वी उत्तर प्रदेश एवं बिहार आम के उत्पादन में अग्रणी राज्य हैं और क्षेत्र के कुल उत्पादन में 50 प्रतिशत का योगदान देते हैं (तालिका–58ब)।

तालिका–58अ. पूर्वी राज्यों में आम के अंतर्गत क्षेत्रफल (मिलियन हेक्टेयर)

राज्य	वर्ष 2001–02 से 2005–06	वर्ष 2006–07 से 2010–11	वर्ष 2011–12 से 2013–14
असम	0.004	0.005	0.004–0.005
बिहार	0.139–0.140	0.141–0.146	0.148–0.149
छत्तीसगढ़	0.021–0.026	0.039–0.047	0.057–0.064
झारखण्ड	0.007	0.007–0.030	0.050–0.051
ओडिशा	0.107–0.125	0.140–0.190	0.197–0.198
पूर्वी उत्तर प्रदेश	0.094	0.097–0.102	0.096–0.101
पश्चिम बंगाल	0.065–0.070	0.078–0.089	0.091–0.094

तालिका–58ब. पूर्वी राज्यों में आम का उत्पादन (मिलियन टन)

राज्य	वर्ष 2001–02 से 2005–06	वर्ष 2006–07 से 2010–11	वर्ष 2011–12 से 2013–14
असम	0.05	0.04–0.05	0.04–0.06
बिहार	1.22–1.25	0.87–1.31	1.24–1.37
छत्तीसगढ़	0.11	0.12–0.25	0.27–0.33
झारखण्ड	0.07–0.09	0.09–0.51	0.52
ओडिशा	0.40–0.43	0.25–0.61	0.72–0.75
पूर्वी उत्तर प्रदेश	0.72–0.94	1.10–1.37	1.42–1.62
पश्चिम बंगाल	0.50–0.59	0.55–0.62	0.43–0.74

ओडिशा, छत्तीसगढ़ एवं पश्चिम बंगाल को छोड़कर अधिकतर पूर्वी राज्यों में औसत उत्पादकता राष्ट्रीय औसत की तुलना में उच्चतर है। जहाँ तक उत्पादकता लाभ का प्रश्न है, विगत 13 वर्षों के दौरान राष्ट्रीय स्तर पर 0.90 टन/हेक्टेयर की तुलना में पूर्वी क्षेत्र का अतिरिक्त उपज लाभ मात्र 0.40 टन/हेक्टेयर है (तालिका– 58स, रेखाचित्र–56 अ एवं ब)।

तालिका–58स. पूर्वी राज्यों में आम की उत्पादकता (टन/हेक्टेयर)

राज्य	वर्ष 2001–02 से 2005–06	वर्ष 2006–07 से 2010–11	वर्ष 2011–12 से 2013–14
असम	10.94–12.01	8.64–10.14	9.94–10.25
बिहार	8.72–9.00	6.12–9.28	8.42–9.23
छत्तीसगढ़	4.42–4.99	3.27–5.22	4.79–5.10
झारखण्ड	10.93–12.28	2.87–16.84	10.09–10.25
ओडिशा	3.56–3.75	1.70–3.25	3.63–3.82
पूर्वी उत्तर प्रदेश	7.71–10.07	11.40–13.90	14.87–16.41
पश्चिम बंगाल	7.32–8.94	6.38–7.70	4.61–7.95

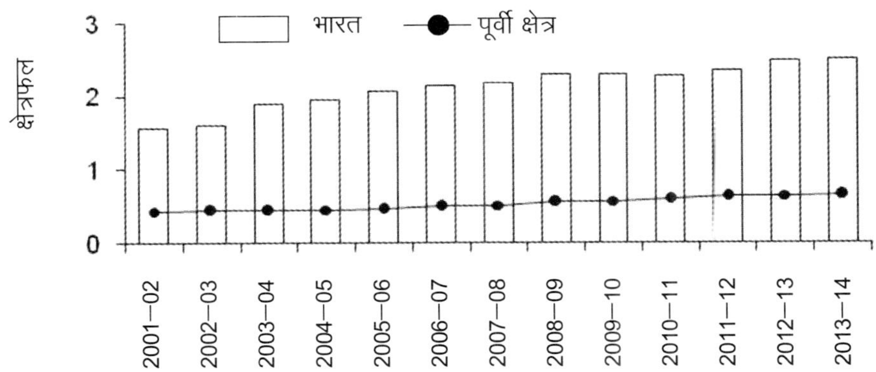

रेखाचित्र–56अ. आम की फसल के अंतर्गत क्षेत्रफल (मिलियन हेक्टेयर)

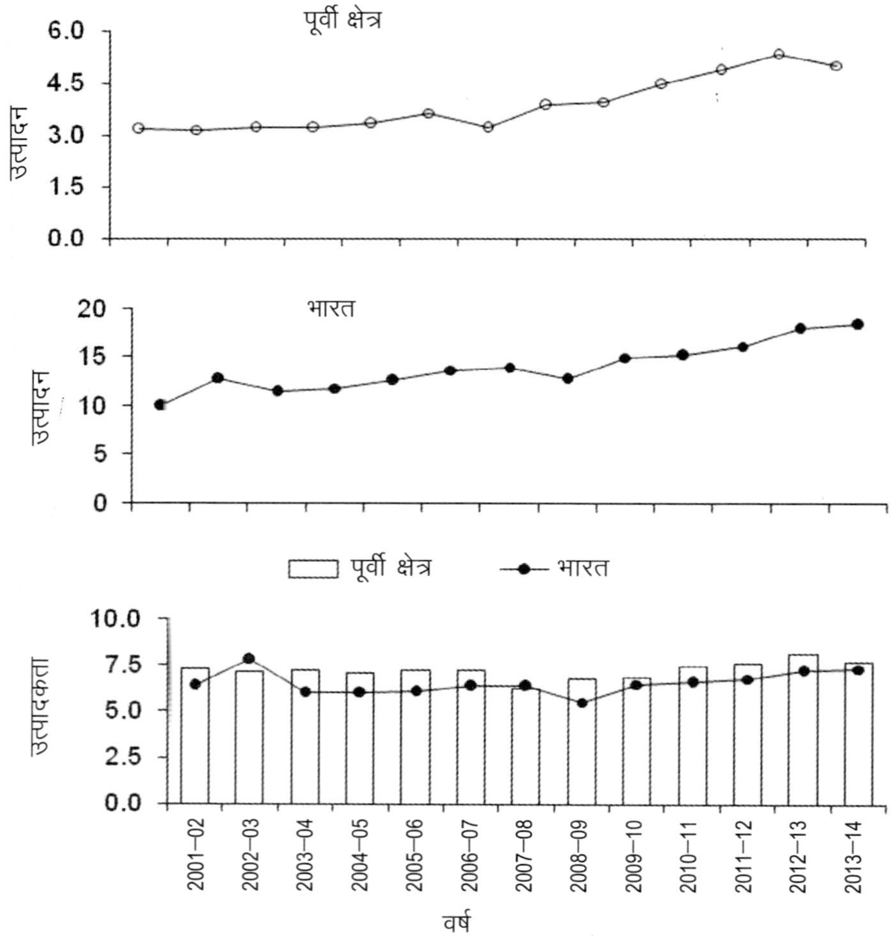

रेखाचित्र–56ब. आम की फसल का उत्पादन (मिलियन टन) एवं उत्पादकता (टन/हेक्टेयर)

पूर्वी राज्यों में आम की फसल के प्रमुख प्रभेदों का विवरण एवं उनकी उत्पादकता तालिका 59 में दिया गया है।

तालिका–59. आम के विभिन्न प्रभेदों का विवरण एवं उनकी उत्पादकता (टन/हेक्टेयर)

पूर्वी राज्यों में आम के विभिन्न प्रभेद एवं उनकी उत्पादकता	
असम	आम्रपाली (6.0), बॉम्बे ग्रीन (8.0), पूसा प्रतिभा (10.0)
बिहार	लंगड़ा (8.0–10.0), बॉम्बे ग्रीन (8.0–10.0), दशहरी (10.0–12.0), महमूद बहार (8.0–10.0), प्रभा शंकर (10.0–12.0),

	गुलाबखास (8.0–10.0), फजली (8.0–10.0), जर्दालू (10.0–12.0), हिमसागर (10.0–12.0), मल्लिका (12.0–14.0), आम्रपाली (12.0–16.0)
छत्तीसगढ़	दशहरी (8.0–10.0), लंगड़ा (6.0–8.0), आम्रपाली (10.0–15.0), मल्लिका (10.0–12.0), बॉम्बे ग्रीन (6.0–8.0), फजली (6.0–8.0)
झारखंड	बॉम्बे ग्रीन (7.0–8.0), चौसा (7.0–8.0), दशहरी (8.0–10.0), गुलाब खास (7.0–8.0), हिमसागर (8.0–12.0), लंगड़ा (6.0–8.0), मल्लिका (8.0–10.0), आम्रपाली (12.0–15.0)
ओडिशा	आम्रपाली (12.0–15.0), मल्लिका (10.0–12.0), हिमसागर (10.0–12.0), तोतापुरी (12.0–15.0), लंगड़ा (8.0–10.0), दशहरी (8.0–10.0), बॉम्बे ग्रीन (8.0–10.0), बंगनपल्ली (10.0–12.0)
पूर्वी उत्तर प्रदेश	बॉम्बे ग्रीन (10.0–12.0), गुलाब खास (10.0–12.0), दशहरी (15.0–20.0), चौसा (15.0–20.0), फजली (15.0–20.0), लंगरा (10.0–15.0), मल्लिका (12.0–14.0), आम्रपाली (15.0–20.0), पूसा अरुणिमा (15.0–20.0), पूसा सूर्या (15.0–18.0), पूसा लालिमा (20.0), पूसा श्रेष्ठ (20.0), पूसा प्रतिभा (18.0), पूसा पीताम्बर (18.0)
पश्चिम बंगाल	मालदा (8.0–10.0), फजली (8.0–10.0), गुलाब खास (8.0–10.0), हिमसागर (10.0–15.0), किशन भोग (10.0–12.0), लंगरा (8.0–10.0), आम्रपाली (15.0–20.0), पूसा अरुणिमा (10.0), पूसा सूर्या (12.0), पूसा प्रतिभा (15.0)

आम की उत्पादकता बढ़ाने के प्रौद्योगिकीय उपाय एवं समस्यायें

आम की उत्पादकता बढ़ाने हेतु अभिग्रहित किये गये विभिन्न प्रकार के तकनीकों एवं बाधाओं को तालिका 60अ एवं 60ब में दर्शाया गया है–

तालिका–60अ. आम की उत्पादकता बढ़ाने के लिए अपनाये गये प्रौद्योगिकीय उपाय

- उन्नत किस्मों का परिचय
- छत्रक प्रबंधन
- कीट प्रबंधन
- पोषक तत्व प्रबंधन
- पुराने बागों का जीर्णोद्धार
- जल प्रबंधन
- गुणवत्ता युक्त रोपण सामग्री का उपयोग

तालिका–60ब. आम के उत्पादन में रूकावटें

अम्लीय तथा क्षारीय एवं लवणीय भूमि	द्विवार्षिक फलन	अंकुर मूल के पौधों की अधिक संख्या	फलों का गिरना
आम की विकृति	कीटों जैसे मैंगो हॉपर, थ्रिप्स, फ्रुट फ्लाई, शूट गॉल शिला आदि का संक्रमण	विभिन्न प्रकार के रोगों जैसे पाउडरी मिल्ड्यू, एंथ्राक्नोज, ब्लॉसम ब्लाइट, बैक्टीरियल कैंकर, शूट ड्राइंग का लगना	पारंपरिक किस्मों की लंबी अवधि
बड़े पौधों का कमजोर पड़ना	पुराना बगीचा	मिट्टी में फॉस्फोरस, बोरॉन, मैंगनीज तथा जिंक की कमी	अन्य विकार जैसे आंतरिक गलन, ब्लैक टिप, जेली बीज
किसान तथा व्यापारी स्तर पर फसल कटाई के उपरंत खराब प्रबंधन	फूल तथा फल आने के दौरान तूफान एवं बेमौसम बारिश	एक समान रूटस्टॉक की अनुपलब्धता	

केला

राष्ट्रीय स्तर पर 0.803 मिलियन हेक्टेयर की तुलना में पूर्वी राज्यों में केले की खेती 0.192 मिलियन हेक्टेयर क्षेत्र में की जाती है (तालिका–61अ)।

तालिका–61अ. पूर्वी राज्यों में केला के अंतर्गत क्षेत्रफल (मिलियन हेक्टेयर)

राज्य	वर्ष 2001–02 से 2005–06	वर्ष 2006–07 से 2010–11	वर्ष 2011–12 से 2013–14
असम	0.042–0.044	0.043–0.053	0.049–0.052
बिहार	0.027–0.028	0.029–0.032	0.032–0.034
छत्तीसगढ़	0.003	0.005–0.014	0.021
झारखण्ड	0.001–0.003	0.003	0.001–0.003
ओडिशा	0.020–0.021	0.022–0.025	0.025–0.027
पूर्वी उत्तर प्रदेश	0.001	0.001–0.012	0.012–0.014
पश्चिम बंगाल	0.019–0.028	0.032–0.042	0.044–0.046

बिहार एवं पश्चिम बंगाल केला उत्पादन में 50 प्रतिशत से अधिक का योगदान देते हैं। राष्ट्रीय स्तर पर 29.72 मिलियन टन की तुलना में पूर्वी क्षेत्र में 4.96 मिलियन टन केला उत्पादन की गणना की गई (तालिका–61ब)।

तालिका–61ब. पूर्वी राज्यों में केला का उत्पादन (मिलियन टन)

राज्य	वर्ष 2001–02 से 2005–06	वर्ष 2006–07 से 2010–11	वर्ष 2011–12 से 2013–14
असम	0.58–0.61	0.60–0.85	0.75–0.86
बिहार	0.54–0.96	1.13–1.46	1.44–1.70
छत्तीसगढ़	0.12	0.15–0.32	0.38–0.50
झारखण्ड	0.01–0.05	0.05–0.06	0.06
ओडिशा	0.26–0.27	0.28–0.44	0.48–0.52
पूर्वी उत्तर प्रदेश	0.03	0.03–0.46	0.50–0.59
पश्चिम बंगाल	0.34–0.54	0.80–1.02	1.05–1.10

केले की उत्पादकता राष्ट्रीय स्तर पर 37.0 टन/हेक्टेयर दर्ज की गयी जो कि पूर्वी क्षेत्र के लिए 26.0 टन/हेक्टेयर आंकी गई। परन्तु बिहार एवं पूर्वी उत्तर प्रदेश में केले की उत्पादकता 40.0 टन/हेक्टेयर से ज्यादा पायी गयी (तालिका–61स तथा रेखाचित्र–57)।

तालिका–61स. पूर्वी राज्यों में केला की उत्पादकता (टन/हेक्टेयर)

राज्य	वर्ष 2001–02 से 2005–06	वर्ष 2006–07 से 2010–11	वर्ष 2011–12 से 2013–14
असम	13.50–13.92	13.83–17.80	15.19–16.88
बिहार	20.03–34.21	38.80–45.63	41.84–51.49
छत्तीसगढ़	35.18–40.16	23.80–31.04	22.13–23.99
झारखण्ड	8.12–20.00	19.77–20.00	19.65–19.70
ओडिशा	12.58–12.71	12.83–17.22	18.42–19.02
पूर्वी उत्तर प्रदेश	37.61–42.18	32.04–39.32	39.03–42.92
पश्चिम बंगाल	16.74–19.60	23.86–25.30	24.10–24.12

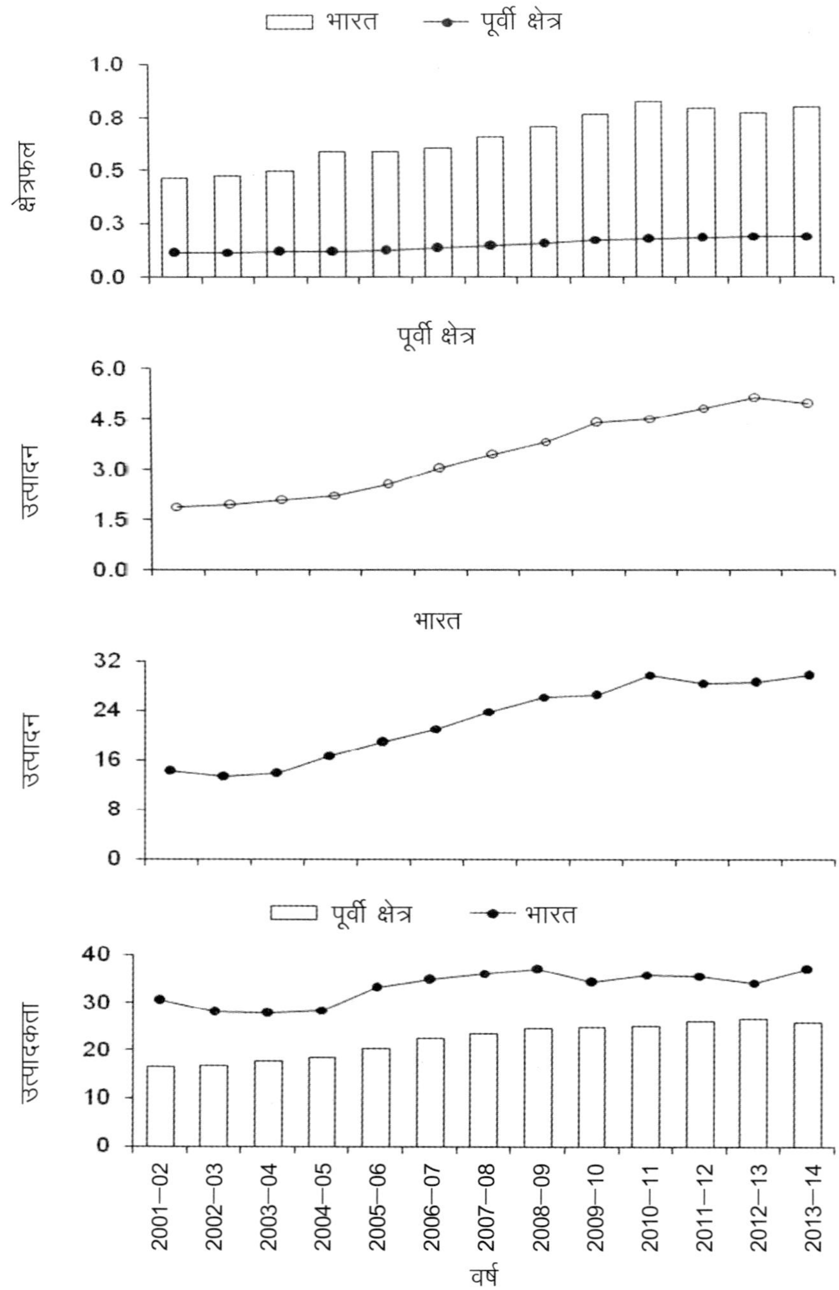

रेखाचित्र–57. केला के अंतर्गत क्षेत्रफल (मिलियन हेक्टेयर), उत्पादन (मिलियन टन) एवं उत्पादकता (टन/हेक्टेयर)

पूर्वी राज्यों में केला के प्रमुख प्रभेद

केला के उन्नत प्रभेदों की खेती सम्पूर्ण पूर्वी क्षेत्र में प्रचलित है। जिनका विवरण निम्नवत है–

तालिका–62. पूर्वी राज्यों में केला के विभिन्न प्रभेदों का विवरण एवं उनकी उत्पादकता (टन/हेक्टेयर)

पूर्वी राज्यों में केला के विभिन्न प्रभेद एवं उनकी उत्पादकता	
असम	ड्वार्फ कैवेंडिश (30.0), ग्रैंड नैने (40.0), रसथाली (20.0), चीनी चंपा (20.0), कर्पूरवल्ली (20.0)
बिहार	ड्वार्फ कैवेंडिश (30.0–40.0), रोबुस्ता (हरिछल) (20.0–30.0), ग्रांड नैने (50.0–60.0), रसथाली (मालभोग) (20.0–30.0), पूवन (अल्पन, चीनी चंपा) (20.0–30.0), मोंथन (कंचकेल, बथीसा) (15.0–20.0)
छत्तीसगढ़	ग्रांड नैने (30.0–40.0), ड्वार्फ कैवेंडिश (25.0–30.0)
झारखंड	ड्वार्फ कैवेंडिश (25.0–30.0), रोबुस्ता (20.0–25.0), ग्रांड नैने (35.0–45.0), पूवन (20.0–25.0), मोंथन (20.0–25.0)
ओडिशा	पूवन (चीनी चंपा) (20.0–30.0), ड्वार्फ कैवेंडिश (25.0–35.0), ग्रांड नैने (30.0–40.0)
पूर्वी उत्तर प्रदेश	ग्रांड नैने (30.0–40.0)
पश्चिम बंगाल	ड्वार्फ कैवेंडिश (25.0–30.0), ग्रांड नैने (30.0–40.0), रसथाली (20.0–25.0), मोंथन (20.0–25.0)

केले की उत्पादकता बढ़ाने के प्रौद्योगिकीय उपाय एवं समस्यायें

केले की उत्पादकता बढ़ाने हेतु अभिग्रहित किये गये विभिन्न प्रकार के तकनीकों एवं बाधाओं को तालिका–63अ एवं 63ब में दर्शाया गया है–

तालिका–63अ. केला की उत्पादकता बढ़ाने के लिए अपनाये गये प्रौद्योगिकीय उपाय

• उन्नत किस्मों का परिचय	• टिश्यू कल्चर रोपण सामग्री का प्रयोग	• कीट प्रबंधन	• स्थल विशेष पोषक तत्वों का प्रबंधन

तालिका–63ब. केले के उत्पादन में रूकावटें

- रोगमुक्त पौध सामग्री की अनुपलब्धता।
- पारंपरिक रूप से उगाये जाने वाले प्रभेदों के बड़े पैमाने पर पौध सामग्रियों की अनुपलब्धता।
- मानसून के दौरान हवा का अधिक वेग।
- पनामा विल्ट, बंची टॉप, लीफ स्पॉट तथा नेमाटोड्स जैसी बिमारियाँ।
- कीटों जैसे राइजोम वीविल, स्केयरिंग बीटल का संक्रमण।
- उन्नत किस्म के तकनीकों जैसे उच्च घनत्व पौधारोपण, उत्तक संवर्द्धन पौध सामग्री आदि के अभिग्रहण का अभाव।

नींबू

राष्ट्रीय स्तर पर 1.078 मिलियन हेक्टेयर की तुलना में पूर्वी राज्यों में नींबू की खेती 0.108 मिलियन हेक्टेयर क्षेत्र में की जाती है। विभिन्न पूर्वी राज्यों में असम और उसके बाद ओडिशा का नींबू की खेती के क्षेत्र में 50 प्रतिशत से अधिक का योगदान है (तालिका–64अ)।

तालिका–64अ. पूर्वी राज्यों में नींबू के अंतर्गत क्षेत्रफल (मिलियन हेक्टेयर)

राज्य	वर्ष 2001–02 से 2005–06	वर्ष 2006–07 से 2010–11	वर्ष 2011–12 से 2013–14
असम	0.015–0.016	0.018–0.026	0.028–0.030
बिहार	0.016–0.017	0.017–0.018	0.018
छत्तीसगढ़	0.002–0.003	0.003–0.010	0.012
झारखण्ड	0.004–0.005	0.005–0.011	0.008–0.009
ओडिशा	0.024–0.027	0.027	0.028
पूर्वी उत्तर प्रदेश	0.00009–0.00020	0.00020–0.00025	0.00020–0.00021
पश्चिम बंगाल	0.010	0.011	0.011–0.012

राष्ट्रीय स्तर पर 0.97 मिलियन टन के कुल उत्पादन में असम तथा ओडिशा 0.56 मिलियन टन नींबू का उत्पादन करते हैं (तालिका–64ब)।

तालिका–64ब. पूर्वी राज्यों में नींबू का उत्पादन (मिलियन टन)

राज्य	वर्ष 2001–02 से 2005–06	वर्ष 2006–07 से 2010–11	वर्ष 2011–12 से 2013–14
असम	0.13–0.14	0.16–0.26	0.28–0.32
बिहार	0.11–0.13	0.12–0.13	0.13–0.14
छत्तीसगढ़	0.01	0.01–0.06	0.07–0.08
झारखण्ड	0.05	0.05–0.07	0.09
ओडिशा	0.13–0.21	0.21–0.26	0.27
पूर्वी उत्तर प्रदेश	0.00042–0.00048	0.00040–0.00062	0.00048–0.00059
पश्चिम बंगाल	0.09	0.10	0.11

राष्ट्रीय स्तर पर 10.34 टन/हेक्टेयर की तुलना में पूर्वी क्षेत्र में 9.04 टन/हेक्टेयर की उत्पादकता पायी गई है। यह आँकड़े दर्शाते हैं कि क्षेत्रीय एवं राष्ट्रीय स्तर पर उत्पादकता में क्रमशः 1.45 और 2.64 टन/हेक्टेयर की वृद्धि हुई (तालिका–64स तथा रेखाचित्र–58अ, ब एवं स)।

तालिका–64स. पूर्वी राज्यों में नींबू की उत्पादकता (टन/हेक्टेयर)

राज्य	वर्ष 2001–02 से 2005–06	वर्ष 2006–07 से 2010–11	वर्ष 2011–12 से 2013–14
असम	8.36–8.60	8.60–9.93	9.86–10.71
बिहार	6.67–7.98	7.11–7.66	7.18–7.56
छत्तीसगढ़	5.70–6.01	4.21–6.52	6.50–6.83
झारखण्ड	10.00–13.95	4.76–12.36	9.45–10.40
ओडिशा	5.59–7.75	7.77–9.51	9.67–9.74
पूर्वी उत्तर प्रदेश	2.30–4.70	2.03–2.49	2.60–2.90
पश्चिम बंगाल	8.56–8.68	8.95–9.02	9.33–9.34

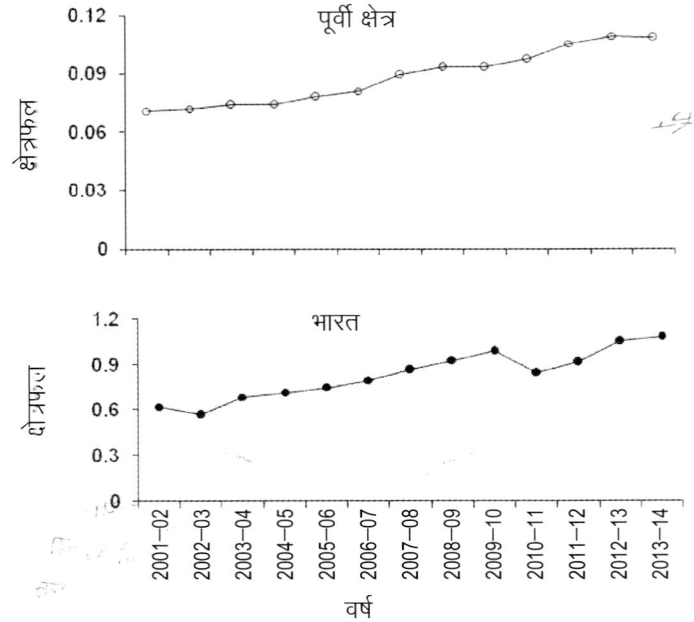

रेखाचित्र–58अ. नींबू की फसल के अंतर्गत क्षेत्रफल (मिलियन हेक्टेयर)

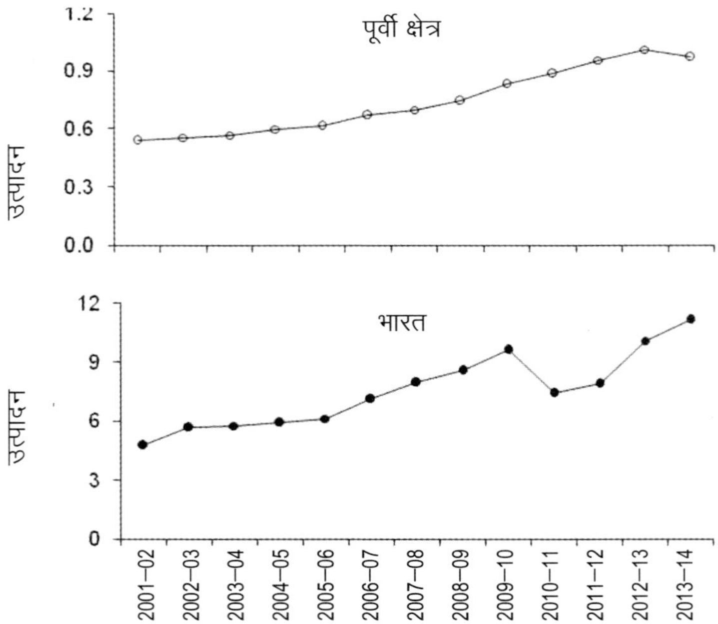

रेखाचित्र–53ब. नींबू का उत्पादन (मिलियन टन)

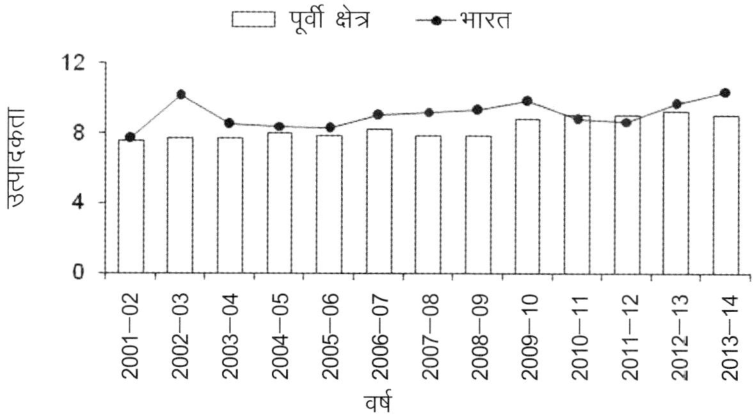

रेखाचित्र–58स. नींबू की उत्पादकता (टन/हेक्टेयर)

नींबू के उन्नत प्रभेद पूर्वी राज्यों में बहुत सीमित हैं। फिर भी प्रमुख प्रभेदों का विवरण तालिका 65 में दिया गया है–

तालिका–65. पूर्वी राज्यों में नींबू के विभिन्न प्रभेदों का विवरण एवं उनकी उत्पादकता (टन/हेक्टेयर)

	विभिन्न पूर्वी राज्यों में नींबू के प्रभेद
असम	असम लेमन (10.0–12.0)
बिहार	यूरेका (10.0–12.0), कागजी कलां (10.0–12.0), असम लेमन (12.0–15.0)
छत्तीसगढ़	कागजी कलां (10.0–15.0), असम लेमन (12.0–15.0)
झारखंड	कागजी कलां (10.0–15.0), असम लेमन (12.0–15.0)
पूर्वी उत्तर प्रदेश	कागजी कलां (12.0–15.0), पंत लेमन–। (12.0–15.0)

नींबू की उत्पादकता बढ़ाने के प्रौद्योगिकीय उपाय एवं समस्यायें

नींबू की उत्पादकता बढ़ाने हेतु अभिग्रहित किये गये विभिन्न प्रकार के तकनीकों एवं बाधाओं को तालिका 66अ एवं 66ब में दिया गया है–

तालिका–66ज. नींबू की उत्पादकता बढ़ाने के लिए अपनाये गये प्रौद्योगिकीय उपाय

• उन्नत किस्मों का परिचय	• रोगमुक्त रोपण सामग्री	• कीट प्रबंधन	• स्थल विशिष्ट पोषक तत्व प्रबंधन

तालिका–66ब. नींबू के उत्पादन में रूकावटें

- त्वरित गिरावट।
- रोगमुक्त पौध सामग्री की अनुपलब्धता।
- विभिन्न प्रकार के रोग जैसे सन बर्न, बैक्टीरियल कैंकर, डाइबैक, ग्रीनिंग आदि।
- कीटों जैसे फ्रूट सकिंग मोथ, लेमन बटरफ्लाई, सिट्रस शिला, ब्लैक फ्लाई, व्हाइट फ्लाई आदि का संक्रमण।
- मिट्टी में सूक्ष्म पोषक तत्वों की कमी।
- डाई बैक प्रभाव।
- ट्रंक बोरर द्वारा पौधे की मृत्यु।

अमरूद

पूर्वी क्षेत्र में अमरूद की खेती 0.107 मिलियन हेक्टेयर में की जाती है (तालिका–67अ)।

तालिका–67अ. पूर्वी राज्यों में अमरूद के अंतर्गत क्षेत्रफल (मिलियन हेक्टेयर)

राज्य	वर्ष 2001–02 से 2005–06	वर्ष 2006–07 से 2010–11	वर्ष 2011–12 से 2013–14
असम	0.004	0.004–0.005	0.004–0.005
बिहार	0.027–0.028	0.028–0.029	0.030
छत्तीसगढ़	0.005–0.006	0.013–0.015	0.016–0.019
झारखण्ड	0.004–0.005	0.005–0.007	0.008–0.009
ओडिशा	0.012–0.014	0.014	0.014
पूर्वी उत्तर प्रदेश	0.005–0.006	0.005–0.009	0.005–0.017
पश्चिम बंगाल	0.010–0.012	0.011–0.014	0.014

राष्ट्रीय स्तर पर कुल 0.268 मिलियन हेक्टेयर भूमि में अमरूद की खेती की जाती हैं जिससे 3.67 मिलियन टन का उत्पादन किया जाता है जिसमें

से पूर्वी राज्य 1.23 मिलियन टन अमरूद उत्पादन का योगदान देते हैं। विभिन्न पूर्वी राज्यों में बिहार अमरूद का अग्रणी उत्पादक है और कुल क्षेत्रीय उत्पादन का 30 प्रतिशत योगदान देता है और इसके बाद पूर्वी उत्तर प्रदेश (18 प्रतिशत) तथा पश्चिम बंगाल (15 प्रतिशत) का स्थान है (तालिका–67अ)।

तालिका–67ब. पूर्वी राज्यों में अमरूद का उत्पादन (मिलियन टन)

राज्य	वर्ष 2001–02 से 2005–06	वर्ष 2006–07 से 2010–11	वर्ष 2011–12 से 2013–14
असम	0.08	0.08–0.09	0.08–0.11
बिहार	0.20–0.32	0.23–0.26	0.25–0.37
छत्तीसगढ़	0.04–0.10	0.07–0.11	0.12–0.16
झारखण्ड	0.04–0.06	0.06–0.09	0.09–0.10
ओडिशा	0.08–0.09	0.09–0.10	0.10
पूर्वी उत्तर प्रदेश	0.05	0.06–0.11	0.09–0.22
पश्चिम बंगाल	0.12–0.15	0.15–0.18	0.18–0.19

राष्ट्रीय स्तर पर 13.68 टन/हेक्टेयर की तुलना में पूर्वी क्षेत्र में 11.46 टन/हेक्टेयर औसत उत्पादकता की गणना की गई। पूर्वी क्षेत्र में पिछले वर्षों में अमरूद उत्पादकता में सुधार नहीं हुआ जबकि विगत 13 वर्षों के दौरान राष्ट्रीय स्तर पर अमरूद उत्पादकता में 2.6 टन/हेक्टेयर की अतिरिक्त बढ़त पायी गई (तालिका–67स तथा रेखाचित्र–59)।

तालिका–67स. पूर्वी राज्यों में अमरूद की उत्पादकता (टन/हेक्टेयर)

राज्य	वर्ष 2001–02 से 2005–06	वर्ष 2006–07 से 2010–11	वर्ष 2011–12 से 2013–14
असम	18.19–18.97	17.97–19.62	19.98–20.10
बिहार	7.18–11.98	7.88–8.91	8.31–12.47
छत्तीसगढ़	13.45–20.06	4.53–7.93	7.79–8.45
झारखण्ड	10.68–12.00	11.20–12.08	11.00–12.00
ओडिशा	6.47–6.98	6.39–7.19	7.26–7.30
पूर्वी उत्तर प्रदेश	7.87–10.46	11.79–12.99	13.44–19.04
पश्चिम बंगाल	10.05–15.48	12.70–13.80	12.78–12.96

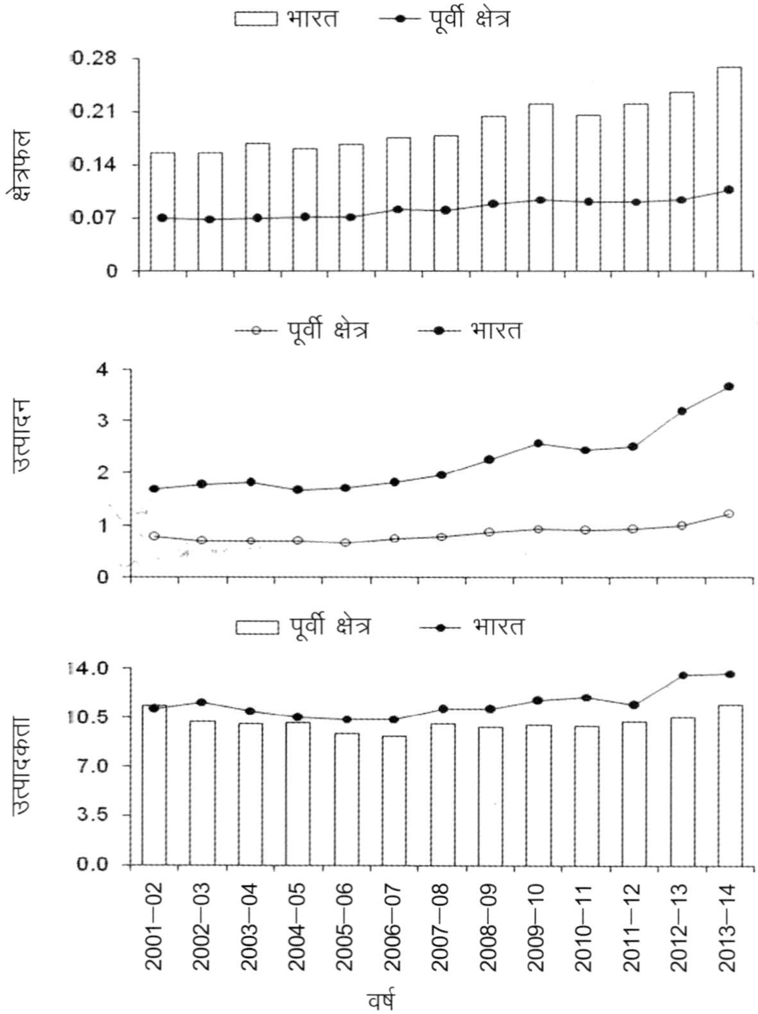

रेखाचित्र–59. अमरूद के अंतर्गत क्षेत्रफल (मिलियन हेक्टेयर), उत्पादन (मिलियन टन) एवं उत्पादकता (टन / हेक्टेयर)

पूर्वी राज्यों में अमरूद के उन्नत प्रभेदों का विवरण निम्नवत है–

तालिका–68. पूर्वी राज्यों में अमरूद के विभिन्न प्रभेदों का विवरण एवं उनकी उत्पादकता (टन/हेक्टेयर)

पूर्वी राज्यों में अमरूद के विभिन्न प्रभेद एवं उनकी उत्पादकता	
असम	अलाहाबाद सफेदा (20.0), ललित (20.0), सरदार (30.0), श्वेता (20.0)
बिहार	अलाहाबाद सफेदा (30.0–40.0), सरदार (30.0–40.0), चित्तीदार (25.0–30.0), ललित (30.0–40.0), श्वेता (30.0–40.0)
छत्तीसगढ़	अलाहाबाद सफेदा (10.0–15.0), सरदार (15.0–20.0), ललित (15.0–20.0)
झारखंड	अलाहाबाद सफेदा (10.0–15.0), सरदार (15.0–20.0), ललित (15.0–20.0), श्वेता (15.0–20.0), चित्तीदार (10.0–15.0)
ओडिशा	अलाहाबाद सफेदा (15.0–20.0), सरदार (20.0–25.0), ललित (20.0–25.0), श्वेता (30.0–35.0)
पूर्वी उत्तर प्रदेश	सरदार (15.0–20.0), अलाहाबाद सफेदा (12.0–15.0), ललित (20.0–30.0), श्वेता (20.0–30.0), अलाहाबाद सुर्ख (15.0–20.0), चित्तीदार (15.0–20.0), एप्पल कलर, पन्त प्रभात (20.0–25.0)
पश्चिम बंगाल	सरदार (20.0–25.0), अलाहाबाद सफेदा (15.0–20.0), ललित (20.0–25.0), श्वेता (20.0–25.0), बारुइपुर (20.0–25.0)

अमरूद की उत्पादकता बढ़ाने के प्रौद्योगिकीय उपाय तथा समस्यायें

अमरूद की उत्पादकता बढ़ाने हेतु अभिग्रहित किये गये विभिन्न प्रकार के तकनीकों एवं बाधाओं को तालिका–69अ एवं ब मे दिया गया है–

तालिका–69अ. अमरुद की उत्पादकता बढ़ाने के लिए अपनाये गये प्रोद्योगिकीय उपाय

• उन्नत किस्मों का परिचय	• उच्च घनत्व बाग	• कीट प्रबंधन	• पोषक तत्व प्रबंधन
• तनों के झुकने के साथ फसल विनियमन	• टपक सिंचाई का उपयोग	• छत्रक प्रबंधन	

तालिका–69ब. अमरूद के उत्पादन में रूकावटें

- अमरूद विल्ट।
- कीटों जैसे फ्रूट फ्लाई, बार्क इटिंग कैटरपिलर, मीली बग इत्यादि का संक्रमण।
- फलों की कम जीवन अवधि।
- प्रसंस्करण के लिए उपयुक्त प्रभेदों की अनुपलब्धता।
- मिट्टी में मुख्य एवं सूक्ष्म पोषक तत्वों की कमी।
- उन्नत किस्न के तकनीकों जैसे उच्च घनत्व पौधारोपण, आदि के अभिग्रहण का अभाव।

लीची

राष्ट्रीय स्तर पर 0.084 मिलियन हेक्टेयर की तुलना में पूर्वी राज्यों में लीची की खेती 0.059 मिलियन हेक्टेयर में होती है और इसीलिए पूर्वी राज्यों का 70 प्रतिशत से अधिक क्षेत्रफल में तथा 80 प्रतिशत से अधिक लीची उत्पादन में योगदान है (तालिका–70अ)।

तालिका–70अ. पूर्वी राज्यों में लीची के अंतर्गत क्षेत्रफल (मिलियन हेक्टेयर)

राज्य	वर्ष 2001–02 से 2005–06	वर्ष 2006–07 से 2010–11	वर्ष 2011–12 से 2013–14
असम	0.004–0.005	0.005	0.005
बिहार	0.028	0.029–0.031	0.031
छत्तीसगढ़	0.001	0.001–0.004	0.004–0.005
झारखण्ड	0.001–0.002	0.001–0.004	0.005
ओडिशा	0.004	0.004	0.004
पूर्वी उत्तर प्रदेश	0.000087–0.000092	0.000102–0.000117	0.000110–0.000119
पश्चिम बंगाल	0.006–0.008	0.008–0.009	0.009

विभिन्न पूर्वी राज्यों में अकेला बिहार लीची उत्पादन में 47 प्रतिशत का योगदान देता है और उसके बाद पश्चिम बंगाल (18 प्रतिशत) की हिस्सेदारी है (तालिका–70ब)।

तालिका–70ब. पूर्वी राज्यों में लीची का उत्पादन (मिलियन टन)

राज्य	वर्ष 2001–02 से 2005–06	वर्ष 2006–07 से 2010–11	वर्ष 2011–12 से 2013–14
असम	0.02–0.03	0.03–0.04	0.04–0.05
बिहार	0.20–0.22	0.21–0.22	0.23–0.24
छत्तीसगढ़	0.01	0.02	0.03–0.04
झारखण्ड	0.01–0.02	0.02–0.05	0.06
ओडिशा	0.01	0.01–0.02	0.02
पूर्वी उत्तर प्रदेश	0.00017–0.00019	0.00030–0.00050	0.00050–0.00059
पश्चिम बंगाल	0.06–0.07	0.08	0.09

जहाँ तक उत्पादकता का प्रश्न है, राष्ट्रीय स्तर पर 6.95 टन/हेक्टेयर की अपेक्षा पूर्वी क्षेत्र की उत्पादकता 8.03 टन/हेक्टेयर पायी गयी। राष्ट्रीय स्तर से ओडिशा राज्य को छोड़कर सभी पूर्वी राज्यों में लीची की उत्पादकता अधिक पायी गयी (तालिका–70स तथा रेखाचित्र–60)।

तालिका–70स. पूर्वी राज्यों में लीची की उत्पादकता (टन/हेक्टेयर)

राज्य	वर्ष 2001–02 से 2005–06	वर्ष 2006–07 से 2010–11	वर्ष 2011–12 से 2013–14
असम	4.56–7.44	7.08–7.74	7.81–8.93
बिहार	7.04–8.00	7.15–7.36	7.44–8.20
छत्तीसगढ़	6.78–8.06	2.57–6.03	6.06–7.02
झारखण्ड	5.00–12.00	5.00–11.79	11.04–12.00
ओडिशा	2.90–3.04	3.06–4.37	4.50–4.55
पूर्वी उत्तर प्रदेश	1.89–2.04	2.67–4.50	4.56–5.10
पश्चिम बंगाल	9.31–10.69	9.53–9.78	9.55–10.10

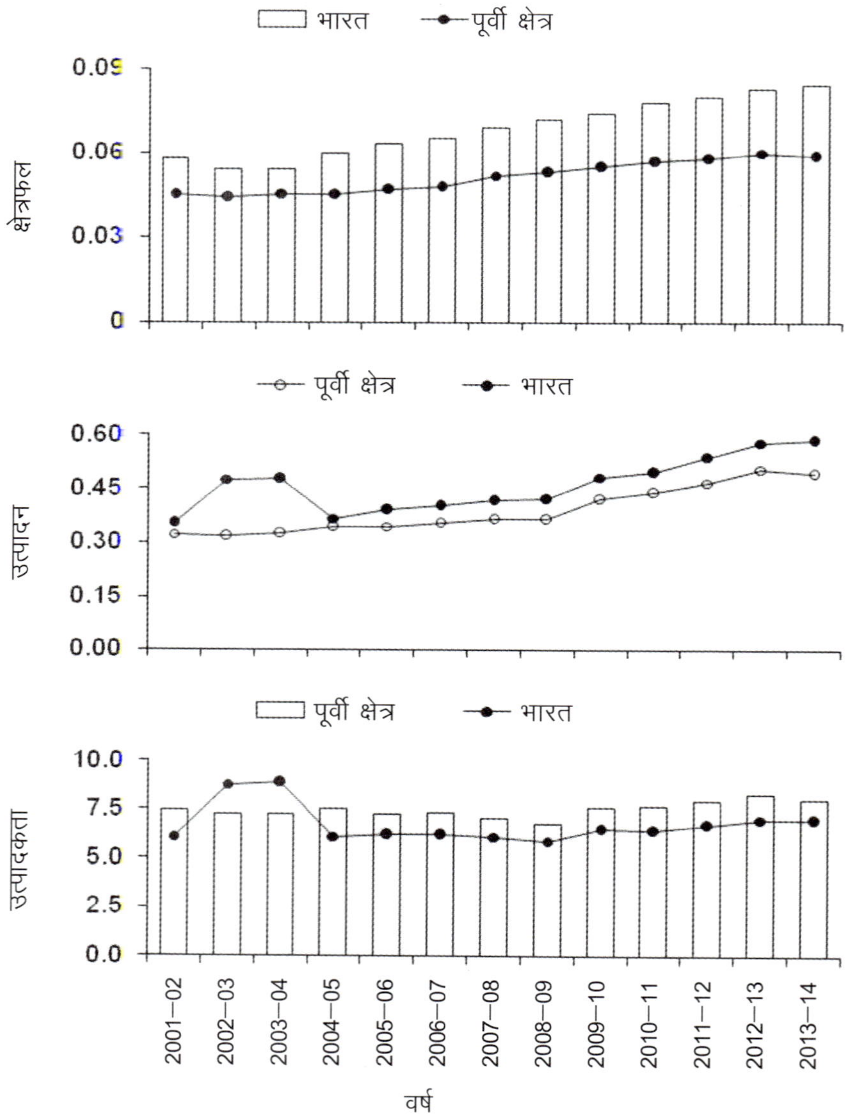

रेखाचित्र–60. लीची का क्षेत्रफल (मिलियन हेक्टेयर), उत्पादन (मिलियन टन) एवं उत्पादकता (टन/हेक्टेयर)

लीची के उन्नत प्रभेदों का राज्यवार विवरण तालिका–71 में दिया जा रहा है–

तालिका–71. पूर्वी राज्यों में लीची के विभिन्न प्रभेदों का विवरण एवं उनकी उत्पादकता (टन/हेक्टेयर)

	विभिन्न पूर्वी राज्यों में लीची के प्रभेद
असम	बोम्बे (8.0–10.0), चाइना (6.0–8.0), शाही (8.0–10.0)
बिहार	शाही (10.0–12.0), बेदाना (6.0–8.0), रोज सेंटेड (10.0–12.0), चाइना (10.0–12.0), लेट बेदाना (6.0–8.0), मुजफ्फरपुर (10.0–12.0), पुरबी (10.0–12.0), सबौर मधु (7.5–10.0)
छत्तीसगढ़	लेट लार्ज रेड (मुजफ्फरपुर) (8.0–10.0), शाही (8.0–10.0)
झारखंड	शाही (10.0–12.0), चाइना (10.0–15.0), रोज सेंटेड (10.0–12.0), बेदाना (4.0–6.0), पुरबी (10.0–12.0), कस्बा (10.0–12.0)
ओडिशा	मुजफ्फरपुर (8.0–10.0)
पूर्वी उत्तर प्रदेश	शाही (7.0–8.0), चाइना (4.0–5.0)
पश्चिम बंगाल	बेदाना (5.0–7.0), बोम्बे (10.0–12.0), इलाइची (8.0–10.0), चाइना (10.0–15.0), लेट लार्ज रेड (10.0–12.0), पुरबी (10.0–12.0), कलकतिया (10.0–15.0)

लीची की उत्पादकता बढ़ाने के प्रौद्योगिकीय उपाय तथा समस्यायें

लीची की उत्पादकता बढ़ाने हेतु अभिग्रहित किये गये विभिन्न प्रकार के तकनीकों एवं बाधाओं को तालिका 72अ तथा ब में दिया जा रहा है–

तालिका–72अ. लीची की उत्पादकता बढ़ाने के लिए अपनाये गये प्रौद्योगिकीय उपाय

- उन्नत किस्मों का परिचय
- छत्रक प्रबंधन
- कीट प्रबंधन
- पोषक तत्व प्रबंधन
- जल प्रबंधन
- पुराने बागों का जीर्णोद्धार
- गुणवत्ता युक्त रोपण सामग्री का उपयोग

तालिका–72ब. लीची के उत्पादन में रूकावटें

- फलों की कम जीवन अवधि।
- पठारी क्षेत्र में पौधों की कमजोर स्थापना दर।
- विशिष्ट जलवायु स्थितियों की आवश्यकता।
- प्रसार के पारंपरिक तरीकों में कमजोर गुणन दर।
- फलों में दरार।
- लीची में घुन लगना।
- कीटों जैसे सीड बोरर, शूट टिप बोरर, लीची बग, बार्क इटिंग कैटरपिलर इत्यादि का प्रकोप।
- फलों का गिरना।
- मिट्टी में मुख्य एवं सूक्ष्म पोषक तत्वों की कमी।
- सिंचाई की कमी।
- लंबी अवधि पर फलों का आना।

पपीता

पूर्वी भारत में पपीते की खेती 0.036 मिलियन हेक्टेयर में की जाती है। क्षेत्र के अंतर्गत छत्तीसगढ़ एवं पश्चिम बंगाल में पपीता खेती का क्षेत्र 60 प्रतिशत से अधिक है (तालिका–73अ)।

तालिका–73अ. पूर्वी राज्यों में पपीता के अंतर्गत क्षेत्रफल (मिलियन हेक्टेयर)

राज्य	वर्ष 2001–02 से 2005–06	वर्ष 2006–07 से 2010–11	वर्ष 2011–12 से 2013–14
असम	0.006–0.008	0.007–0.008	0.007–0.008
बिहार	0.001	0.001–0.002	0.002
छत्तीसगढ़	0.004	0.004–0.009	0.011–0.012
झारखण्ड	0.005	0.005	0.001–0.005
ओडिशा	0.001–0.011	0.001–0.003	0.003–0.004
पूर्वी उत्तर प्रदेश	0.00006–0.00059	0.00007–0.00009	0.00006–0.00007
पश्चिम बंगाल	0.007–0.010	0.010–0.011	0.011

इस प्रकार पूर्वी क्षेत्र के कुल पपीता उत्पादन (0.89 मिलियन टन) में 70 प्रतिशत योगदान देते हैं (तालिका–73ब)।

तालिका–73ब. पूर्वी राज्यों में पपीता का उत्पादन (मिलियन टन)

राज्य	वर्ष 2001–02 से 2005–06	वर्ष 2006–07 से 2010–11	वर्ष 2011–12 से 2013–14
असम	0.10–0.11	0.11–0.13	0.15–0.17
बिहार	0.01–0.02	0.03–0.04	0.04
छत्तीसगढ़	0.11–0.12	0.14–0.21	0.27–0.29
झारखण्ड	0.01	0.01	0.01
ओडिशा	0.04–0.22	0.01–0.05	0.07–0.08
पूर्वी उत्तर प्रदेश	0.0047–0.0053	0.0039–0.0053	0.0044–0.0048
पश्चिम बंगाल	0.24–0.26	0.28–0.32	0.33–0.34

राष्ट्रीय स्तर पर 42.3 टन/हेक्टेयर की तुलना में पपीते की औसत उत्पादकता पूर्वी क्षेत्र में 25.03 टन/हेक्टेयर दर्ज की गई (तालिका–73स, रेखाचित्र–61)।

तालिका–73स. पूर्वी राज्यों में पपीता की उत्पादकता (टन/हेक्टेयर)

राज्य	वर्ष 2001–02 से 2005–06	वर्ष 2006–07 से 2010–11	वर्ष 2011–12 से 2013–14
असम	14.00–15.83	15.30–18.10	19.79–19.99
बिहार	26.27–43.52	22.96–23.87	20.10–24.44
छत्तीसगढ़	27.25–28.19	18.37–31.07	24.30–26.36
झारखण्ड	1.05–1.10	1.03–1.05	9.06–10.02
ओडिशा	13.86–20.33	16.98–24.36	21.98–22.01
पूर्वी उत्तर प्रदेश	8.68–83.67	49.00–72.00	51.29–70.25
पश्चिम बंगाल	27.72–33.60	27.98–29.12	29.20–29.39

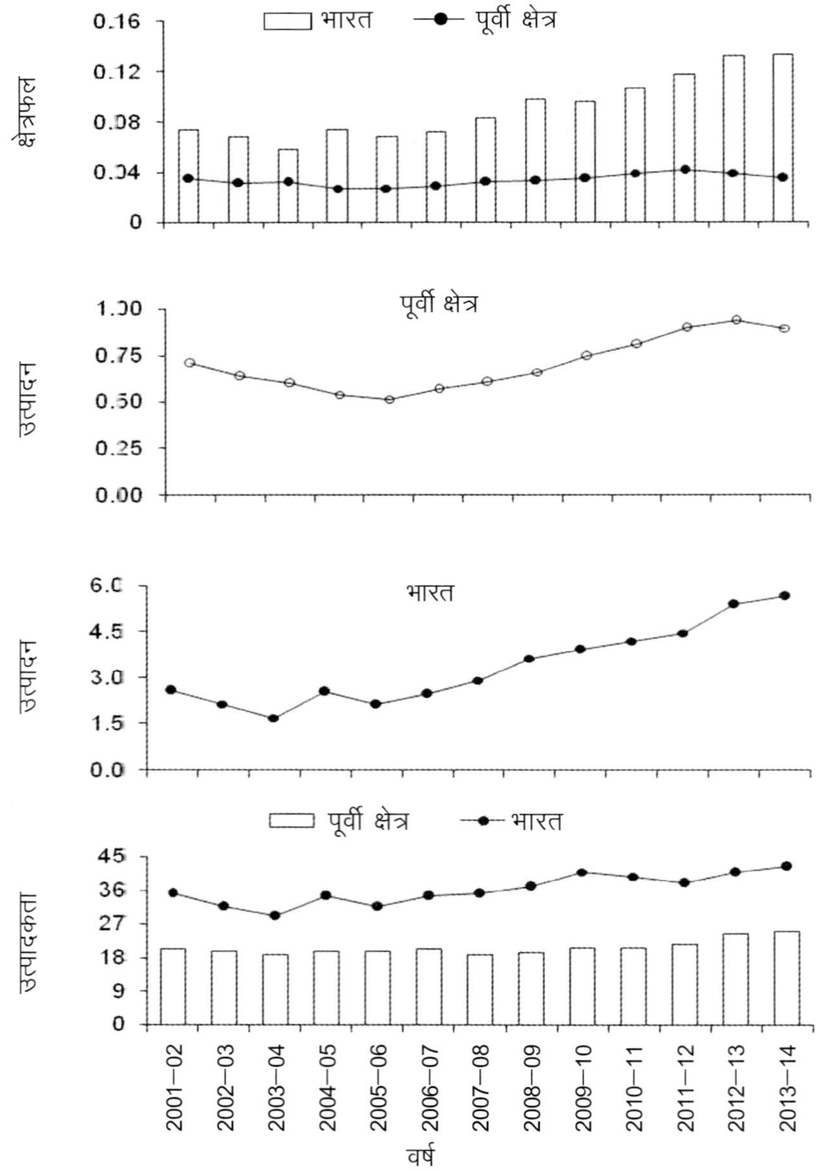

रेखाचित्र–61. पपीता का क्षेत्रफल (मिलियन हेक्टेयर), उत्पादन (मिलियन टन) एवं उत्पादकता (टन / हेक्टेयर)

पपीते के प्रमुख प्रभेदों का विवरण निम्नवत है–

तालिका–74. पूर्वी राज्यों में पपीता के विभिन्न प्रभेदों का विवरण एवं उनकी उत्पादकता (टन/हेक्टेयर)

पूर्वी राज्यों में पपीता के विभिन्न प्रभेद एवं उनकी उत्पादकता	
असम	कुर्ग हनी ड्यू (20.0–30.0)
बिहार	पूसा ड्वार्फ (30.0–40.0), पूसा नन्हा (30.0–40.0), सी.ओ–2 (30.0–35.0), सी०ओ०–6 (25.0–30.0), पिंक (30.0)
छत्तीसगढ़	कुर्ग हनी ड्यू (25.0–35.0), ताइवान (40.0–50.0), सी.ओ.–2 (26.0–30.0)
झारखंड	पूसा ड्वार्फ (20.0–30.0), पूसा नन्हा (20.0–30.0), कुर्ग हनी ड्यू (30.0–40.0), सनराइज सोलो (30.0–40.0), ताइवान (40.0–50.0)
ओडिशा	सी.ओ.–1 (20.0–25.0), सी.ओ.–2 (20.0–25.0), कुर्ग हनी ड्यू (25.0–30.0), ताइवान (40.0–50.0), सनराइज सोलो (25.0–30.0)
पूर्वी उत्तर प्रदेश	पूसा ड्वार्फ (30.0–40.0), ताइवान (40.0–50.0)
पश्चिम बंगाल	कुर्ग हनी ड्यू (30.0–40.0), पिंक फ्लेश स्वीट (30.0–40.0), सनराइज सोलो (30.0–40.0), ताइवान (50.0–60.0)

पपीते की उत्पादकता बढ़ाने के प्रौद्योगिकीय उपाय तथा समस्यायें

पपीते की उत्पादकता बढ़ाने हेतु अभिग्रहित किये गये विभिन्न प्रकार के तकनीकों एवं बाधाओं को तालिका–75अ एवं 75ब द्वारा दर्शाया गया है–

तालिका–75अ. पपीता की उत्पादकता बढ़ाने के लिए अपनाये गये प्रौद्योगिकीय उपाय

- बेहतर उभयलिंगी किस्मों का अभिग्रहण।
- उच्च घनत्व वृक्षारोपण।
- कीट प्रबंधन।
- पोषक तत्व प्रबंधन।

तालिका–75ब. पपीते के उत्पादन में रूकावटें

- उभयलिंगो प्रभेदों की उपलब्धता की कमी।
- तूफान तथा पाले का दुष्प्रभाव।
- स्थानीय प्रभेदों की खेती।
- जल जमाव एवं जल की कमी।
- मिट्टी में बोरॉन तत्व की कमी।
- विभिन्न प्रकार के रोग जैसे लीफ कर्ल, रिंग स्पॉट, कॉलर रॉट इत्यादि का संक्रमण।

अन्य फलों का विवरण

उपरोक्त वर्णित मुख्य फलों के अलावा पूर्वी क्षेत्र में अन्य फलों का भी घरेलू स्तर पर उत्पादन किया जाता है। इस प्रकार के विभिन्न फलों के प्रभेदों का राज्यवार विवरण निम्नवत हैः–

तालिका–76. पूर्वी राज्यों में खेती के लिए उपयुक्त फलों की किस्में एवं उनकी उत्पादकता (टन/हेक्टेयर)

फल	किस्में/संकर
असम	
आंवला	कृष्ण (8.0–10.0), एन.ए.–6 (8.0–10.0)
कटहल	लोकल जिनोटाइप (15.0)
चपटी नारंगी (मंदारिन)	खासी मंदारिन (7.0–8.0)
अनन्नास	क्यू (30.0–35.0), क्वीन (15.0–20.0)
मीठी नारंगी	मोसंबी (10.0–12.0), व्लेंसिया (10.0–12.0)
बिहार	
कागजी नींबू	कागजी नींबू (7.0–8.0), प्रमालिनी (10.0–12.0), विक्रम (10.0–12.0), जय देवी (8.0–10.0), साईं शरबती (10.0–12.0), फुले शरबती (10.0–12.0), सीडलेस लाईम (7.0–8.0)
आंवला	कंचन (10.0–12.0), कृष्ण (10.0–12.0), एन.ए.–6 (8.0–10.0), एन.ए.–7 (10.0–12.0), एन.ए.–10 (10.0–12.0)

बेल	नरेन्द्र बेल–5 (5.0–8.0), नरेन्द्र बेल–9 (5.0–8.0), सी.आई.एस.एच. बी.–1 (5.0–8.0), सी.आई.एस.एच.–2 (5.0–8.0), पन्त अपर्णा (8.0–10.0), पन्त सुजाता (8.0–10.0), फ्लैश स्वीट ताइवान (50.0–60.0), कुर्ग हनी ड्यू (30.0–40.0), सनराइज सोलो (30.0–40.0)
अनन्नास	क्यू (30.0–35.0), क्वीन (15.0–20.0)

छत्तीसगढ़

कागजी नींबू	कागजी लेमन (6.0–8.0), प्रमालिनी (8.0–10.0), विक्रम (8.0–10.0), बालाजी (तेनाली सेलेक्शन) (8.0–10.0)
आंवला	कंचन (10.0–12.0), कृष्ण (8.0–10.0), एन.ए.–6 (8.0–10.0), एन.ए.–7 (10.0–12.0), एन.ए.–10 (10.0–12.0)
बेर	सेब (15.0–20.0), उम्रण (15.0–20.0), बनारसी कड़ाका (15.0–20.0)
शरीफा	बालानगर (5.0–8.0), अर्क सहन (8.0–10.0), श्वेता (18.0–22.0), चित्तीदार (10.0–15.0), धरीधर (10.0–12.0)
कटहल	खजवा (15.0–20.0), सिंगापुर (15.0–20.0), सीलोन (10.0–12.0)
चपटी नारंगी (मंदारिन)	नागपुर मंदारिन (10.0–15.0), किन्नो (10.0–15.0)
चीकू	कालीपट्टी (8.0–10.0), क्रिकेट बॉल (8.0–10.0)
मीठी नारंगी	ब्लड रेड माल्ट (20.0–30.0), वेलेंसिया (20.0–30.0), मोसंबी (10.0–12.0)

झारखंड

कागजी नींबू	कागजी नींबू (6.0–8.0), प्रमालिनी (8.0–10.0), विक्रम (8.0–10.0), जय देवी (8.0–10.0), साईं शरबती (8.0–10.0), फुले शरबती (8.0–10.0), सीडलेस लाइम (6.0–8.0)
आंवला	कंचन (8.0–10.0), एन.ए.–7 (8.0–10.0)
बेल	पन्त सुजाता (10.0–15.0), पन्त अपर्णा (10.0–15.0), नरेन्द्र बैल–5 (10.0–12.0), नरेन्द्र बैल–9 (10.0–12.0)
कटहल	लोकल जिनोटाईप (10.0–12.0)
चपटी नारंगी (मंदारिन)	नागपुर मंदारिन (10.0–12.0), किन्नो (12.0–15.0)

आडू	शान–ए–पंजाब (10.0), फ्लोरिडा प्रिंस (10.0)
नाशपाती	पठार्नाख (20.0), नेतरहाट सेलेक्शन (20.0)
अनन्नास	क्वीन (10.0–15.0), क्यू (15.0–20.0)
नारंगी	मोसंबी (8.0–10.0), ब्लड रेड माल्टा (6.0–8.0)

ओडिशा

कागजी नींबू	कागजी नींबू (6.0–8.0)
कटहल	लोकल जेनोटाईप (खजरा, कडुआ) (10.0–15.0)
चपटी नारंगी (मंदारिन)	नागपुर मंदारिन (8.0–10.0)
अनन्नास	क्वीन (10.0–12.0), क्यू (15.0–20.0), मौरिसिअस (10.0–12.0)
चीकू	काली पट्टी (8.0–10.0), कलकत्ता राउंड (8.0–10.0)
मीठी नारंगी	मोसंबी (10.0–12.0), सत्गुदी (10.0–12.0), वेलेंसिया (8.0–10.0)

पूर्वी उत्तर प्रदेश

कागजी नींबू	कागजी नींबू (8.0–10.0)
आंवला	कंचन (10.0–15.0), कृष्ण (10.0–12.0), एन.ए.–6 (10.0–12.0), एन.ए.–10 (10.0–12.0), एन.ए.–7 (12.0–15.0)
बेल	नरेंद्र बेल–4 (10.0–12.0), नरेंद्र बेल–5 (10.0–12.0), नरेंद्र बेल –7 (10.0–12.0), नरेंद्र बेल–9 (10.0–12.0), नरेंद्र बेल–16 (12.0–15.0), नरेंद्र बेल –17 (10.0–12.0), सी.आई.एस.एच.बी.–1 (15.0), सी.आई.एस.एच.बी.–2 (15.0), पन्त अपर्णा (10.0–12.0), पन्त शिवानी (10.0–15.0), पन्त सुजाता (12.0–15.0), पंत उर्वशी (10.0)
बेर	नरेंद्र बैर–1 (10.0–15.0), नरेंद्र बैर –2 (10.0–15.0), गोला (10.0–15.0), बनारसी कडाका (10.0–15.0)
चपटी नारंगी (मंदारिन)	किन्नो (12.0–15.0), नागपुर मदारिन (10.0–12.0)

पश्चिम बंगाल

कागजी नींबू	कागजी नींबू (10.0–12.0)
आंवला	कंचन (10.0–12.0), कृष्ण (8.0–10.0), एन.ए.–6 (8.0–10.0), एन.ए.–10 (10.0–12.0)

चपटी नारंगी (मंदारिन)	नागपुर मंदारिन (12.0–15.0), किन्नो (12.0–15.0)
अनन्नास	जाइंट क्यू (20.0–30.0), मौरिसिअस (20.0–30.0)
चीकू	कलि पट्टी (10.0–12.0), क्रिकेट बॉल (10.0–12.0), कलकत्ता राउंड (10.0–12.0), बारामासी (8.0–10.0)
मीठी नारंगी	सत्गुदी (10.0–12.0)

कम प्रचलित फलों के प्रभेद

विभिन्न पूर्वी राज्यों में घरेलू स्तर पर बहुत से अन्य फलों की खेती की जाती है जिनका पोषण सुरक्षा, विशेषकर जन जातीय क्षेत्रों में, विशेष योगदान है। ऐसे फलों का राज्यवार विवरण तालिका 77 में दिया गया है।

तालिका–77. पूर्वी राज्यों में खेती के लिए उपयुक्त कम प्रचलित फलों की किस्में एवं उनकी उत्पादकता (टन/हेक्टेयर)

फलों का नाम	किस्में/संकर	उत्पादकता
असम		
कारम्बोला	फ्वंग तुंग, टीन मा एंड मीन ताओ, महा ऑफ मलेशिया	10.0–15.0
इमली	पी.के.एम.1, प्रति ठान, उरिगम लोकल	15.0–20.0
जामुन	राजा जामुन, पारस, नरेन्द्र जामुन 6, कोंकण बहादोली	5.0–10.0
ताड़	लोकल	0.1–0.2 (टन/पेड़)
स्टार एप्पल	लोकल, शरबती	7.5–15.0
रोज एप्पल	फलों के रंग के आधार पर लोकल प्रकार वाले उपलब्ध हैं	2.5–5.0
मंगोस्तीन	लोकल	2.0–2.5
करोंदा	कोंकण बोल्ड, पन्त मनोहर, पन्त सुदर्शन, पन्त सुवर्णा	6.0–8.0
दिल्लेनिया	लोकल	10.0–15.0
चिरोंजी	लोकल	1.0–1.5
बेल (वुड एप्पल)	लोकल, एच.बी. 10	10.0–12.0
अमरा	लोकल	3.0–4.0
शहतूत	लोकल	1.0–2.0

स्टार करौदा	लोकल	1.5–2.0
लकूचा	लोकल	7.0–8.0
खिरनी	लोकल	5.0–7.0
फालसा	शरबती	4.0–6.0
अंजीर	पूना, ब्राउन तुर्की, मर्सिलस	6.0–12.0
ब्रेडफ्रूट	लोकल	20.0
कृष्ण कमल फल	कावेरी	6.0–8.0
दूरेण	लोकल	10.0–20.0
बिहार		
कारम्बोला	फ्वंग तुंग, टीन मा एंड मीन ताओ, महा ऑफ मलेशिया	10.0–15.0
इमली	पी.के.एम.1, प्रतिष्ठान, उरिगम लोकल	15.0–20.0
जामुन	राजा जामुन, पारस, नरेन्द्र जामुन 6, कोंकण बहदोली	5.0–10.0
ताड़		0.1–0.2 (टन / पेड़)
रोज एप्पल	फलों के रंग के आधार पर लोकल प्रकार वाले उपलब्ध हैं	2.5–5.0
करोंदा	कोंकण बोल्ड, पन्त मनोहर, पन्त सुदर्शन, पन्त सुवर्णा	6.0–8.0
शहतूत	लोकल	1.0–2.0
खिरनी	लोकल	5.0–7.0
फालसा	शरबती	4.0–6.0
अंजीर	पूना, ब्राउन तुर्की, मर्सिलस	6.0–8.0
छत्तीसगढ़		
कारम्बोला	फ्वंग तुंग, टीन मा एंड मीन ताओ, महा ऑफ मलेशिया	10.0–15.0
इमली	पी.के.एम.1, प्रति ठान, उरिगम लोकल	15.0–20.0
जामुन	राजा जामुन, पारस, नरेन्द्र जामुन 6, कोंकण बहदोली	5.0–10.0
रोज एप्पल	फलों के रंग के आधार पर लोकल प्रकार वाले उपलब्ध हैं	2.5–5.0
करोंदा	कोंकण बोल्ड, पन्त मनोहर, पन्त सुदर्शन, पन्त सुवर्णा	6.0–8.0
दिल्लेनिया	लोकल	10.0–15.0

चिरोंजी	लोकल	1.0–1.5
बेल (वुड एप्पल)	लोकल, एच.बी. 10	10.0–12.0
शहतूत	लोकल	1.0–2.0
लकूचा	लोकल	7.0–8.0
खिरनी	लोकल	5.0–7.0
फालसा	शरबती	4.0–6.0
अंजीर	पूना, ब्राउन तुर्की, मर्सिलस	6.0–10.0
ब्रेडफ्रूट	लोकल	20.0
कृष्णकमल फल	कावेरी	6.0–8.0
तेंदु	लोकल	2.0–5.0
झारखंड		
कारम्बोला	फ्वंग तुंग, टीन मा एंड मीन ताओ, महा ऑफ मलेशिया	10.0–15.0
इमली	पी.के.एम.1, प्रति ठान, उरिगम लोकल	15.0–20.0
जामुन	राजा जामुन, पारस, नरेन्द्र जामुन 6, कोंकण बहदोली	5.0–10.0
रोज एप्पल	फलों के रंग के आधार पर लोकल प्रकार वाले उपलब्ध हैं	2.5–5.0
करोंदा	कोंकण बोल्ड, पन्त मनोहर, पन्त सुदर्शन, पन्त सुवर्णा	6.0–8.0
दिल्लेनिया	लोकल	10.0–15.0
चिरोंजी	लोकल	1.0–1.5
बेल (वुड एप्पल)	लोकल, एच.बी. 10	10.0–12.0
शहतूत	लोकल	1.0–2.0
लकूचा	लोकल	7.0–8.0
खिरनी	लोकल	5.0–7.0
फालसा	शरबती	4.0–6.0
अंजीर	पूना, ब्राउन तुर्की, मर्सिलस	6.0–10.0
ब्रेडफ्रूट	लोकल	18.0–20.0
कृष्णकमल फल	कावेरी	6.0–8.0
तेंदु	लोकल	2.0–5.0

ओडिशा

कारम्बोला	फ्वंग तुंग, टीन मा एंड मीन ताओ, महा ऑफ मलेशिया	10.0–15.0
इमली	पी.के.एम.1, प्रतिष्ठान, उरिगम लोकल	15.0–20.0
जामुन	राजा जामुन, पारस, नरेन्द्र जामुन 6, कोंकण बहदोली	5.0–10.0
स्टार एप्पल	लोकल, शरबती	7.5–10.0
रोज एप्पल	फलों के रंग के आधार पर लोकल प्रकार वाले उपलब्ध हैं	2.5–5.0
करोंदा	कोंकण बोल्ड, पन्त मनोहर, पन्त सुदर्शन, पन्त सुवर्णा	6.0–8.0
दिल्लेनिया	लोकल	10.0–15.0
चिरोंजी	लोकल	1.0–1.5
बेल (वुड एप्पल)	लोकल, एच.बी. 10	10.0–12.0
शहतूत	लोकल	1.0–2.0
लकूचा	लोकल	7.0–8.0
खिरनी	लोकल	5.0–7.0
फालसा	शरबती	4.0–6.0
अंजीर	पूना, ब्राउन तुर्की, मर्सिलस	6.0–10.0
ब्रेडफ्रूट	लोकल	18.0–20.0
कृष्णकमल फल	कावेरी	2.0–8.0
तेंदु	लोकल	2.0–5.0
स्टार करौदा	लोकल	15.0–50.0 (किलोग्राम/पेड़)
ताड़	लोकल	0.1–0.2 (टन/पेड़)

पूर्वी उत्तर प्रदेश

कारम्बोला	फ्वंग तुंग, टीन मा एंड मीन ताओ, महा ऑफ मलेशिया	10.0–15.0
इमली	पी.के.एम.1, प्रतिष्ठान, उरिगम लोकल	15.0–20.0
जामुन	राजा जामुन, पारस, नरेन्द्र जामुन 6, कोंकण बहदोली	5.0–10.0
करोंदा	कोंकण बोल्ड, पन्त मनोहर, पन्त सुदर्शन, पन्त सुवर्णा	6.0–8.0
शहतूत	लोकल	1.0–2.0

लकूचा	लोकल	7.0—8.0
खिरनी	लोकल	5.0—7.0
फालसा	शरबती	4.0—6.0
अंजीर	पूना, ब्राउन तुर्की, मर्सिलस	6.0—10.0
पश्चिम बंगाल		
कारम्बोला	फवंग तुंग, टीन मा एंड मीन ताओ, महा ऑफ मलेशिया	10.0—15.0
इमली	पी.के.एम.1, प्रतिष्ठान, उरिगम लोकल	15.0—20.0
जामुन	राजा जामुन, पारस, नरेन्द्र जामुन 6, कोंकण बहदोली	5.0—10.0
ताड़	लोकल	0.1—0.2 (टन / पेड़)
स्टार एप्पल	लोकल, शरबती	7.5—15.0
रोज एप्पल	फलों के रंग के आधार पर लोकल प्रकार वाले उपलब्ध हैं	2.5—5.0
मंगोस्तीं	लोकल	2.0—2.5
करोंदा	कोंकण बोल्ड, पन्त मनोहर, पन्त सुदर्शन, पन्त सुवर्णा	6.0—8.0
दिल्लेनिया	लोकल	10.0—15.0
चिरोंजी	लोकल	1.0—1.5
बेल (वुड एप्पल)	लोकल, एच.बी. 10	10.0—12.0
अमरा	लोकल	3.0—4.0
शहतूत	लोकल	1.0—2.0
स्टार करौदा	लोकल	1.5—2.0
लकूचा	लोकल	7.0—8.0
खिरनी	लोकल	5.0—7.0
फालसा	शरबती	4.0—6.0
अंजीर	पूना, ब्राउन तुर्की, मर्सिलस	6.0—8.0
ब्रेडफ्रूट	लोकल	15.0
कृष्णकमल फल	कावेरी	6.0—8.0
दूरेण	लोकल	10.0—20.0

❑❑❑

अध्याय **26**

कृषि जलवायु क्षेत्र के अनुसार फलों की उत्पादकता

कृषि जलवायु क्षेत्र के आधार पर निचले एवं मध्य गांगेय क्षेत्र में क्रमशः 0.37 एवं 0.44 मिलियन हेक्टेयर में फलों की खेती की जाती है। सब्जियों की तरह फलों की औसत उत्पादकता भी मध्य गांगेय क्षेत्र में अधिकतम (15.73 टन/हेक्टेयर) पाई गई है जबकि निचले गांगेय क्षेत्र में यह 13.45 टन/हेक्टेयर तक आंकी गई है।

पूर्वी पर्वतीय एवं पठारी भाग में यद्यपि 0.63 मिलियन हेक्टेयर में फलों की खेती की जाती है परंतु इसकी उत्पादकता मात्र 8.38 टन/हेक्टेयर है। अतः, मध्य एवं निचले गांगेय क्षेत्र की औसत फल उत्पादकता राष्ट्रीय स्तर की उत्पादकता (12.33 टन/हेक्टेयर) से अधिक पाई गई है (रेखाचित्र–62अ एवं ब)।

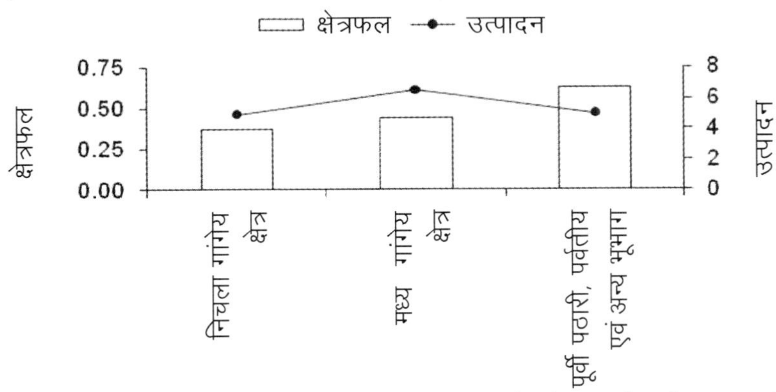

रेखाचित्र–62अ. कृषि जलवायु क्षेत्र के अनुसार फलों के अंतर्गत क्षेत्रफल (मिलियन हेक्टेयर) एवं उत्पादन (मिलियन टन)

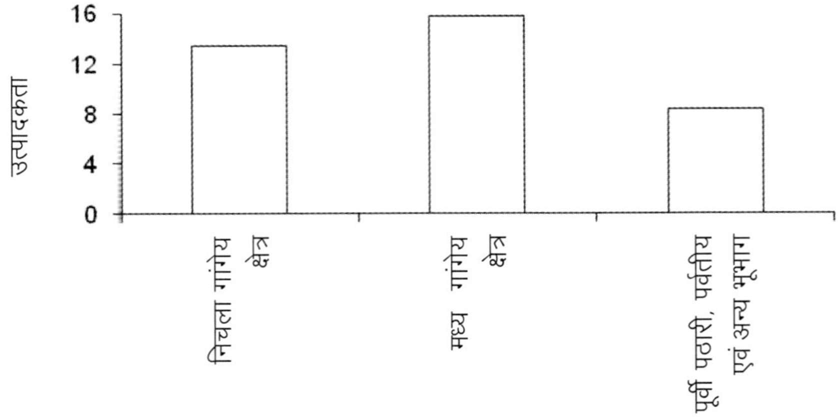

रेखाचित्र–62ब. कृषि जलवायु क्षेत्र के अनुसार फलों की उत्पादकता (टन/हेक्टेयर)

❑❑❑

अध्याय 27

फल उत्पादकता के आधार पर पूर्वी राज्यों का वर्गीकरण

फल उत्पादकता के आधार पर पूर्वी क्षेत्र को उच्च, मध्य एवं कम उत्पादकता वाले क्षेत्र में बाँटा गया है जिसका आँकड़ा तालिका 78 में दिया गया है–

तालिका–78अ. उच्च उत्पादकता (टन/हे०) वाले राज्य

आम	पूर्वी उत्तर प्रदेश (16.41)
केला	पूर्वी उत्तर प्रदेश (42.92); बिहार (41.84)
नींबू	असम (10.22); ओडिशा (9.74); झारखण्ड (9.45); पश्चिम बंगाल (9.34)
अमरुद	असम (20.02)
लीची	झारखण्ड (11.04); पश्चिम बंगाल (10.10)
पपीता	पूर्वी उत्तर प्रदेश (51.29); पश्चिम बंगाल (29.39); छत्तीसगढ (26.36)

तालिका–78ब. मध्यम उत्पादकता (टन/हे०) वाले राज्य

आम	झारखण्ड (10.09); असम (9.94); बिहार (9.18)
केला	पश्चिम बंगाल (24.12); छत्तीसगढ (23.99); ओडिशा (19.02); असम (16.88)
नींबू	बिहार (7.18); छत्तीसगढ (6.83)
अमरुद	पूर्वी उत्तर प्रदेश (13.44); पश्चिम बंगाल (12.96); बिहार (12.47); झारखण्ड (11.00)
लीची	असम (8.93); बिहार (7.44); छत्तीसगढ (7.02)
पपीता	ओडिशा (22.01); बिहार (20.10); असम (19.90)

तालिका–78स. कम उत्पादकता (टन/हे०) वाले राज्य

आम	छत्तीसगढ (5.10); पश्चिम बंगाल (4.61); ओडिशा (3.80)
केला	झारखण्ड (2.39)
नींबू	पूर्वी उत्तर प्रदेश (2.88)
अमरुद	छत्तीसगढ़ (8.45); ओडिशा (7.30)
लीची	पूर्वी उत्तर प्रदेश (5.10); ओडिशा (4.55)
पपीता	झारखण्ड (10.02)

प्रति व्यक्ति फलों की उपलब्धता

पिछले सेंसस के दौरान सब्जियों के अलावा प्रति व्यक्ति फलों की उपलब्धता में भी व्यक्तिगत स्तर पर सुधार हुआ। पूर्वी क्षेत्र में फलों की उपलब्धता 71.7 ग्राम/दिन से बढ़कर 110.7 ग्राम/दिन पायी गयी। वहीं राष्ट्रीय स्तर पर प्रति व्यक्ति फलों की उपलब्धता 114.5 ग्राम/दिन से बढ़कर 201.4 ग्राम पायी गयी। अतः, पूर्वी क्षेत्र में प्रति व्यक्ति फल उपलब्धता में 39.0 ग्राम/दिन का सुधार हुआ। छत्तीसगढ़ में प्रति व्यक्ति फलों की उपलब्धता अधिकतम पायी गई (रेखाचित्र–63)।

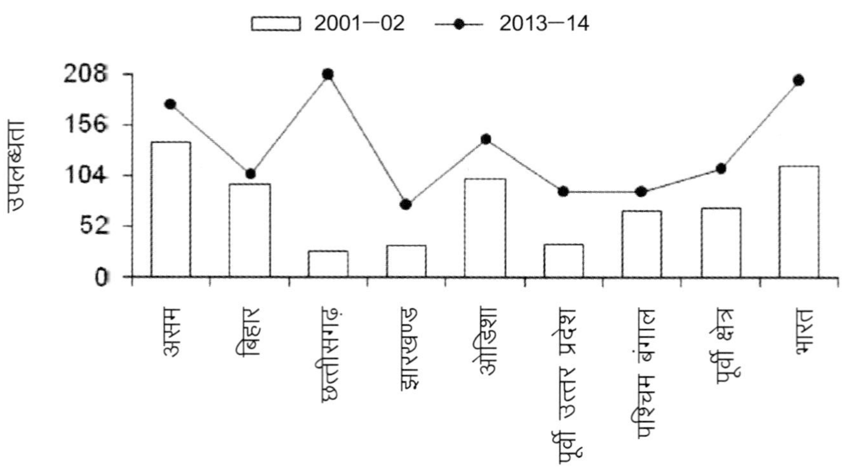

रेखाचित्र–63. प्रति व्यक्ति फलों की उपलब्धता (ग्राम/दिन)

❑❑❑

अध्याय **28**

पशुधन

पूर्वी क्षेत्र में पशुधन जनसंख्या, जो कि वर्ष 2007 के दौरान 163.54 मिलियन थी वह वर्ष 2012 के दौरान 165.31 मिलियन हो गयी (पशुपालन, डेयरी एवं मत्स्य पालन विभाग, 2014अ एवं 2014ब)। परन्तु, राष्ट्रीय स्तर पर वर्ष 2007 एवं 2012 सेंसस के दौरान कुल पशुधन जनसंख्या ने कमी की प्रवृत्ति दिखाई (तालिका–79अ)।

तालिका–79अ. पूर्वी राज्यों में पशुधन की जनसंख्या (2012) (मिलियन)

राज्य	गोवंश			भैंस
	देशी	विदेशी / संकर	कुल	
असम	9.912	0.396	10.308	0.435
बिहार	8.756	3.475	12.232	7.567
छत्तीसगढ़	9.637	0.178	9.815	1.391
झारखण्ड	8.474	0.256	8.730	1.186
ओडिशा	10.315	1.306	11.621	0.726
पूर्वी उत्तर प्रदेश	6.739	1.618	8.357	7.574
पश्चिम बंगाल	13.718	2.796	16.514	0.597

जहाँ पूर्वी क्षेत्र में गोवंश, भैंस एवं भेड़ की जनसंख्या ने कमी की प्रवृत्ति दिखलाई, वहीं पिछले दो सेंसस अवधि के दौरान बकरी एवं शूकर की जनसंख्या मामूली रूप से बढ़ी। क्षेत्र में सामान्यतः अवर्णित पशुधन जनसंख्या है। तथापि, 2007 की तुलना में वर्ष 2012 के दौरान संकर गोवंश जनसंख्या

में 2.05 मिलियन की बढ़ोतरी हुई। विदेशी/संकर भेड़ों की जनसंख्या ने, तथापि, कमी की प्रवृत्ति दिखाई। क्षेत्र में लगभग 33.8 प्रतिशत संकर शूकर जनंसख्या है (तालिका–79ब तथा रेखाचित्र–64)।

तालिका–79ब. पूर्वी राज्यों में पशुधन की जनसंख्या (2012) (मिलियन)

राज्य	भेड़			बकरी	शूकर		
	देशी	विदेशी/ संकर	कुल		देशी	विदेशी/ संकर	कुल
असम	0.509	0.009	0.518	6.169	1.022	0.614	1.636
बिहार	0.223	0.009	0.232	12.154	0.626	0.024	0.650
छत्तीसगढ़	0.166	0.002	0.168	3.225	0.417	0.022	0.439
झारखण्ड	0.575	0.008	0.583	6.581	0.921	0.042	0.962
ओडिशा	1.571	0.011	1.581	6.513	0.276	0.004	0.280
पूर्वी उत्तर प्रदेश	0.617	0.047	0.664	5.921	0.362	0.073	0.435
पश्चिम बंगाल	1.051	0.025	1.076	11.506	0.596	0.052	0.648

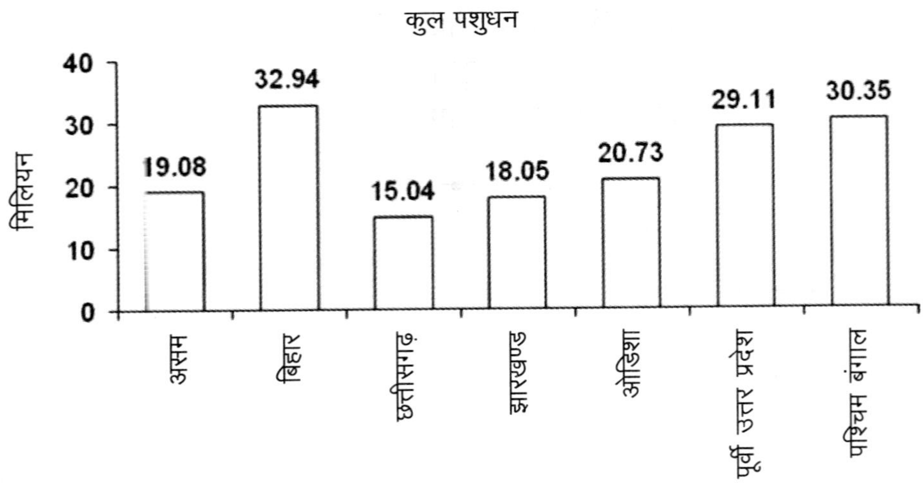

रेखाचित्र–64 पूर्वी राज्यों में कुल पशुधन की जनसंख्या (2012)

पूर्वी राज्यों में पाये जाने वाले पशुओं की प्रमुख नस्लें

गाय

पूर्वी राज्यों में हॉलस्टीन फ्रीजन तथा जर्सी संकर नस्ल की गायों का पालन किया जाता है। हॉलस्टीन फ्रीजन जहाँ 6 से 8 लीटर प्रतिदिन दूध देती है वहीं जर्सी गाय की उत्पादकता 6 से 7 लीटर प्रतिदिन आँकी गई है (गुप्ता एवं समूह, 2014)। इन राज्यों में संकर नस्लों के अलावा भी बहुत सारी अन्य नस्लों का पालन किया जाता है जिनका राज्यवार विवरण नीचे दी गई तालिका 80अ में दिया गया है–

तालिका–80अ. पूर्वी क्षेत्र के गाय की नस्लें तथा उनकी दूध देने की क्षमता (लीटर/दिन)

नस्लें	उत्पादकता
बिहार	
मान्यता प्राप्त देशी नस्लें	
वचोर	2.0 – 3.0
गंगातीरी	4.0 – 6.0
मान्यता प्राप्त नस्लें	
साहीवाल	6.0 – 7.0
कम ज्ञात वाली नस्लें	
पुर्निया	2.0 – 3.0
शाहाबादी	2.0 – 3.0
छत्तीसगढ़	
मान्यता प्राप्त देशी नस्लें	
गोलाव	2.0 – 4.0
ओडिशा	
कम ज्ञात वाली नस्लें	
बिनझारपुरी	3.0 – 4.0
घुमसुरी	2.0 – 3.0
मोटू	1.0 – 2.0
पूर्वी उत्तर प्रदेश	
मान्यता प्राप्त देशी नस्लें	
गंगातीरी	4.0 – 6.0

मान्यता प्राप्त नस्लें	
थारपारकर	5.0 – 6.0
साहीवाल	7.0 – 8.0
हरियाना	4.0 – 5.0
पश्चिम बंगाल	
कम ज्ञात वाली नस्लें	
बंगाली	1.0 – 2.0

भैंस

मुर्रा भैंस की उन्नत किस्म की संकर नस्ल का बिहार एवं पूर्वी उत्तर प्रदेश में पालन किया जाता है। मुर्रा का औसत दुग्ध उत्पादन 7 से 9 लीटर प्रतिदिन तक पाया गया है। इन राज्यों में संकर नस्लों के अलावा भी बहुत सारी अन्य नस्लों का पालन किया जाता है जिनका राज्यवार विवरण नीचे दी गई तालिका 80ब में दिया गया है–

तालिका–80ब. पूर्वी क्षेत्र के भैंसों की नस्लें तथा उनकी दूध देने की क्षमता (लीटर/दिन)

नस्लें	उत्पादकता
असम	
कम ज्ञात वाली नस्लें	
असामीन/मंगूर	1.0 – 2.0
स्वाम्प	1.0 – 2.0
बिहार	
कम ज्ञात वाली नस्लें	
दियारा	2.0 – 4.0
ओडिशा	
मान्यता प्राप्त देशी नस्लें	
परलेखमुंडी	4.0 – 6.0
संबलपुरी/कीमेडी/गावदू	5.0 – 8.0
कालाहांडी/पदेकीमेडी	2.0 – 3.0
मंडा	1.0 – 2.0
जिरांगी	2.0 – 3.0
कम ज्ञात वाली नस्लें	
कुजंग	3.0 – 4.0
चिलिका	1.0 – 2.0

बकरी

पूर्वी राज्यों में बकरी की जनसंख्या 52.07 मिलियन आँकी गयी है। राष्ट्रीय स्तर पर पूर्वी राज्यों का योगदान बकरी की जनसंख्या में 38.5 प्रतिशत है। पूर्वी राज्यों में ब्लेक बंगाल बकरी की नस्ल का पालन बहुतायत में किया जाता है। इसी प्रकार लगभग सभी राज्यों में जमनापारी मान्यता प्राप्त नस्ल का भी पालन किया जाता है। ब्लेक बंगाल का पालन सिर्फ मांस हेतु किया जाता है। यह सामान्यतयाः 2 बच्चे प्रति वर्ष देती है। जमनापारी दूध तथा मांस दोनो उद्देश्यों की पूर्ति के लिए पाली जाती हैं तथा बच्चा देने की औसत क्षमता 1.6 प्रति वर्ष आँकी गयी है। अन्य नस्लों का राज्यवार ब्योरा तालिका–80स में दिया गया है।

तालिका–80स. पूर्वी क्षेत्र के बकरियों की अन्य मान्यताप्राप्त देशी तथा कम ज्ञात वाली नस्लें

नस्लें	उत्पादकता
असम	
मान्यता प्राप्त देशी नस्लें	
असाम हिल	मांस हेतु (एक बच्चा / वर्ष)
ओडिशा	
मान्यता प्राप्त देशी नस्लें	
गंजम	मांस हेतु (एक बच्चा / वर्ष)
कम ज्ञात वाली नस्लें	
बंगाल टाइप	मांस हेतु
रायगढ़	मांस हेतु
घुमसारी	मांस हेतु
मारागुडा	मांस हेतु
कालाहांडी	मांस हेतु

शूकर

लार्ज व्हाइट यार्क शायर, संकर लैंडरेस, टैमबर्थ एवं देसी क्रास शूकर की संकर नस्लें पूर्वी राज्यों के जनजातीय क्षेत्रों में पायी जाती हैं जिनमें शूकर के बच्चों की संख्या 8–10 प्रति प्रसव पायी गई हैं। इन राज्यों में संकर नस्लों के अलावा भी बहुत सारी अन्य नस्लों का पालन किया जाता है जिनका राज्यवार विवरण नीचे दी गई तालिका 80द में दिया गया है–

तालिका–80द. पूर्वी क्षेत्र के शूकर की नस्लें

नस्लें	उत्पादकता (बच्चों की संख्या/प्रसव)
असम	
मान्यताप्राप्त नस्ल	
हेम्पशायर	10 – 12
कम ज्ञात वाली नस्ल	
गुंघरू	12 – 14
झारखंड	
मान्यताप्राप्त नस्ल	
हेम्पशायर	10 – 12
पूर्वी उत्तर प्रदेश	
मान्यता प्राप्त नस्ल	
हेम्पशायर	10 – 12
पश्चिम बंगाल	
कम ज्ञात वाली नस्ल	
गुंघरू	12 – 14

इसी क्रम में भेड़ों की नस्लों का विवरण निम्नवत है।

तालिका–80य. पूर्वी क्षेत्र में मान्यताप्राप्त भेड़ों की नस्लें

नस्लें	उद्देश्य
बिहार	
शाहाबादी	मांस हेतु
छोटानागपुरी	मांस हेतु
झारखंड	
छोटानागपुरी	मांस हेतु
ओडिशा	
वलांगिरी	मांस हेतु
गंजम	मांस हेतु
पश्चिम बंगाल	
गरोल	मांस हेतु

पशुओं में होने वाले प्रमुख रोग

खुर पका एवं मुँह पका/खोरहा, आई.वी.आर., सरा/सड़ा, लेप्टो स्पाइरोसिस, ब्रूसेलोसिस, पी.पी.आर. एवं ब्लूटंग इस क्षेत्र के मवेशियों के प्रमुख रोग हैं। इसी प्रकार, गलाघोंटू, लंगरी, थनेला एवं डेगनाला रोग भी मवेशियों में पाये

जाते हैं। इन रोगों के द्वारा राज्यवार पशुओं में होनेवाली हानि का विवरण नीचे दिया गया है। परंतु, खुर पका/मुँह पका/खुरहा रोग का प्रचलन 43 प्रतिशत तक पूर्वी राज्यों के पशुओं में है (तालिका–81)।

तालिका–81. राज्यवार पशुओं में प्रमुख रोगों के कारण होने वाली हानि का विवरण

प्रमुख रोग	प्रतिशत
असम	
ब्रूसेलोसिस	43.70
ब्लू टंग	58.82
बिहार	
लेप्टोस्पारोसिस	9.11
ब्रूसेलोसिस	12.20
पी.पी.आर.	34.07
ब्लू टंग	14.01
छत्तीसगढ़	
आई.वी.आर.	34.34
पी.पी.आर.	45.20
झारखण्ड	
आई.वी.आर.	23.95
ब्रूसेलोसिस	1.19
ओडिशा	
आई.वी.आर.	43.3
सरा/सड़ा	30.21
लेप्टोस्पारोसिस	55.5
ब्रूसेलोसिस	8.14
ब्लू टंग	26.6
पूर्वी उत्तर प्रदेश	
आई.वी.आर.	55.42
लेप्टोस्पारोसिस	8.4
ब्रूसेलोसिस	22.39
पी.पी.आर.	39.7
पश्चिम बंगाल	
आई.वी.आर.	19.5
सरा/सड़ा	31.25
लेप्टोस्पारोसिस	44.66
ब्रूसेलोसिस	45.25

❑❑❑

अध्याय **29**

चारा उत्पादन

जहाँ तक चारा उत्पादन का प्रश्न है, पूर्वी उत्तर प्रदेश को छोड़कर अन्य पूर्वी राज्यों में चारा उत्पादन का कोई सुव्यवस्थित कार्यक्रम नहीं है। जहाँ राष्ट्रीय स्तर पर 7.77 मिलियन हेक्टेयर क्षेत्र चारा फसलों के अंतर्गत आता है, वहीं पूर्वी राज्यों में मात्र 0.32 मिलियन हेक्टेयर (4.1 प्रतिशत) में चारे की फसलें उगायी जाती हैं (पशुपालन, डेयरी एवं मत्स्य पालन विभाग, 2014अ)। तथापि, चारागाह क्षेत्रफल में पूर्वी राज्यों की स्थिति सुदृढ़ है। राष्ट्रीय स्तर पर 10.3 मिलियन हेक्टेयर की तुलना में पूर्वी राज्यों में 1.68 मिलियन हेक्टेयर स्थायी चारागाह एवं अन्य चारागाह क्षेत्र हैं। छत्तीसगढ़ एवं ओडिशा अग्रणी राज्य हैं जो पूर्वी भारत में कुल चारागाह एवं अन्य चारागाह क्षेत्र का 81 प्रतिशत योगदान देते हैं (रेखाचित्र–65)।

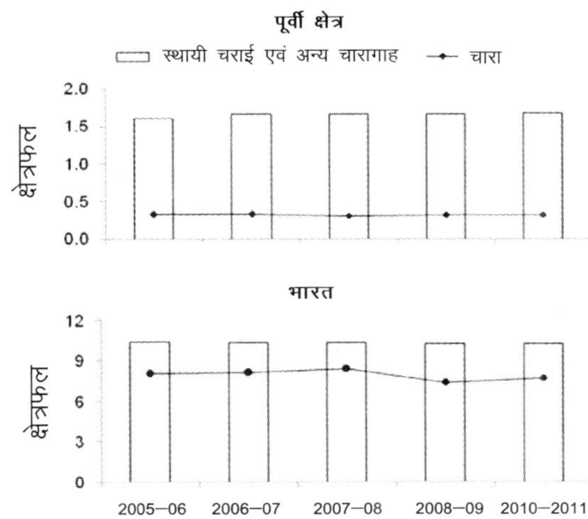

रेखाचित्र–65. चारा फसलें, स्थायी चराई एवं अन्य चारागाहों के अंतर्गत क्षेत्र (मिलियन हेक्टेयर)

यद्यपि पूर्वी राज्यों में संगठित रूप में चारा का उत्पादन बहुत कम क्षेत्रफल में किया जाता है, इसके बावजूद सूडान, जई, वरसीम, खरीफ एवं शीतकालीन मक्का, नेपियर/गिनी इत्यादि उपजाई जाने वाली कुछ महत्वपूर्ण चारा फसले हैं जिनकी उत्पादकता का राज्यवार विवरण तालिका 82 में दिया गया है:—

तालिका—82. प्रमुख चारा फसलों की राज्यवार उत्पादकता (टन/हेक्टेयर)

चारा का नाम	उत्पादकता
असम	
सूडान	35.0
खरीफ मक्का	20.0
जई	30.0
नेपियर/गिनी	30.0
बिहार	
सूडान	60.0
खरीफ मक्का	33.6
लोबिया	24.8
जई	36.2
वरसीम	60.3
चारा सरसों	11.5
शीतकालीन मक्का	24.1
बाजरा	32.6
नेपियर/गिनी	53.5
छत्तीसगढ़	
सूडान	53.0
खरीफ मक्का	48.0
लोबिया	15.5
बाजरा	13.5
नेपियर/गिनी	62.5
सोयाबीन	20.2
झारखंड	
खरीफ मक्का	30.0
लोबिया	15.0

नेपियर/गिनी	30.0
ओडिशा	
सूडान	39.4
खरीफ मक्का	19.1
लोबिया	32.1
पूर्वी उत्तर प्रदेश	
सूडान	75.0
खरीफ मक्का	48.0
लोबिया	24.0
जई	36.0
वरसीम	60.5
लूसर्न	60.3
चारा सरसों	12.0
बाजरा	32.6
पश्चिम बंगाल	
सूडान	60.6
खरीफ मक्का	25.6
लोबिया	30.0
जई	35.4
वरसीम	56.6
लूसर्न	52.3
बाजरा	35.8

❑❑❑

अध्याय 30

दूध उत्पादन

राष्ट्रीय स्तर पर 138.0 मिलियन टन दूध उत्पादन की तुलना में पूर्वी राज्यों का योगदान मात्र 26.2 मिलियन टन है (पशुपालन, डेयरी एवं मत्स्य पालन विभाग, 2014अ एवं 2014ब)। पश्चिम बंगाल में मध्यम बढ़त के साथ पूर्वी उत्तर प्रदेश एवं बिहार, पूर्वी क्षेत्र के कुल दूध उत्पादन में लगभग 60 प्रतिशत तक का योगदान देते हैं। दूध उत्पादन में पर्वतीय एवं पठारी राज्यों तथा असम का योगदान कम पाया गया। राष्ट्रीय स्तर पर दूध उत्पादन में पूर्वी राज्यों का प्रतिशत हिस्सा, जो कि वर्ष 2000–01 के दौरान 17.4 प्रतिशत था, ज्यादा नहीं सुधरा और वर्ष 2013–14 के दौरान भी यह मात्र 19 प्रतिशत ही रहा इस तथ्य के बावजूद कि राष्ट्रीय स्तर पर 2000–01 में दूध उत्पादन 80.6 मिलियन टन से बढ़कर वर्ष 2013–14 के दौरान 138.0 मिलियन टन हो गया है (तालिका–83 तथा रेखाचित्र–66)।

तालिका–83. पूर्वी राज्यों में दूध का उत्पादन (मिलियन टन)

राज्य	वर्ष 2000–01 से 2004–05	वर्ष 2005–06 से 2009–10	वर्ष 2010–11 से 2013–14
असम	0.68–0.74	0.75–0.76	0.79–0.82
बिहार	2.49–4.74	5.06–6.12	3.52–7.20
छत्तीसगढ़	0.78–0.83	0.84–0.96	1.03–1.21
झारखण्ड	0.91–1.33	1.34–1.46	1.56–1.70
ओडिशा	0.88–1.28	1.34–1.65	1.67–1.86
पूर्वी उत्तर प्रदेश	4.85–5.78	6.08–7.07	7.36–8.47
पश्चिम बंगाल	3.47–3.80	3.89–4.30	4.47–4.91

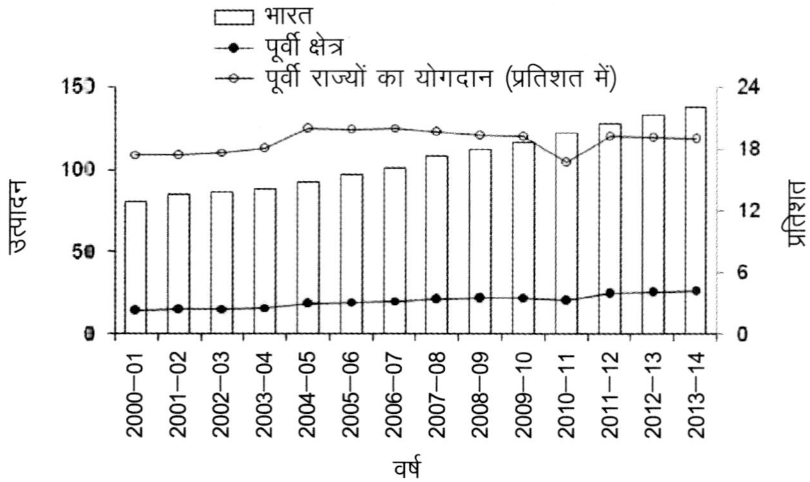

रेखाचित्र–66. दूध का उत्पादन (मिलियन टन)

अध्याय 31

कृषि जलवायु क्षेत्र के अनुसार दूध की उत्पादकता

पूर्वी राज्यों के मध्य गांगेय क्षेत्र का दूध उत्पादन में विशिष्ट योगदान है क्योंकि कुल दूध उत्पादन का लगभग 60 प्रतिशत (15.67 मिलियन टन) इसी क्षेत्र में किया जाता है। निचले गांगेय क्षेत्र तथा पठारी भूभाग का दूध उत्पादन क्रमशः 5.72 एवं 4.77 मिलियन टन आंका गया है (रेखाचित्र–67)।

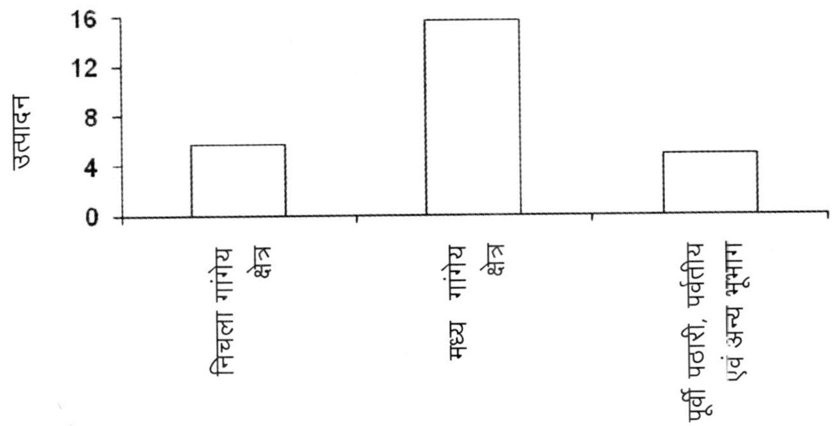

रेखाचित्र–67. कृषि जलवायु क्षेत्र के अनुसार दूध उत्पादन (मिलियन टन)

दूध की उत्पादकता बढ़ाने के प्रोद्योगिकीय उपाय एवं समस्यायें

दूध की उत्पादकता बढ़ाने हेतु अभिग्रहित किये गये विभिन्न प्रकार के तकनीकों एवं बाधाओं को तालिका 84अ एवं 84ब में दिया गया है।

तालिका–84अ. दूध उत्पादन बढ़ाने के लिए अपनाये गये प्रौद्योगिकीय उपाय

- संकर प्रजातियों का अभिग्रहण
- स्वास्थ्य प्रबंधन एवं प्रजनन की देखभाल।
- कृत्रिम गर्भाधान।
- मिश्रित राशन का संतुलित आहार एवं फीड ब्लॉक का निर्माण
- वर्ष भर चारा उत्पादन तकनीक का प्रयोग।
- बाजरा, बरसीम, जई आदि चारा फसलों की नई किस्मों का विकास।
- संतुलित आहार के अतिरिक्त बाई–पास प्रोटीन एवं बाई–पास वसा युक्त चारे का प्रयोग।
- घास और सिलेज प्रकार के हरे चारे का संरक्षण।
- क्षेत्र विशेष हेतू खनिज मिश्रण आहार।
- पूरक (एंजाइम,प्रोबायोटिक) और चयापचय संशोधक आहार (आइनोफोर्स) का प्रयोग।
- खराब गुणवत्ता रुक्षांश का संवर्धन।
- बछड़ों का प्रबंधन एवं देखभाल।
- ऊष्मा तनाव का प्रबंधन।
- मद हीनता जैसे प्रजनन विकारों का प्रबंधन, पुनः प्रजनन आदि।
- तीन महीने के अंतराल पर नियमित रूप से कृमि नाशकों का उपयोग
- खुर पका/मुंह पका/खोरहा, एचएस, लंगड़ी और एंथ्रेक्स के विरूद्ध समय पर टीकाकरण।
- ब्रूसेलोसिस, क्षय रोग, आईवीआर और रक्त प्रोटोजोआ आदि के टीके एवं निदान का विकास।

तालिका–84ब. दूध उत्पादन में रूकावटें

- अवर्णित नवेशियों की कम उत्पादकता।
- गुणवत्ता के चारे की कमी।
- जानवरों को कम आहार।
- रोग निदान किट की स्थानीय स्तर पर कमी।
- बछड़ों की विशेष रूप से भैंस के बछड़ों की उच्च मृत्यु दर।
- उच्च प्रजनन विकारें।

प्रति व्यक्ति दूध की उपलब्धता

पूर्वी क्षेत्र में यद्यपि दूध की प्रति व्यक्ति उपलब्धता 118.0 ग्राम/दिन (वर्ष 2001 के दौरान) से बढ़कर वर्ष 2011 में 176.1 ग्राम/दिन हो गई,

परन्तु यह अभी भी 311.6 ग्राम/दिन के राष्ट्रीय औसत की तुलना में बहुत कम है। प्रति व्यक्ति दूध की उपलब्धता में पूर्वी भारत के असम राज्य में बिल्कुल भी सुधार नहीं हुआ। तथापि, अन्य राज्यों में मामूली तौर पर बढ़ोतरी पाई गई जिसमें उच्चतम (101.7 ग्राम/दिन) और निम्नतम (24.5 ग्राम/दिन) क्रमशः बिहार तथा झारखंड में पाई गई (रेखाचित्र–68)।

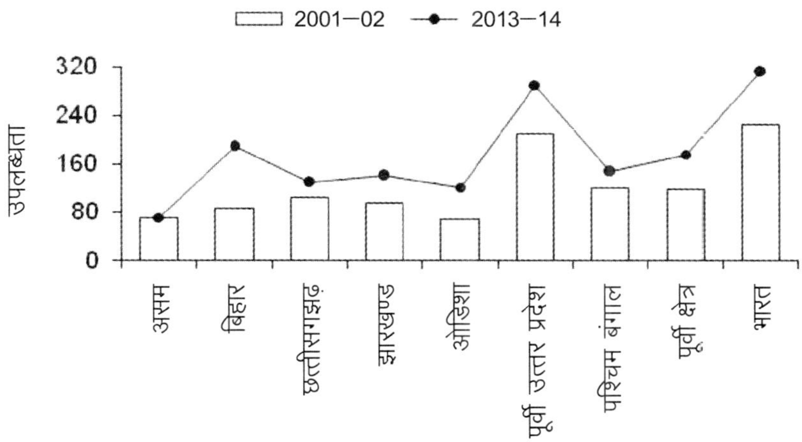

रेखाचित्र–68. प्रति व्यक्ति दूध की उपलब्धता (ग्राम/दिन)

अध्याय **32**

मांस उत्पादन

राष्ट्रीय स्तर पर 6.24 मिलियन टन मांस उत्पादन में पूर्वी राज्यों द्वारा 1.63 मिलियन टन का योगदान दिया जाता है (पशुपालन, डेयरी एवं मत्स्य पालन विभाग, 2014अ एवं 2014ब)। क्षेत्र में कुल मांस उत्पादन में पश्चिम बंगाल, पूर्वी उत्तर प्रदेश तथा बिहार का क्रमशः 40.0, 26.0 तथा 18.0 प्रतिशत योगदान है। जहाँ पूर्वी राज्यों में विगत 13 वर्षों में क्षेत्र में कुल मांस उत्पादन में शुद्ध लाभ 135 प्रतिशत बढ़ा, इसी अवधि में राष्ट्रीय औसत पर बढ़त 237 प्रतिशत दर्ज की गई (तालिका–85, रेखाचित्र–69)।

तालिका–85. पूर्वी राज्यों में मांस का उत्पादन (मिलियन टन)

राज्य	वर्ष 2000–01 से 2004–05	वर्ष 2005–06 से 2009–10	वर्ष 2010–11 से 2013–14
असम	0.02–0.03	0.03	0.03–0.04
बिहार	0.14–0.18	0.18–0.22	0.22–0.29
छत्तीसगढ़	0.003–0.004	0.02–0.03	0.03
झारखण्ड	0.04	0.04–0.05	0.04–0.05
ओडिशा	0.04–0.05	0.05–0.13	0.14–0.15
पूर्वी उत्तर प्रदेश	0.06–0.07	0.07–0.22	0.30–0.43
पश्चिम बंगाल	0.44–0.48	0.23–0.49	0.58–0.65

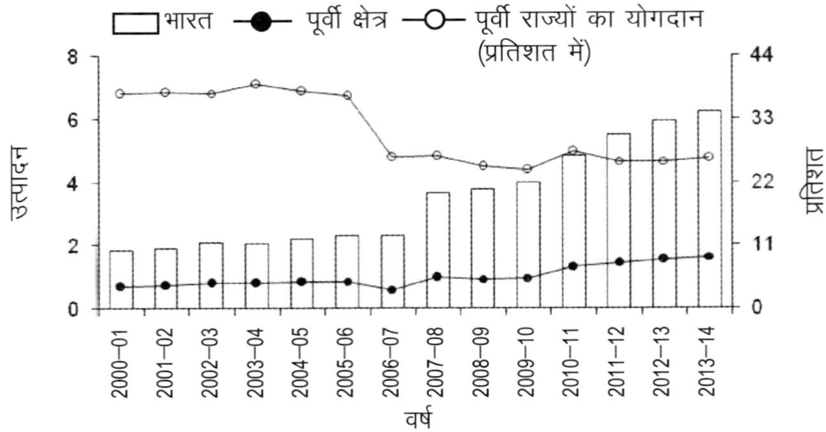

रेखाचित्र–69. मांस उत्पादन का विवरण (मिलियन टन)

मांस की प्रति व्यक्ति उपलब्धता

दूध की तुलना में क्षेत्र में मांस की प्रति व्यक्ति उपलब्धता संतोषजनक दर्ज की गई। यह पश्चिम बंगाल में उच्चतम (7.12 किग्रा/वर्ष) है और उसके बाद पूर्वी उत्तर प्रदेश (5.4 किग्रा/वर्ष), ओडिशा (3.6 किग्रा/वर्ष) एवं बिहार (2.8 किग्रा/वर्ष) का स्थान आता है। शेष राज्यों में अभी भी मांस की प्रति व्यक्ति उपलब्धता कम है। औसतन, पूर्वी क्षेत्र में मांस उपलब्धता, जो कि वर्ष 2001 के दौरान 2.14 किग्रा/वर्ष थी, वह वर्ष 2011 के दौरान बढ़कर 4.01 किग्रा/वर्ष हो गई है। इसी अवधि में राष्ट्रीय स्तर पर यह 1.87 किग्रा/वर्ष से बढ़कर 5.15 किग्रा/वर्ष हो गई (रेखाचित्र–70)।

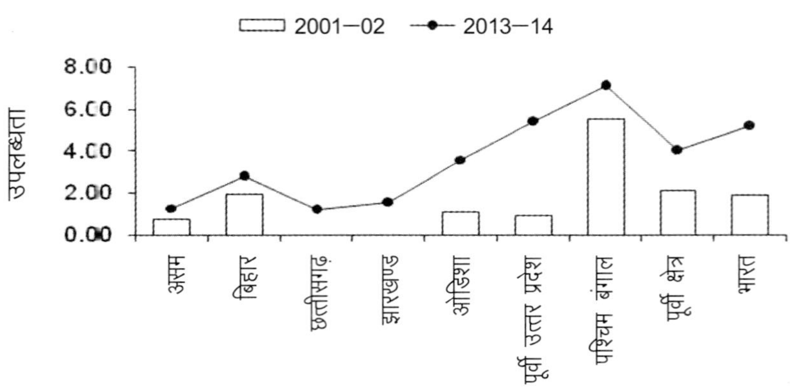

रेखाचित्र–70. प्रति व्यक्ति मांस की उपलब्धता (किलोग्राम/वर्ष)

❑❑❑

अध्याय 33

कृषि जलवायु क्षेत्र के अनुसार मांस उत्पादकता

कृषि जलवायु क्षेत्र के आधार पर मध्य एवं निचला गांगेय क्षेत्र क्रमशः 0.72 एवं 0.69 मिलियन टन मांस का उत्पादन करते हैं जबकि पठारी भूभाग में मात्र 0.23 मिलियन टन मांस का उत्पादन किया जाता है (रेखाचित्र–71)।

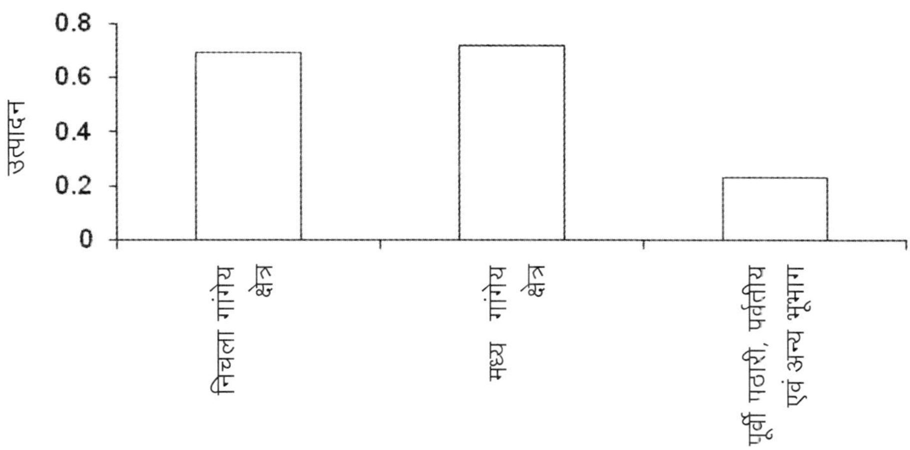

रेखाचित्र–71. कृषि जलवायु क्षेत्र के अनुसार मांस का उत्पादन (मिलियन टन)

मांस उत्पादन बढ़ाने के लिए अपनाये गये प्रौद्योगिकीय उपाय एवं समस्यायें

बकरी में मांस की उत्पादकता बढ़ाने हेतु, प्रोद्योगिकीय उपायों का विवरण एवं समस्यायें तालिका 86अ तथा 86ब में दिया जा रहा है। इसी क्रम

में शूकर पालन के प्रौद्योगिकीय उपाय तथा समस्यायें तालिका 86स एवं 86द में दी गई हैं।

तालिका–86अ. बकरी पालन के लिए अपनाये गये प्रौद्योगिकीय उपाय

- उन्नत नस्लों का पालन
- बकरी पालन के लिए प्रबंधन के तरीके
- उच्च विकास दर के लिए मानक आहार
- कम लागत वाला चारा तैयार करना
- चारा की खुराक (पूर्व और प्रोबायोटिक)
- नियमित रूप से कृमिनाशकों का प्रयोग
- पीपीआर, इन्ट्रोजेमिया और बकरी पॉक्स का टीकाकरण

तालिका–86ब. बकरी पालन में रुकावटें

- ब्लैक बंगाल बकरी की कम विकास दर
- बच्चों की अधिक मृत्यु दर
- पैदावार की कमी

तालिका–86स. शूकर पालन के लिए अपनाये गये प्रौद्योगिकीय उपाय

- उच्च विकास के लिए नई शूकर नस्लों का विकास
- चयन और प्रजनन द्वारा पैदावार बढ़ाना
- उच्च विकास दर के लिए कम लागत का आहार
- चारे में प्रिबायोटिक और प्रोबायोटिक तथा वृद्धि कारक तत्वों का मिश्रण
- नियमित रूप से कृमिनाशकों का प्रयोग
- शूकर ज्वर का टीकाकरण

तालिका–86द. शूकर पालन में रूकावटें

- देशी शूकर का कम विकास
- कम भोजन
- कम पैदावार
- शूकर के बच्चों की उच्च मृत्यु दर

❑❑❑

अध्याय 34

कुक्कुट पालन

वर्ष 2007 में कुक्कुट जनसंख्या 182.51 मिलियन थी जो वर्ष 2012 में घटकर 159.14 मिलियन रह गई (रेखाचित्र–72)। पिछले दो जनगणनाओं के आधार पर पशुधन में पूर्वी राज्यों में आंशिक रूप से वृद्धि हुई है परंतु इसी दौरान कुक्कुट पालन के क्षेत्र में 23.4 मिलियन संख्या का ह्रास हुआ है। पूर्वी राज्यों में वनराजा तथा ग्राम प्रिया मुर्गियों का पालन किया जाता है। जहाँ वनराजा का पालन मांस एवं अंडा के लिए किया जाता है वहीं ग्राम प्रिया का पालन मात्र अंडा उत्पादन हेतु किया जाता है। वनराजा का औसत अंडा उत्पादन 90 से 120 अंडा प्रति वर्ष पाया गया है। इसी क्रम में ग्रामाप्रिया के अंडा उत्पादन की क्षमता 100 से 180 अंडे प्रति वर्ष पाई गई है।

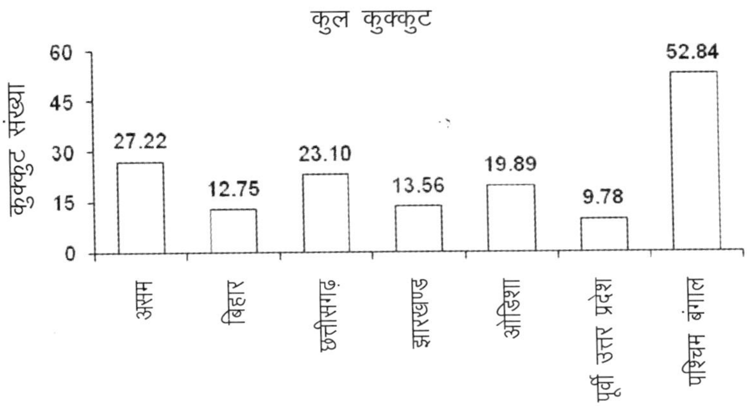

रेखाचित्र–72. पूर्वी राज्यों में कुल कुक्कुट की संख्या (मिलियन)

इसके अतिरिक्त क्षेत्र में विभिन्न अवर्णित कुक्कुट का पालन किया जाता है जिसका विवरण तालिका 87 में दिया गया है:–

तालिका–87. पूर्वी क्षेत्र के कुक्कुट की मान्यता प्राप्त नस्लें

असम	
ब्रह्मा	मांस प्रकार
चीतागोंग	मांस प्रकार
छत्तीसगढ़	
कड़कनाथ	मांस प्रकार
असील	लड़ाकू चिड़िया
झारखंड	
असील	लड़ाकू चिड़िया
पूर्वी उत्तर प्रदेश	
असील	लड़ाकू चिड़िया

राज्यवार बत्तख की प्रमुख नस्लों का विवरण तालिका 88 में दिया जा रहा है।

तालिका–88. पूर्वी क्षेत्र के बत्तख की नस्लें

सभी पूर्वी राज्य	
मान्यता प्राप्त नस्लें	
इंडियन रनर	180–250 अंडे/वर्ष
खाकी कैम्पवेल	150–200 अंडे/वर्ष
असम	
देशी नस्ले	
नागेश्वरी	(100–150 अंडे/वर्ष)
सिथमेटी	(80–150 अंडे/वर्ष)
पाती	(70–95 अंडे/वर्ष)
देव या व्हाइट विंग्ड डक	(मांस हेतु)
चिनाहन	(मांस हेतु)
राज हंस	(मांस हेतु)
ओडिशा	
देशी नस्लें	
व्हाइट पेकिन	140–200/वर्ष
मोती या कद्दुआ हंस	मांस हेतु

मुर्गी और बत्तख पालन के लिए अपनाये गये तकनीकी उपाय

मुर्गी तथा बत्तख पालन में अपनाये जा रहे प्रौद्योगिकीय उपाय तथा विकारों का वर्णन तालिका–89अ एवं ब में दिया जा रहा है।

तालिका–89अ. मुर्गी और बत्तख पालन के लिए अपनाये गये तकनीकी उपाय

- कॉब, हबर्ड, कैरीब्रो, विशाल आदि की तरह उच्च विकास और चारा कनवर्टर ब्रायलर का विकास।
- अधिक अंडा देने वाले स्ट्रेन जैसे बी.वी. 300, कारी प्रिया आदि का विकास।
- अंडा देने वाले बैकयार्ड कुक्कुट जैसे वनराजा, ग्राम प्रिया, कृष्णा, ग्राम लक्ष्मी, गिरिराजा, गिरिरानी तथा गंगा इत्यादि का विकास।
- अंडा उत्पादन के लिए बेहतर बतख का विकास (खाकी कैम्पबेल)।
- उच्च विकास और अंडा उत्पादन के लिए भोजन निर्माण।
- चारा की खुराक (एंजाइम, प्रोबायोटिक, प्रीबायोटिक, चयापचय संशोधक, विकास के प्रमोटर, विष नाशक मशीन आदि)।
- हैचरी एवं कुक्कुट घर का वैज्ञानिक प्रबंधन।
- रानीखेत, गुम्ब्रो, मारेक, मुर्गी पॉक्स, मुर्गी हैजा आदि के विरूद्ध टीकाकरण।
- बतख में बतख प्लेग और बतख वायरल हेपेटाइटिस का टीकाकरण।
- मुर्गियों में तनाव प्रबंधन।

तालिका–89ब. मुर्गी पालन में रूकावटें

- कम भोजन दक्षता।
- कम अंडा उत्पादन।
- चूजों की उच्च मृत्यु दर।
- अंडे की कम प्रजनन क्षमता।

❑❑❑

अध्याय 35

अंडा उत्पादन

दूध उत्पादन की स्थिति के समान ही पूर्वी क्षेत्र में अंडा उत्पादन भी कम रहा। औसतन, 73438.0 मिलियन राष्ट्रीय स्तर पर उत्पादन की तुलना में पूर्वी राज्य में कुल अंडा उत्पादन 11021.0 मिलियन है और इस प्रकार पूर्वी राज्य कुल अंडा उत्पादन में मात्र 15 प्रतिशत का ही योगदान देते हैं। विभिन्न पूर्वी राज्यों में पश्चिम बंगाल पूर्वी भारत के कुल अंडा उत्पादन का 40 प्रतिशत से अधिक योगदान देता है और इसके बाद ओडिशा (21.4 प्रतिशत) तथा छत्तीसगढ़ (13.0 प्रतिशत) का स्थान है। प्रतिवेदन की अवधि के दौरान राष्ट्रीय स्तर पर 36806 मिलियन अंडा उत्पादन की अतिरिक्त बढ़ोतरी की तुलना में क्षेत्र में अंडा उत्पादन 5484 मिलियन बढ़ा है (तालिका–90 तथा रेखाचित्र–73)।

तालिका–90. पूर्वी राज्यों में अंडा उत्पादन (मिलियन)

राज्य	वर्ष 2000–01 से 2004–05	वर्ष 2005–06 से 2009–10	वर्ष 2010–11 से 2013–14
असम	506.1–521.6	465.9–535.9	470.5–471.7
बिहार	717.7–789.4	945.4–1001.2	744.6–930.8
छत्तीसगढ़	723.6–879.5	887.5–1052.0	1245.4–1433.0
झारखण्ड	550.0–698.0	392.5–713.0	415.3–444.5
ओडिशा	729.7–1216.0	1278.7–2319.3	2300.7–2360.9
पूर्वी उत्तर प्रदेश	284.1–315.6	323.0–370.9	384.7–634.3
पश्चिम बंगाल	2692.0–2887.7	2963.7–3697.8	3993.9–4746.0

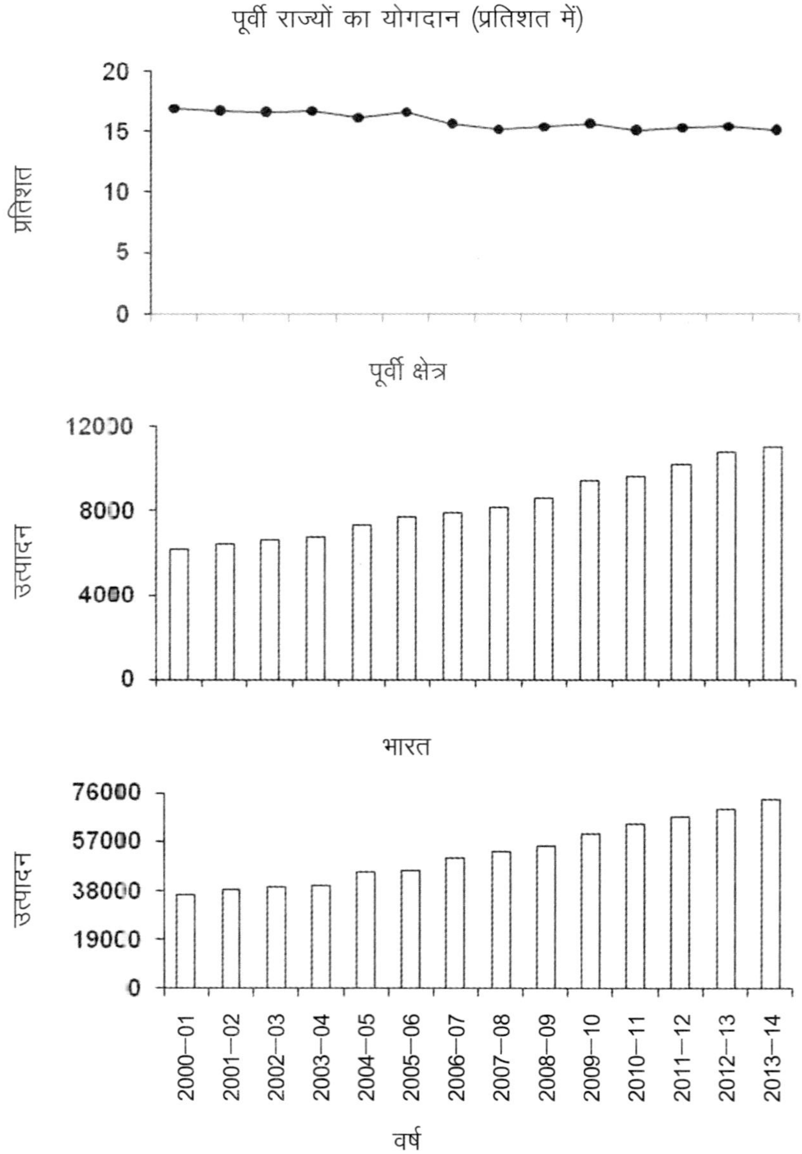

रेखाचित्र–73. पूर्वी राज्यों में अंडा उत्पादन (मिलियन)

प्रति व्यक्ति अंडे की उपलब्धता

पूर्वी राज्यों में प्रति व्यक्ति अंडों की उपलब्धता कमतर आंकी गई है और इसमें वर्ष 2001 की तुलना में वर्तमान गणना के दौरान मामूली रूप से सुधार हुआ। आँकड़े दर्शाते हैं कि प्रति व्यक्ति अंडा उपलब्धता 16.65 से बढ़कर वर्ष 2011 में 27.1 हुई जबकि राष्ट्रीय स्तर पर वर्ष 2001 में ही यह उपलब्धता 37.65 अर्जित की गयी। जहाँ ओडिशा, पश्चिम बंगाल एवं छत्तीसगढ़ जैसे राज्यों में प्रति व्यक्ति अंडे की उपलब्धता (संख्या/वर्ष) बढ़ी, असम तथा झारखंड में यह घटी। बिहार में इसमें कोई सुधार नहीं दिखा। जहाँ तक प्रति व्यक्ति अंडे की उपलब्धता का प्रश्न है, अभी भी राष्ट्रीय स्तर पर 60.7 संख्या/वर्ष की तुलना में क्षेत्र में प्रति व्यक्ति अंडे की उपलब्धता राष्ट्रीय स्तर की आधी से भी कम है (रेखाचित्र–74)।

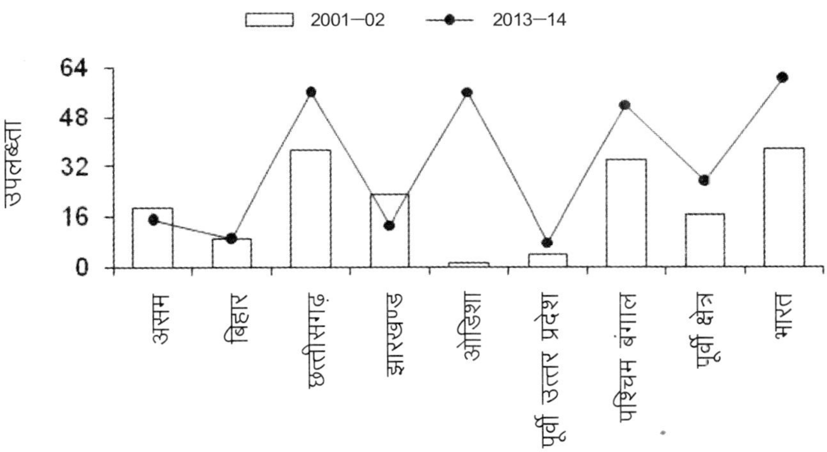

रेखाचित्र–74. प्रति व्यक्ति अंडों की उपलब्धता (संख्या/वर्ष)

अध्याय **36**

कृषि जलवायु क्षेत्र के अनुसार अंडों का उत्पादन

अंडों का अधिकतम उत्पादन (5217 मिलियन) निचले गांगेय क्षेत्र में पाया गया है जबकि मध्य गांगेय क्षेत्र एवं पठारी भूभाग द्वारा क्रमशः 1565 एवं 4238 मिलियन अंडों का उत्पादन दर्ज किया गया है (रेखाचित्र–75)।

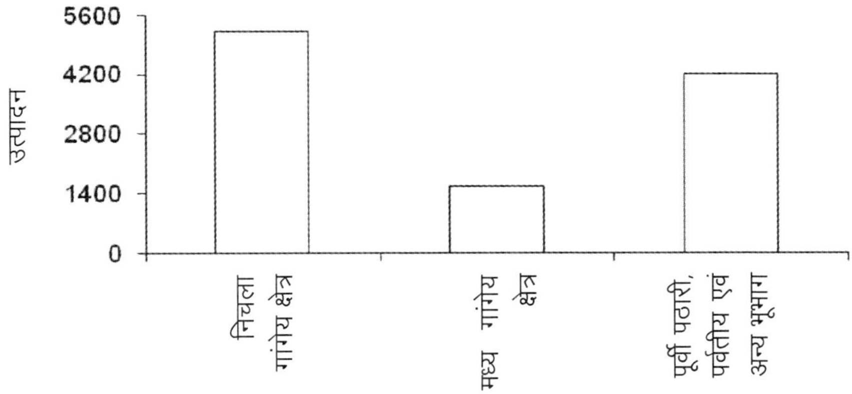

रेखाचित्र–75. कृषि जलवायु क्षेत्र के अनुसार अंडा का उत्पादन (मिलियन संख्या)

अंडा उत्पादन बढ़ाने के लिए तकनीकी उपाय

अंडे की उत्पादकता बढ़ाने हेतु अभिग्रहित किये गये विभिन्न प्रकार के तकनीकों को तालिका 91 में दर्शाया गया है–

तालिका–91. अंडा उत्पादन बढ़ाने के लिए अपनाये गये तकनीकी उपाय

- अधिक अंडा उत्पादन वाली उन्नत किस्मों का विकास
- भोजन एवं स्वास्थ्य का बेहतर प्रबंधन

❑❑❑

अध्याय 37

मत्स्य पालन

अंतर्स्थलीय मछली उत्पादन के अंतर्गत, जिसमें खारा एवं स्वच्छ जल शामिल हैं, पूर्वी क्षेत्र में 3.25 मिलियन टन का मछली उत्पादन किया जाता है। जहाँ सभी राज्यों में स्वच्छ जल उत्पादन प्रणाली पायी जाती है, ओडिशा और पश्चिम बंगाल में खारा जल उत्पादन प्रणाली भी विकसित है जो मछली उत्पादन में महत्वपूर्ण भूमिका निर्वाह करती है (पशुपालन, डेयरी एवं मत्स्य पालन विभाग, 2014स)। यह आँकड़ा देश के कुल अंतर्स्थलीय उत्पादन का 34 प्रतिशत है। पूर्वी क्षेत्र में 3.25 मिलियन टन मछली उत्पादन का 49 प्रतिशत योगदान अकेले पश्चिम बंगाल द्वारा किया जाता है। तत्पश्चात, बिहार (13.2 प्रतिशत) तथा ओडिशा (12.6 प्रतिशत) द्वारा उत्पादन बढ़ाने में सहयोग किया जाता है (तालिका–92 तथा रेखाचित्र–76)।

तालिका–92. पूर्वी राज्यों में मछली का उत्पादन (मिलियन टन)

राज्य	वर्ष 2000–01 से 2004–05	वर्ष 2005–06 से 2009–10	वर्ष 2010–11 से 2013–14
असम	0.16–0.19	0.18–0.22	0.23–0.27
बिहार	0.22–0.27	0.27–0.32	0.30–0.43
छत्तीसगढ़	0.04–0.12	0.13–0.17	0.23–0.28
झारखण्ड	0.02–0.10	0.03–0.07	0.07–0.10
ओडिशा	0.26–0.32	0.33–0.38	0.38–0.41
पूर्वी उत्तर प्रदेश	0.07–0.10	0.10–0.14	0.15–0.16
पश्चिम बंगाल	1.06–1.22	1.25–1.52	1.44–1.58

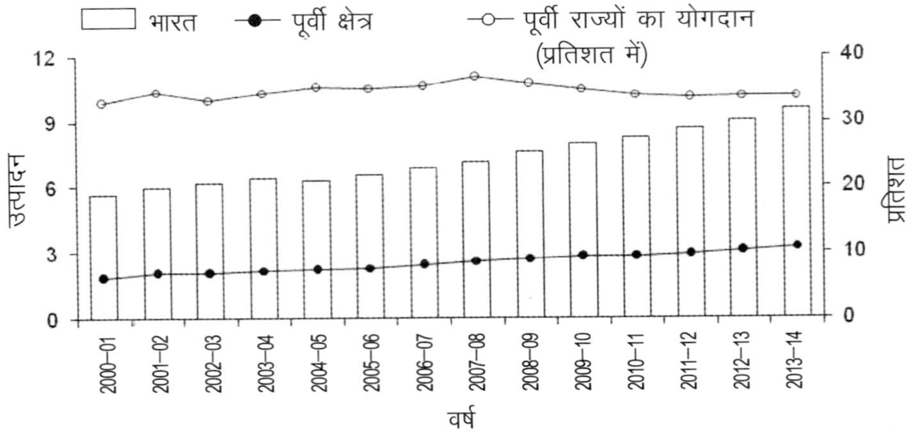

रेखाचित्र–76. अंतर्स्थलीय मछली का उत्पादन (मिलियन टन)

प्रति व्यक्ति मछली की उपलब्धता

पूर्वी राज्यों में राष्ट्रीय औसत की तुलना में मछली की प्रति व्यक्ति उपलब्धता उच्चतर है। मछली उपलब्धता, जो कि वर्ष 2001 के दौरान 6.04 किलोग्राम/वर्ष थी, वर्ष 2011 के दौरान बढ़कर 7.99 किलोग्राम/वर्ष हो गई है जबकि इसी अवधि में राष्ट्रीय स्तर पर 5.79 किलोग्राम/वर्ष से बढ़कर 7.91 किलोग्राम/वर्ष पायी गयी। पश्चिम बंगाल में मछली की प्रति व्यक्ति उपलब्धता उच्चतम (17.31 किलोग्राम/वर्ष) आंकी गई है और इसके बाद छत्तीसगढ़ (10.9 किलोग्राम/वर्ष), ओडिशा (9.8 किलोग्राम/वर्ष) तथा असम (8.7 किलोग्राम/वर्ष) का स्थान है। पूर्वी उत्तर प्रदेश में प्रति व्यक्ति मछली की उपलब्धता न्यूनतम (2.0 किलोग्राम/वर्ष) पायी गयी (रेखाचित्र–77)।

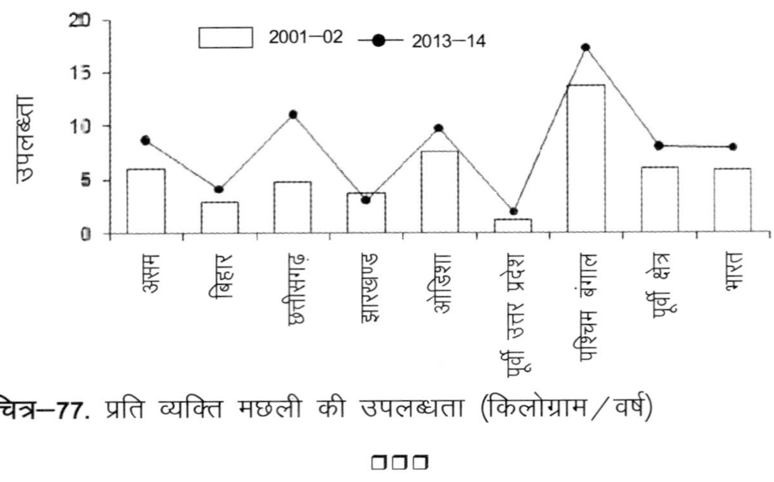

रेखाचित्र–77. प्रति व्यक्ति मछली की उपलब्धता (किलोग्राम/वर्ष)

❑❑❑

अध्याय 38

कृषि जलवायु क्षेत्र के अनुसार मत्स्य उत्पादन

कृषि जलवायु क्षेत्र के आधार पर जहाँ तक मत्स्य उत्पादन का प्रश्न है, निचले गांगेय क्षेत्र द्वारा सर्वाधिक (1.85 मिलियन टन) मछली का उत्पादन किया जाता है जबकि मध्य गांगेय एवं पठारी भूभाग में क्रमशः 0.59 एवं 0.80 मिलियन टन का उत्पादन पाया गया है। अतः, कुल मत्स्य उत्पादन का 57 प्रतिशत निचले गांगेय क्षेत्र द्वारा ही उत्पादित किया जाता है (रेखाचित्र–78)।

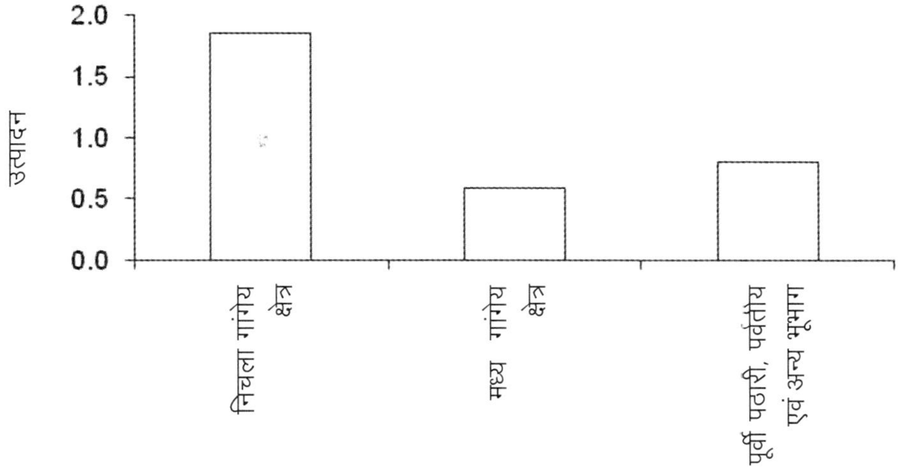

रेखाचित्र–78. कृषि जलवायु क्षेत्र के अनुसार अंतर्स्थलीय मछली का उत्पादन (मिलियन टन)

पूर्वी राज्यों में मत्स्य पालन हेतु अनुकूल प्रजातियाँ

मिश्रित मछली पालन

देश के अन्य हिस्सों की तरह ही सभी पूर्वी राज्यों में मछली की मिश्रित खेती हेतु रोहू, कतला, मृगाल तथा सिल्वर कार्प, ग्रास कार्प एवं कॉमन कार्प का उचित संख्या (8–10 हजार अंगुलिका प्रति हेक्टेयर) में पालन किया जाता है। इन स्थापित मत्स्य प्रजातियों के अलावा भी बहुत सी अन्य प्रकार की मछलियाँ मीठे जल में पाली जाती हैं जिनका विवरण नीचे दी गई तालिका में दिया गया है:–

तालिका–93. पूर्वी क्षेत्र में मीठे जल में पाली जाने वाली विभिन्न मत्स्य प्रजातियॉ

क्र.सं.	मछली की प्रजातियाँ	राज्य
1.	काला रोहू *(लेबियो कालाबासु)*	समस्त पूर्वी राज्यों में
2.	मंगुर मछली *(क्लेरियस बेट्राकस)*	समस्त पूर्वी राज्यों में
3.	कवई मछली *(अनाबास टेस्टीडुनिस)*	समस्त पूर्वी राज्यों में
4.	सिंगी मछली *(हेट्रोप्नेस्टस फोसीलीस)*	समस्त पूर्वी राज्यों में (बिहार तथा पश्चिम बंगाल को छोड़कर)
5.	गरई मछली (चन्ना प्रजाति की मछली)	समस्त पूर्वी राज्यों में (पश्चिम बंगाल को छोड़कर)
6.	*लेबियो बाटा*	समस्त पूर्वी राज्य (असम, छत्तीसगढ़ तथा झारखंड को छोड़कर)
7.	तिलेपिया मछली	समस्त पूर्वी राज्यों में (असम को छोड़कर)
8.	कुरिया लेबियो *(लेबियो गोनीयस)*	असम, पश्चिम बंगाल, ओडिशा
9.	चिटाला–चिटाला *(नोटोप्पट्रस चिटाला)*	असम, पश्चिम बंगाल, उत्तर प्रदेश
10.	विदेशी पंगास मछली *(पंगेसियस हाइपोफेलेमस)*	असम, ओडिशा, उत्तर प्रदेश, बिहार
11.	महाझींगा स्कैम्पी *(माइक्रोब्रेकियम रोसनबर्गी)*	पश्चिम बंगाल, ओडिशा, उत्तर प्रदेश
12.	*पुनटियस गोनियोनोटस*	छत्तीसगढ़, ओडिशा, उत्तर प्रदेश, बिहार

13.	भोला मछली	असम, पश्चिम बंगाल
14.	पावदा (ओमपोक)	पश्चिम बंगाल, ओडिशा
15.	*पूनटियस सराना*	पश्चिम बंगाल, ओडिशा
16.	पंगास *(पनगेसियस पनगेसियस)*	पश्चिम बंगाल, ओडिशा
17.	बुआरी *(बालागे आट्टू)*	पश्चिम बंगाल, ओडिशा
18.	काला बनस *(लेबियो डेरो)*	असम
19.	रेबा *(सिरहिनस रेबा)*	असम
20.	वाम मछली	पश्चिम बंगाल
21.	*नोटोपटेरेस चिटाला*	पश्चिम बंगाल
22.	*लेबियो फिमरियेटस*	पश्चिम बंगाल
23.	गैची मछली	पश्चिम बंगाल
24.	टेगरा	पश्चिम बंगाल
25.	झींगा	छत्तीसगढ
26.	*लेबियो बोगा*	ओडिशा
27.	गोदावरी झींगा	ओडिशा

खारे जल में पाले जाने वाली मत्स्य प्रजातियाँ

खारे जल की मछलियों का पालन मुख्यतः पश्चिम बंगाल तथा ओडिशा के बड़े भूभाग में किया जाता है। थेरोपोन जाखुआ एवं मीठा जल झींगा की खेती बड़ी मात्रा में पश्चिम बंगाल में ही सीमित है। उक्त दोनों राज्यों में समान रूप से पायी जाने वाली मछलियों का ब्योरा तालिका–94 में दिया गया है:–

तालिका–94. खारे जल में पाले जाने वाली प्रमुख मत्स्य प्रजातियॉ

क्र.सं.	मछली की प्रजातियाँ
1.	भेटकी मछली *(लोटस कलकारीफर)*
2.	मिल्क मछली *(चानस–चानस)*
3.	मलेट *(मुगील सिफेलस)*
4.	सितुआ *(परना भ्रिडिस* तथा *परना इंडिका)*
5.	टाइगर झींगा
6.	पारसिया मछली *(लीजा पारसिया)*
7.	भारतीय उजला झींगा (इडियन वाइट प्राउन)
8.	उजला झींगा

मछली उत्पादन बढ़ाने के लिए तकनीकी उपाय तथा समस्यायें

मछली की उत्पादकता बढ़ाने हेतु अभिग्रहित किये गये विभिन्न प्रकार के तकनीकों एवं बाधाओं को तालिका–95अ तथा 95ब में दर्शाया गया है–

तालिका–95अ. मछली उत्पादन बढ़ाने के लिए अपनाये गये तकनीकी उपाय

मिश्रित मछली पालन	प्रजनन तकनीक में सुधार	बेहतर प्रबंधन	भोजन प्रबंधन
खाद्य और पोषण सुरक्षा के लिए एकीकृत कृषि प्रणाली के माध्यम से आजीविका में सुधार	मछली, मखाना व सिंघाड़ा, धान–मछली एकीकरण के माध्यम से आजीविका में सुधार	मांगुर मछली का प्रजनन और नर्सरी प्रबंधन	उन्नत किस्म की प्रजातियों का चयन
पशुधन आधारित एकीकृत मत्स्य प्रणाली	अर्द्ध गहन मिश्रित मछली पालन	विशाल मीठे पानी में झींगा पालन के लिए अर्द्ध गहन प्लास्टिक प्रणाली	आई.एम.सी. एवं हवा में सांस लेने वाली मछलियों का प्रजनन और नर्सरी प्रबंधन
मत्स्य उत्पादन बढ़ाने के लिए जयंती रोहू का विकास	मांगुर लार्वा के लिए आहार का विकास	एफ.आर.पी. कार्प हैचरी का विकास	मांगुर मछली के बीज उत्पादन के लिए पोर्टेबल मांगुर हैचरी का विकास
विशालकाय मीठे पानी में झींगा बीज उत्पादन के लिए तकनीकी विकास	सादा जल निकायों और जलाशय के लिए केज और पेन कल्चर तकनीक का विकास	जलाशय मत्स्य पालन प्रबंधन के लिए मत्स्य प्रबंधन वृद्धि प्रोटोकॉल का विकास	मीठे पानी के रंगीन मछलियों के बैक्टीरियल और फंगल संक्रमण को नियंत्रित करने के लिए सिफाक्योर का विकास
मीठे पानी में मछलियों के जीवाणु रोगों के निदान के लिए डायग्नोस्टिक किट का विकास			

तालिका–95ब. मछली पालन में रुकावटें

समय पर पर्याप्त मात्रा में गुणवत्तायुक्त मछली बीज की अनुपलब्धता	गुणवत्तायुक्त मछली भोजन की अनुपलब्धता एवं अपेक्षाकृत उच्च लागत	गुणवत्तापूर्ण अंडे देने वाली मछली की अपर्याप्त उपलब्धता	समेकित मत्स्य प्रणाली का सीमित उपयोग
मत्स्य पालन को अन्य कृषि कार्य की तरह महत्व न देना	मिश्रित मछली पालन में विविधीकरण की कमी	मूल्य वर्द्धन हेतु संरचनाओं की कमी	

❑❑❑

अध्याय 39

मत्स्य बीज

राष्ट्रीय स्तर पर 41450.0 मिलियन की तुलना में पूर्वी राज्य 25832.0 मिलियन मछली के बच्चों का उत्पादन करते हैं और इस प्रकार पूर्वी भारत का मत्स्य बीज उत्पादन में 60 प्रतिशत से अधिक का योगदान है (पशुपालन, डेयरी एवं मत्स्य पालन विभाग, 2014स)। विभिन्न पूर्वी राज्यों में पश्चिम बंगाल अकेले कुल उत्पादन का 60 प्रतिशत से अधिक मत्स्य बीज उत्पादित करता है और इसके बाद असम (17.6 प्रतिशत) और बिहार (7.2 प्रतिशत) का स्थान है। विगत 13 वर्षों में राष्ट्रीय स्तर पर 25842 मिलियन की तुलना में पूर्वी क्षेत्र में मत्स्य बीज उत्पादन 14455 मिलियन बढ़ा है (तालिका–96 तथा रेखाचित्र–79)।

तालिका–96. पूर्वी राज्यों में मत्स्य बीज का उत्पादन (मिलियन टन)

राज्य	वर्ष 2000–01 से 2004–05	वर्ष 2005–06 से 2009–10	वर्ष 2010–11 से 2013–14
असम	1485.7–2741.5	3062.0–3429.0	3624.0–4546.0
बिहार	318.3–368.0	303.0–344.9	244.4–1872.5
छत्तीसगढ़	0.01–457.5	505.5–752.6	839.7–1220.0
झारखण्ड	28.3–104.3	17.3–540.5	630.7–1071.8
ओडिशा	275.3–603.6	516.0–730.0	579.5–678.5
पूर्वी उत्तर प्रदेश	309.0–368.8	380.0–456.5	455.8–573.2
पश्चिम बंगाल	8850.0–12200.0	12200.3–14181.0	13453.0–15890.0

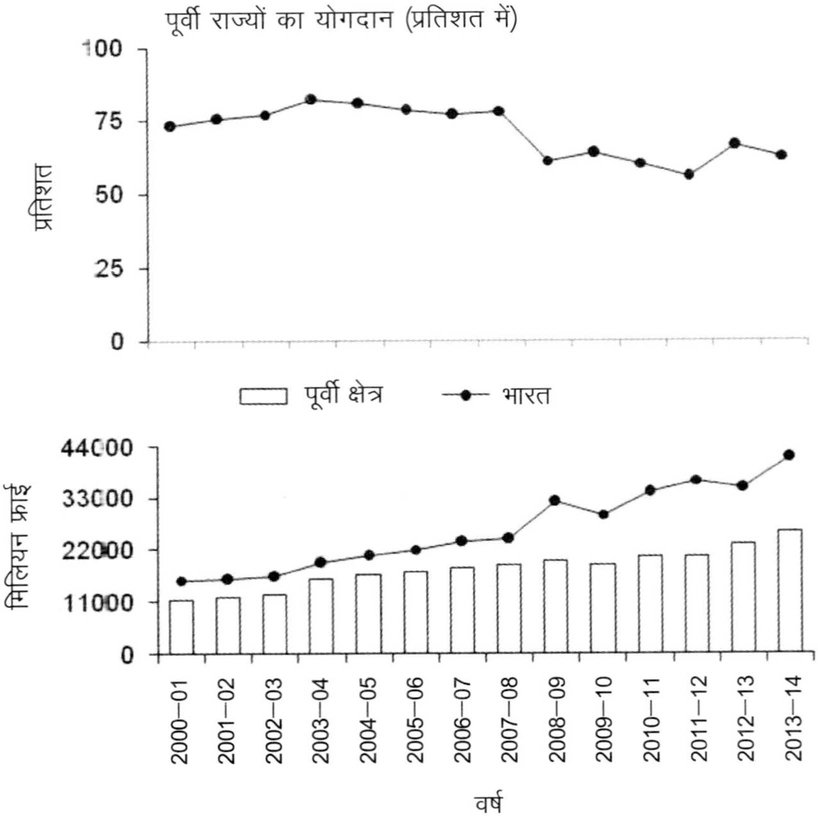

रेखाचित्र–79. मत्स्य बीज उत्पादन का विवरण (मिलियन फ्राई)

❑❑❑

अध्याय 40

कृषि जलवायु क्षेत्र के अनुसार मत्स्य बीज का उत्पादन

मत्स्य उत्पादन के समरूप मत्स्य बीज का भी सर्वाधिक उत्पादन (20436 मिलियन फ्राई अथवा कुल बीज उत्पादन का 79 प्रतिशत) निचले गांगेय क्षेत्र में पाया गया है। पठारी भूभाग एवं मध्य गांगेय क्षेत्र मात्र 2950 एवं 2446 मिलियन फ्राई का उत्पादन करते हैं (रेखाचित्र–80)।

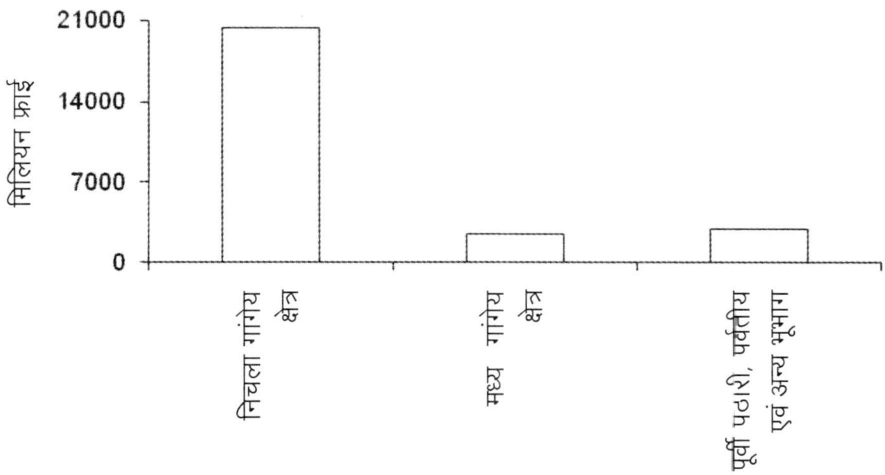

रेखाचित्र–80. कृषि जलवायु क्षेत्र के अनुसार मत्स्य बीज का उत्पादन

❑❑❑

अध्याय 41

प्रति व्यक्ति आय

राष्ट्रीय औसत की तुलना में पूर्वी क्षेत्र में प्रति व्यक्ति आय 35 प्रतिशत कम ऑकी गई है। तथापि, आधार वर्ष की तुलना में वर्ष 2013–14 के दौरान यह 2.4 गुणा बढ़ी है। विभिन्न पूर्वी राज्यों में निम्नतम प्रति व्यक्ति आय (रूपये 16083 / वर्ष) बिहार राज्य में दर्ज की गई है जिसके बाद पूर्वी उत्तर प्रदेश (रूपये 19512 / वर्ष) का स्थान है। क्षेत्र के अंतर्गत पश्चिम बंगाल में, तथापि, प्रति व्यक्ति आय उच्चतम है (रेखाचित्र–81)।

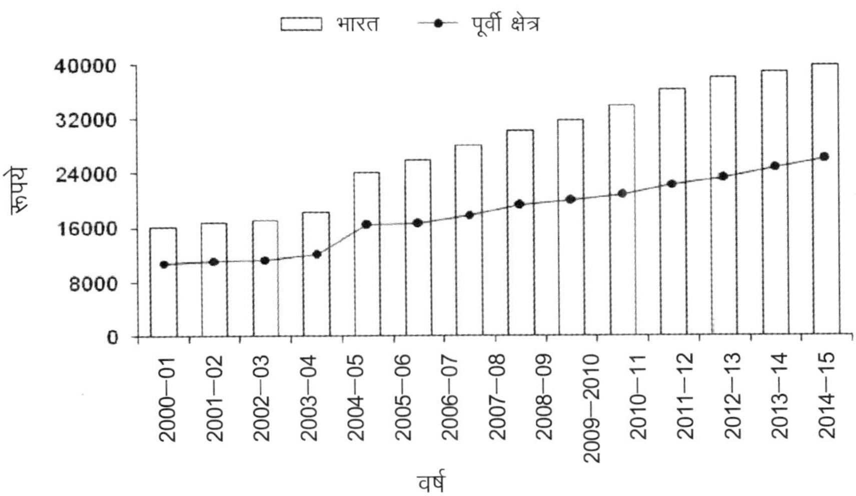

रेखाचित्र–81. सालाना प्रति व्यक्ति आय (रूपये)

❑❑❑

अध्याय **42**

पूर्वी राज्यों में कृषि विकास हेतु कुछ महत्वपूर्ण सुझाव

पूर्वी राज्यों में द्वितीय हरित क्रांति की संभावना एवं उसके प्रचार तथा प्रसार हेतु भारतीय कृषि अनुसंधान परिषद द्वारा वर्ष 2010 के पश्चात प्रतिवर्ष सम्मेलन आयोजित किये जिसमें कृषि वैज्ञानिकों, नीति निर्धारकों, प्रगतिशील किसानों के अलावा राज्य सरकार के प्रतिनिधियों के साथ विचार–विमर्श किया गया। इसके परिणामस्वरूप राज्यवार शोध, प्रसार, नीति एवं विकास संबंधी पहलुओ का ब्योरा पूर्व में ही विभिन्न राज्य सरकारों को दिया गया है। फिर भी पाठकों की सरलता हेतु कुछ आवश्यक तथ्यों का विवरण इस पुस्तिका में भी दिया जा रहा है।

- यदि खेती संबंधी कार्य उचित समय पर किये जाय तथा खेती संबंधित आवश्यक सामग्री जैसे बीज, खाद, पानी इत्यादि की समय पर उपलब्धता सुनिश्चित की जा सके तो पूर्वी राज्यों में कृषि उत्पादकता एवं उत्पादन की बढ़ोतरी विस्तृत रूप से की जा सकती है। पूर्वी राज्यों में खरीफ की फसलों की बुआई पूर्णतः मानसून आधारित है। अतः, खरीफ में देरी के कारण रबी फसलों की बुआई में भी देरी हो जाती है जिसका प्रत्यक्ष उदाहरण गेहूँ की फसल के दौरान अधिकतम तापमान का होना है, जिसकी वजह से गेहूँ की पैदावार में बढ़ोतरी संभव नहीं है (राष्ट्रीय कृषि विज्ञान अकादमी, 2013अ)। एक अनुमान के आधार पर यह पाया गया है कि 15 नवम्बर के पश्चात गेहूँ की बुआई करने पर लगभग 30 किलोग्राम/हेक्टेयर/दिन की दर से उत्पादन में नुकसान होता है। अतः, यथासंभव धान में अल्प अवधि के प्रभेदों तथा

गेहूँ में मध्य से लंबी अवधि के प्रभेदों की बुआई सुनिश्चित की जानी चाहिए।

- पूर्वी राज्यों में धान की सीधी बुआई पर भी जोर दिये जाने की आवश्यकता है। यदि पानी की उपलब्धता सुनिश्चित की जाय तो मई माह के अंतिम पखवाड़े से जून प्रथम सप्ताह तक धान की सीधी बुआई कर फसल की लागत कम की जा सकती है। उचित खरपतवार प्रबंधन कर धान की सीधी बुआई से न केवल खरीफ बल्कि रबी फसलों की भी उचित समय पर बुआई सुनिश्चित की जा सकती है।
- पूर्वी राज्यों में बोरो धान की खेती असम, पश्चिम बंगाल, ओडिशा, बिहार एवं पूर्वी उत्तर प्रदेश में लगभग 3.0 लाख हेक्टेयर क्षेत्र में की जाती है। इसकी औसत उत्पादकता 2.5–4.5 टन/हेक्टेयर दर्ज की गयी है। क्षेत्र की कृषि जलवायु को ध्यान में रखते हुए बोरो धान के अन्तर्गत क्षेत्रफल बढ़ाये जाने की आवश्यकता है।
- पूर्वी राज्यों में पठारी भू–भाग को मिलाकर लगभग 19.42 मिलियन हेक्टेयर भूमि में वर्षा आधारित खेती की जाती है। पठारी भूभाग, जैविक खेती हेतु उपयुक्त है। यदि वर्षा आधारित भूमि के 25 प्रतिशत भू–भाग में जैविक कृषि को अपनाया जाए तो 4.85 मिलियन हेक्टेयर भूमि में जैविक खेती संभव है। वर्तमान समय में राष्ट्रीय स्तर पर मात्र 4.72 मिलियन हेक्टेयर भूमि में जैविक खेती की जाती है।
- उन्नत किस्म के फसलों, पशुधन, मत्स्य बीज की समय पर उपलब्धता सुनिश्चित किये जाने की विशेष आवश्यकता है। प्रायः देखा गया है कि उन्नत बीज का क्षेत्र में अभाव है जिसके कारण पैदावार पर विपरीत प्रभाव पड़ रहा है।
- पूर्वी राज्यों में कृषि के क्षेत्रों में उर्जा की नितांत कमी है। यदि इस भूभाग नें कृषि क्षेत्र में उर्जा की कमी को दूर किया जाय तो कृषि उत्पादन में 25 से 30 प्रतिशत तक की वृद्धि संभव है।
- यद्यपि संरक्षित खेती की तकनीक पर पूर्वी राज्यों, विशेषकर पश्चिम बंगाल तथा बिहार में, विभिन्न संस्थाओं द्वारा कार्य किया जा रहा है परन्तु यह तकनीक अधिकांश क्षेत्र में "जीरो टिलेज द्वारा गेहूँ की बुवाई" का पर्याय बन कर रह गयी है क्योंकि उसी खेत की ग्रीष्मकालीन

गहरी जुताई कर दी जाती है। आवश्यकता इस बात की है कि संरक्षित खेती के महत्व को समझते हुए इसका सही रूप में प्रचार एवं प्रसार किया जाय ताकि सतत उत्पादन की दिशा में आगे बढ़ा जा सके।

- समेकित कृषि प्रणाली, समेकित मत्स्य प्रणाली, धान–सह–मत्स्य पालन एवं जलीय फसलों (उदाहरणतः सिंघाड़ा, मखाना, कमल ककड़ी, स्वीट फ्लैग, एलोकेसिया एवं मत्स्य इत्यादि) का विविधिकरण नितांत आवश्यक है। क्षेत्र के 4.05 मिलियन हेक्टेयर जल जमाव वाले क्षेत्र हैं जिसकी उत्पादकता लगभग नगण्य है।
- मखाना की फसल प्रणाली में खेती के तकनीकी विकास के उपरांत इस फसल की व्यवसायिक खेती, जो कि वर्तमान में 15 हजार हेक्टेयर भूमि तक सीमित है, को लगभग 8 लाख हेक्टेयर भूमि में बढ़ाया जा सकता है। जल जमाव वाले क्षेत्र में मखाना के साथ सिंघाड़ा फसल का भी उत्पादन किया जा सकता है।
- बीज प्रतिस्थापन दर, विशेषतः दलहन एवं तिलहन, बढ़ाये जाने की नितान्त आवश्यकता है क्योंकि इस भूभाग के 191 जनपदों में से 189 जनपद दलहन एवं तिलहन के उत्पादन बढ़ाने हेतु राष्ट्रीय खाद्य सुरक्षा मिशन द्वारा उपयुक्त पाये गये हैं।
- राष्ट्रीय स्तर पर 11.6 मिलियन हेक्टेयर धान परती भूमि का लगभग 90 प्रतिशत क्षेत्रफल पूर्वी राज्यों के अंतर्गत आता है (राष्ट्रीय कृषि विज्ञान अकादमी, 2013ब)। अतः, इस भूभाग में दलहन, तिलहन तथा सब्जियों के उत्पादन को बढ़ाने की असीम संभावना है। धान की कटाई के बाद यदि मृदा में 15 प्रतिशत से ज्यादा नमी उपलब्ध है तो तिलहन तथा दलहन की खेती संभव है तथा मसूर, लेथाईरस, चना, मूँग, उरद, क्लस्टर एवं लब–लब बीन, सरसों, मूंगफली, नाइजर, अलसी इत्यादि की खेती आसानी से की जा सकती है। इसी प्रकार यदि सिंचाई की सुविधा उपलब्ध हो तो सब्जियों का उत्पादन आसानी से बढ़ाया जा सकता है। नमी के नितांत कमी वाले धान परती भूमि में खेती एक कठिन चुनौती है। राज्यवार धान परती भूमि प्रमुख जनपदों का विवरण तालिका 97 में दिया गया है।

तालिका–97. राज्यवार धान परती भूमि के प्रमुख जनपद

राज्य	**जनपद**
असम	लखिमपुर, जोरहाट, शिबसागर, डिब्रूगढ़, गोलाघाट, करबी, नगाँव एवं मरिगांव
बिहार	किशनगंज, साहिबगंज, गया, औरंगाबाद, कटिहार एवं भागलपुर
छत्तीसगढ़	सरगुजा, जशपुर, रायगढ़, दुर्ग, बिलासपुर एवं बस्तर
झारखण्ड	राँची, पूर्वी सिंघभूम, पश्चिम सिंघभूम, हजारीबाग, गुमला, साहिबगंज, देवघर, पलामू, दुमका एवं धनबाद
ओडिशा	कोरापुट, कालाहांडी, संबलपुर, सुंदरगढ़, भद्रक, कटक, पुरी, धेनकानल एवं मयूरभंज
पश्चिम बंगाल	पुरूलिया, बांकुरा, बिरभूम, बर्द्धमान, मेदिनापुर, मुर्शिदाबाद, दक्षिण 24–परगना, मालदा, पश्चिम दिनाजपुर, जलपाइगुड़ी एवं कूचबिहार
पूर्वी उत्तर प्रदेश	गोंडा, सिद्धार्थनगर तथा मिर्जापुर, सोनभद्र, बलिया एवं गाजीपुर के कुछ भाग

इसी प्रकार, धान परती भूमि के तकनीकी विकासों का विवरण नीचे दिया गया हैः–

तालिका–98. धान परती भूमि में दलहन उत्पादकता में सुधार हेतु मुख्य प्रौद्यागिकीय उपाय

रूकावटें	**उपाय**
उपयुक्त बीजों की कमी	उपयुक्त परिपक्वता अवधि के साथ अधिक उपज वाले प्रभेदों का विकास
कमजोर फसल स्टैंड एवं स्थापना	जुताई मशीन, बुआई विधि, बीज प्राइमिंग, उच्चतर बीज दर, समय पर रोपण, कवक नाशियों के साथ बीज उपचार
रोग एवं कीट	आई.पी.एम. मॉड्यूल्स का विकास
खरपतवार का भय	पोस्ट–इमरजेंस शाकनाशी रसायनों का उपयोग
पोषक तत्व प्रबंधन की कमी	पत्तों पर यूरिया/डी.ए.पी. का छिड़काव
सूक्ष्म पोषक तत्वों की कमी	मॉलिबिडनम, बोरॉन, जिंक का उपयोग

टर्मिनल नमी / उष्मा तनाव	बुआई के पश्चात फसल अवशेषों का बिछाव
गुणवत्तापूर्ण बीजों की अनुपलब्धता	अनौपचारिक एवं औपचारिक बीज उत्पादन तथा आपूर्ति प्रणाली का विकास
मशीनीकरण का अभाव	जुताई मशीन, जीरो–टील प्लांटर तथा फसल कटाई मशीन का प्रयोग
कमजोर तकनीकी स्थानांतरण	नवोन्मेषी किसानों की भागीदारी सुनिश्चित करना

- निचले एवं मध्य गांगेय क्षेत्र की मृदा में निरंतर घटते जैविक कार्बन चिंता का विषय है जिसपर ध्यान दिये जाने की नितांत आवश्यकता है। संरक्षित खेती अथवा संरक्षित खेती संबंधी तकनीकों का प्रचार एवं प्रसार पर विशेष बल दिये जाने की आवश्यकता है। इसके साथ ही फसलों का विविधीकरण, फसल चक्र में बदलाव, हरी खाद का उपयोग इत्यादि पर ध्यान दिये जाने की आवश्यकता है।
- पूर्वी राज्य में खाद का प्रयोग उचित मात्रा में नहीं किया जा रहा है तथा यूरिया प्रमुख पोषक तत्व के रूप में उपयोग में लाया जा रहा है। अतः, संतुलित उर्वरकों के उपयोग को सुनिश्चित करना आवश्यक है ताकि भूमि की उर्वरा शक्ति पर कोई विपरीत प्रभाव न पड़े। इसी क्रम में सूक्ष्म पोषक तत्व जैसे जिंक, आयरन, कॉपर, मैंगनीज, बोरॉन इत्यादि का उपयोग भी सुनिश्चित किया जाना चाहिए। इसके अलावा सल्फर की भी बहुत ज्यादा क्षेत्रफल में नितांत कमी है जिसके कारण विशेषकर तिलहन फसलों के उत्पादन पर दुष्प्रभाव पड़ रहा है।
- पूर्वी राज्यों में बड़ी मात्रा में नकली जैव उर्वरक, कीटनाशी, कवकनाशी, जीवाणुनाशी, फास्फेटिक उर्वरक तथा वृद्धि उत्प्रेरक हार्नोन्स स्थानीय बाजारों में बेचे जा रहे हैं जिससे खेती का नुकसान हो रहा है। अतः इसपर रोक लगाये जाने की तुरन्त आवश्यकता है।
- गरीबी रेखा से नीचे जीवनयापन कर रहे किसानों के लिए तकनीकी विकासों को सुदृढ़ीकरण करना आवश्यक है क्योंकि पूर्वी राज्यों की कुल आबादी में से 163 मिलियन गरीबी रेखा से नीचे जीवनयापन कर रहे हैं, इसमें से बहुत सारे किसान भूमिहीन हैं जिनकी आजीविका पर हमेशा खतरा मंडराता रहता है। अतः, सरल, सुगम एवं कम लागत

वाली विभिन्न तकनीकों के विकास के द्वारा ही इस श्रेणी के कृषकों की आर्जविका में सुधार संभव है।

- खेती संबंधित अधिकतर निर्णय पुरूष किसानों द्वारा ही लिये जाते हैं जबकि उसका अक्षरशः पालन महिला कृषकों द्वारा किया जाता है। अतः, खेती संबंधी निर्णय लेने में महिलाओं की भूमिका सुनिश्चित किये जाने हेतु जागरूकता की आवश्यकता है।
- खेतों में मजदूरों का अभाव न केवल राष्ट्रीय स्तर पर अपितु क्षेत्रीय स्तर पर भी महसूस किया जा रहा है। खेतों की बढ़ती लागत को विराम देने हेतु खेती के मशीनीकरण, विशेषतः छोटी जोत हेतु उपयुक्त मशीनीकरण, को बढ़ावा मिलना चाहिए तथा कस्टम हाईरिंग को सशक्त किया जाना चाहिए।
- पूर्वी राज्यों में विशेषकर मध्य एवं निचले गांगेय क्षेत्र में खंडित परिचालन जोत की बहुतायत है। अतः, भूमि बंदोबस्त किया जाना अत्यंत आवश्यक है। इसी प्रकार, भूमिहीन कृषकों को पट्टे पर खेती उपलब्ध करवाने हेतु नीति निर्धारण किया जाना आवश्यक है।
- सुरक्षात्मक खेती, द्वितीयक कृषि, शहरी कृषि, सहकारिता कृषि, परिशुद्ध खेती, फूलों की खेती, मशरूम की खेती, केचुआ खाद का उत्पादन, नर्सरी उत्पादन में महिलाओं की भूमिका सुनिश्चित करना इत्यादि पर विशेष जोर दिये जाने की आवश्यकता है ताकि छोटी जोत वाले किसानों की आजीविका में सुधार किया जा सके।
- अम्लीय तथा क्षारीय/लवणीय भूमि सुधार का कार्य पूरे जोर शोर से किया जाना चाहिए ताकि 10 मिलियन हेक्टेयर भूमि का समुचित विकास कर पैदावार बढ़ाई जा सके।
- यद्यपि जलवायु परिवर्तन का खेती पर दुष्प्रभाव राष्ट्रीय स्तर पर भी महसूस किया जा रहा है परंतु इसका अत्यधिक दुष्प्रभाव पूर्वी राज्यों में दिखाई दे रहा है। अतः जलवायु के अनुरुप फसल प्रणाली को सुदृढ़ करके ही टिकाऊ उत्पादन संभव है।

- पूर्वी राज्यों में जलवायु परिवर्तन के प्रभाव को मद्देनजर रखते हुए सोयबीन, बाजरा, ज्वार, रागी, मडुआ, सावाँ, कॉनी, कुल्थी आदि की खेती को बढ़ावा दिये जाने की विशेष जरूरत है।
- इसी क्रम में जलवायु परिवर्तन को ध्यान में रखते हुए आकस्मिक फसलों के बीजों की उपलब्धता सुनिश्चित की जानी चाहिए। वर्तमान परिस्थितियों में किसी भी पूर्वी राज्य में आकस्मिक फसलों के बीजों की उपलब्धता हेतु नीतिगत ढाँचा सुदृढ़ नहीं है।
- मौसम सबंधी जानकारी का खेती में बहुत कम प्रयोग किया जा रहा है। जलवायु परिवर्तन को मद्‌देनजर रखते हुए मौसम विज्ञान संबंधी जानकारी आम कृषकों तक पहुँचाने हेतु सतत रूप से जागरूकता अभियान चलाये जाने की नितांत आवश्यकता है।
- जल की उत्पादकता बढ़ाने हेतु टपक सिंचाई, स्प्रिंकल, नेड़ एवं नाली तथा उठी एवं धंसी क्यारी, कृषि वानिकी, बागवानी, समेकित पशुधन प्रबंधन आदि प्रणालियों को वृहद रूप में अपनाया जाना चाहिए।
- आम, लीची, अमरूद इत्यादि के पुराने बगीचे पूर्वी क्षेत्र में बहुतायत में हैं जिसमें पौधों की संख्या 100 से 155 पेड़ प्रति हेक्टेयर पायी गई है। भूमि की सीमितता को देखते हुए यह आवश्यक है कि सघन बगीचों को विकसित किया जाय तथा पुराने बगीचों का जीर्णोद्धार युद्धस्तर पर किया जाये। इसके साथ ही पुराने बगीचों में अंतर्वर्तीय खेती की जानी चाहिए ताकि भूमि का समुचित उपयोग किया जा सके।
- पूर्वी राज्यों में विभिन्न प्रकार के जलीय पारिस्थितिकी तंत्र मौजूद है जिनके संवर्द्धन एवं संरक्षण हेतु ठोस रणनीति की जरूरत है।

पूर्वी राज्यों में न केवल खाद्यान्न उत्पादन बढ़ाने की अपार क्षमता है बल्कि यह क्षेत्र पशुधन एवं मत्स्य क्षेत्र में भी अग्रणी भूमिका निभा सकता है बशर्ते कि नीचे दिये गये कुछ बिन्दुओं पर ध्यान दिया जायः–

पशुधन

चारा

- पूर्वी क्षेत्रों में पुआल के दहन पर पूर्णतया प्रतिबंध के उपरान्त पशुओं के चारे में 6.0 टन/हेक्टेयर तक की बढ़ोतरी संभव है।
- पूर्वी क्षेत्र में 6.16 मिलियन हेक्टेयर बंजर भूमि है। यदि कुल बंजर भूमि का 25 प्रतिशत क्षेत्रफल सिल्वी–चारागाह की खेती के अंतर्गत लाया जाय तो 0.75 मिलियन टन अतिरिक्त हरे चारे के उत्पादन की संभावना है।
- उच्च उपज वाले प्रभेदों के साथ चारा बीज का प्रतिस्थापन, चारा बीज बैंक की स्थापना, खेती की मेड़, नहर तथा नदी के किनारे चारा उपयुक्त वृक्षारोपण कर प्रति हेक्टेयर में 2.0 टन अतिरिक्त हरे चारे के उत्पादन को बढ़ाया जा सकता है।

दूध उत्पादन

- संतुलित राशन का आहार या मिश्रित राशन का उपयोग, क्षेत्र विशेष खनिज मिश्रणों का प्रयोग, पशुओं में मद हीनता एवं दोहरे प्रजनन का प्रबंधन तथा लगातार कृमिनाशकों के उपयोग द्वारा भैंस में 15 प्रतिशत तथा गाय में 18 प्रतिशत दूध उत्पादन में वृद्धि संभव है। इस प्रकार, क्षेत्र के अवर्णित पशु इन विधियों के उपयोग द्वारा प्रति वर्ष 3.21 मिलियन टन दूध का अतिरिक्त उत्पादन करने की क्षमता रखते हैं।
- इसी प्रकार, देशी मवेशी एवं भैंस का 3 प्रतिशत की दर से वार्षिक आनुवंशिक सुधार 1.75 मिलियन टन अतिरिक्त दूध उत्पादन प्रति वर्ष कर सकता है।
- संकर गायों के मामले में संतुलित राशन का आहार या क्षेत्र विशेष खनिज मिश्रण को भोजन में मिलाकर परंपरागत विधि की अपेक्षा 20 प्रतिशत अधिक दूध उत्पादन संभव है, जबकि देसी गाय एवं भैंस के मामले नें दूध उत्पादन 15 प्रतिशत तक बढ़ सकता है। पूर्वी क्षेत्र में 80 प्रतिशत गायें अल्पपोषित हैं। अतः, इन विधियों के प्रयोग से दूध का अतिरिक्त उत्पादन 2.76 मिलियन टन तक संभव है।

उपरोक्त वर्णित तीन विधियों के प्रयोग से दूध की अतिरिक्त 7.72 मिलियन टन उत्पादन पूर्वी क्षेत्र में संभव है।

बकरी मांस उत्पादन

- चयनात्मक प्रजनन एवं बेहतर पोषण द्वारा एक वर्ष में बकरे के शारीरिक वजन में 20 प्रतिशत तक सुधार किया जा सकता है। अगर यह माना जाता है कि 50 प्रतिशत बकरों में अंतःप्रजनन को रोका जा सके तो मांस उत्पादन में 0.024 मिलियन टन/वर्ष बढ़ोतरी संभव है।
- कृमिनाशकों का नियमित प्रयोग, पी.पी.आर., टीकाकरण तथा स्वास्थ्यकर प्रबंधन द्वारा डायरिया एवं निमोनिया से बचाव से बकरी के बच्चों में मृत्यु–दर को कम किया जा सकता है। वर्तमान में ग्राम स्तर पर मृत्यु–दर 20 प्रतिशत तक पायी गयी है। स्वास्थ्य देखभाल प्रबंधन के हस्तक्षेप से यह 10 प्रतिशत तक कम किया जा सकता है। फलस्वरूप, मांस उत्पादन 0.025 मिलियन टन प्रति वर्ष बढ़ने की गुंजाइश है।
- बकरों का हलाल कम से कम 9 महीने बाद किया जाय। पूर्वी राज्यों के प्रायः बकरे 4–6 महीने की आयु में हलाल कर दिये जाते हैं। फलस्वरूप, बकरी से मांस उत्पादन घटता है। यदि यह माना जाय कि 40 प्रतिशत बकरियाँ अल्पायु में ही हलाल कर दी जाती हैं तो प्रति बकरी हलाल में 2.0 किलोग्राम मांस की कमी होती है। बकरियों के उचित आयु में हलाल करने की दशा में 0.022 मिलियन टन मांस की बढ़ोतरी की गुंजाइश है।

इन छोटे–छोटे प्रबंधन के तरीकों की सहायता से प्रति वर्ष 0.071 मिलियन टन अतिरिक्त मांस उत्पादन संभव है।

मुर्गा/मुर्गी

- यदि बैकयार्ड मुर्गे के देसी नस्ल को 10 प्रतिशत प्रति वर्ष के हिसाब से उन्नत नस्ल के साथ बदला जाय तथा प्रोबायोटिक एवं प्रीबायोटिक के साथ अनुपूरक किया जाय तो मुर्गे के मांस का उत्पादन 300 ग्राम/मुर्गा बढ़ेगा। फलस्वरूप, प्रति वर्ष 0.001 मिलियन टन अतिरिक्त मुर्गे का मांस उत्पादन संभव है।

- यदि प्रतिवर्ष एक लाख उन्नत कुक्कुट का वितरण हर राज्य में किया जाय तो मांस उत्पादन में 0.08 मिलियन टन की बढ़ोतरी संभव है। ये दो विधियाँ 0.081 अतिरिक्त मुर्गे के मांस उत्पादन को फलित करेंगे।

अंडे

- पोषक तत्वों की पूरकता के साथ देसी नस्ल को उन्नत नस्ल के कुक्कुट में 10 प्रतिशत तक प्रतिवर्ष प्रतिस्थापित करने पर 60 अंडे/मुर्गी/वर्ष अतिरिक्त अंडों का उत्पादन संभव है। इस विधि द्वारा प्रतिवर्ष 180 मिलियन अतिरिक्त अंडा उत्पादन में पूर्वी राज्य सहयोग कर सकते हैं।
- इसी प्रकार, प्रतिवर्ष प्रति राज्य 1 लाख बैकयार्ड कुक्कुट के वितरण से 50 मिलियन अतिरिक्त अंडा उत्पादन होगा।

मछली

- पूर्वी राज्यों में तालाबों एवं टैंकों का कुल क्षेत्रफल 0.668 मिलियन हेक्टेयर है जिसकी औसत उत्पादकता 2.14 टन/हेक्टेयर है जिसमें क्रमशः पश्चिम बंगाल में उच्चतम (2.80 टन/हेक्टेयर) एवं झारखंड में निम्नतम (1.60 टन/हेक्टेयर) उत्पादकता है। तालाबों एवं टैंको से कुल मछली उत्पादन 1.43 मिलियन टन है। तथापि, गुणवत्तापूर्ण मछली बीज और चारा की सुनिश्चित आपूर्ति, इयरलिंग्स का भंडारण, समेकित मछली पालन मॉडलों की पुनरावृत्ति, मछलियों एवं पशुधन/ब्रुड्र्स का उत्तम भंडारण घनत्व तथा पानी के गुणवत्ता के मानकों की निगरानी 3.34 मिलियन टन तक मछली उत्पादन बढ़ा सकती हैं। अतः, 1.91 मिलियन टन अतिरिक्त मछली उत्पादन प्राप्त किया जा सकता है।
- औसतन, क्षेत्र में 4.05 मिलियन हेक्टेयर आर्द्र भूमि क्षेत्र है। यदि कुल आर्द्रभूमि का 20 प्रतिशत क्षेत्रफल मछली पालन के वैज्ञानिक विधियों के अंतर्गत लाया जाता है तो 2.0 मिलियन टन मछली का अतिरिक्त उत्पादन हो सकता है।

❑❑❑

अध्याय 43

संदर्भ

अय्यप्पन, एस. (2010)। द्वितीय हरित क्रांति की रूपरेखा एवं उसका कार्यान्वयन। पूर्वी क्षेत्र के लिए भारतीय कृषि अनुसंधान परिषद का अनुसंधान परिसर, पटना में हुए सम्मेलन में अध्यक्षीय संबोधन, दिनांक 11 दिसम्बर 2010।

अय्यप्पन, एस. (2015)। भारत में हरित क्रांति की स्वर्ण जयंती। अध्यक्षीय संबोधन, 27 नवंबर, 2015 बी.पी. पाल ऑडिटोरियम, भारतीय कृषि अनुसंधान संस्थान, पूसा, नई दिल्ली।

उत्तर प्रदेश सरकार (2014)। सांख्यिकीय सार उत्तर प्रदेश 2013। आर्थिक एवं सांख्यिकी विभाग, राज्य योजना संस्थान, उत्तर प्रदेश, लखनऊ।

ओडिशा सरकार (2015)। ओडिशा आर्थिक सर्वेक्षण 2014–15। योजना एवं समन्वय विभाग, ओडिशा सरकार, भुवनेश्वर।

कुमार, एस.; सिंह, एस.एस.; शिवानी; भट्ट, बी.पी. एवं सिंह, आर.एन. (2013)। समेकित कृषि प्रणाली– एक वृहत दृष्टिकोण। कृषि विभाग, बिहार सरकार द्वारा प्रकाशित, पृष्ठ 333।

कुमार, एल.; गुप्ता, वी.के.; झा, बी.के.; सिंह, आइ.एस.; भट्ट, बी.पी. एवं सिंह, ए.के. (2011)। भारत में मखाना के खेती की स्थिति। तकनीकी पुस्तिका। पूर्वी क्षेत्र के लिए भा.कृ.अनु.प. का अनुसंधान परिसर, पटना द्वारा प्रकाशित, पृष्ठ 31।

कुमार, संजीव; सिंह, एस.एस.; सुन्दरम, पी.के.; शिवानी एवं भट्ट, बी.पी. (2012)। अन–पडल यांत्रिक प्रतिरोपित चावल के उत्पादन तकनीक एवं सस्य प्रबंधन। तकनीकी पुस्तिका। पूर्वी क्षेत्र के लिए भा.कृ.अनु.प. का अनुसंधान परिसर, पटना द्वारा प्रकाशित, पृष्ठ 51।

कुमार, एस.; सिंह, एस.एस.; इदरिस, एम.; कुमार, संजीव; उपाध्याय, ए. एवं भट्ट, बी.पी. (2013)। पूर्वी भारत के सूखा प्रभावित क्षेत्रों में धान की खेती एवं मृदा संरक्षण। तकनीकी पुस्तिका। पूर्वी क्षेत्र के लिए भा.कृ. अनु.प. का अनुसंधान परिसर, पटना द्वारा प्रकाशित, पृष्ठ 41।

कुमार, एस.; शिवानी एवं भट्ट, बी.पी. (2014)। मक्का में सस्य प्रबंधन एवं रबी मक्का उत्पादन की नई तकनीक। तकनीकी पुस्तिका। पूर्वी क्षेत्र के लिए भा.कृ.अनु.प. का अनुसंधान परिसर, पटना द्वारा प्रकाशित, पृष्ठ 43

कृषि एवं सहकारिता विभाग (2012)। कृषि जनगणना 2010–11। कृषि जनगणना विभाग, कृषि एवं सहकारिता विभाग, कृषि मंत्रालय, भारत सरकार, नई दिल्ली, पृष्ठ 87।

कृषि एवं सहकारिता विभाग (2015अ)। कृषि सांख्यिकी 2014। आर्थिक एवं सांख्यिकी निदेशालय, कृषि एवं सहकारिता विभाग, कृषि एवं किसान कल्याण मंत्रालय, भारत सरकार, नई दिल्ली, पृष्ठ 452।

कृषि एवं सहकारिता विभाग (2015ब)। भूमि उपयोग सांख्यिकी– एक नजर 2001–2002 से 2010–2011। आर्थिक एवं सांख्यिकी निदेशालय, कृषि एवं सहकारिता विभाग, कृषि एवं किसान कल्याण मंत्रालय, भारत सरकार, नई दिल्ली, पृष्ठ 125।

केन्द्रीय भूमि जल बोर्ड (2014)। भारत के गतिशील भूजल संसाधन। केन्द्रीय भूमि जल बोर्ड, जल संसाधन मंत्रालय, भारत सरकार, फरीदाबाद, पृष्ठ, 243।

कौशल, डी.के.; चौधरी, बी.के.; शेरी, पी.एम. एवं भट्ट, बी.पी. (2011)। मीठे जल में झींगा *(मैक्रोब्रेकियम रोजेंबर्गी)* पालन के लिए ग्रो–आउट प्रौद्योगिकी। तकनीकी पुस्तिका। पूर्वी क्षेत्र के लिए भा.कृ.अनु.प. का अनुसंधान परिसर, पटना द्वारा प्रकशित, पृष्ठ 12।

खान, ए.आर.; भट्ट, बी.पी. एवं सिंह, ए.के. (2011)। स्थायी खाद्य उत्पादन प्रणाली के लिए संसाधन संरक्षण कृषि– भारत के पूर्वी क्षेत्रों से कुछ अनुभव। तकनीकी पुस्तिका। पूर्वी क्षेत्र के लिए भा.कृ.अनु.प. का अनुसंधान परिसर, पटना द्वारा प्रकाशित, पृष्ठ 62।

खान, ए.आर.; हेरिस, ए.ए.; इदरिस, एम. एवं भट्ट, बी.पी. (2014)। कृषि के सतत उत्पादकता बढ़ाने एवं विविधीकरण के लिए शुष्क भूमि कृषि तकनीक। ट्रेनिंग मैनुअल। पूर्वी क्षेत्र के लिए भा.कृ.अनु.प. का अनुसंधान परिसर, पटना द्वारा प्रकाशित, पृष्ठ 62।

गुप्ता, जे.जे.; सिंह, के.एम.; भट्ट, बी.पी. एवं डे, अमिताभ (2014)। भारत के पूर्वी क्षेत्र में पशुधन उत्पादन प्रणाली पर एक नैदानिक अध्ययन। इंडियन जर्नल ऑफ एनिमल साइंसेस, अंक 84, पृष्ठ 101–106।

छत्तीसगढ़ सरकार (2015)। छत्तीसगढ़ आर्थिक सर्वेक्षण 2014–15। आर्थिक एवं सांख्यिकी निदेशालय, छत्तीसगढ़ सरकार, रायपुर।

झारखंड सरकार (2014)। झारखंड आर्थिक सर्वेक्षण 2013–14। वित्त विभाग, झारखंड सरकार, रांची।

पश्चिम बंगाल सरकार (2008)। जिला सांख्यिकीय हैंडबुक पश्चिम बंगाल 2008। एप्लाइड अर्थशास्त्र एवं सांख्यिकी ब्यूरो, पश्चिम बंगाल सरकार, कोलकाता।

पशुपालन, डेयरी एवं मत्स्य पालन विभाग (2014अ)। 19वां पशुधन जनगणना ऑल इंडिया रिपोर्ट 2012। पशुपालन, डेयरी एवं मत्स्य पालन विभाग, कृषि मंत्रालय, भारत सरकार, नई दिल्ली, पृष्ठ 120।

पशुपालन, डेयरी एवं मत्स्य पालन विभाग (2014ब)। मूलभूत पशुपालन और मत्स्य सांख्यिकी 2014। पशुपालन, डेयरी एवं मत्स्य पालन विभाग, कृषि मंत्रालय, भारत सरकार, नई दिल्ली, पृष्ठ 156।

पशुपालन, डेयरी एवं मत्स्य पालन विभाग (2014स)। मत्स्य सांख्यिकी पुस्तिका 2014। पशुपालन, डेयरी एवं मत्स्य पालन विभाग, कृषि मंत्रालय, भारत सरकार, नई दिल्ली पृष्ठ 166।

पाठक, एच.; भट्ट, बी.पी. एवं गुप्ता, एस.के. (2015)। भारतीय कृषि में जल की स्थिति। राष्ट्रीय कृषि विज्ञान अकादमी, नई दिल्ली द्वारा प्रकाशित, पृष्ठ 102।

भट्ट, बी.पी.; हेरिस, ए.ए.; इस्लाम, ए.; मुखर्जी, जे.; बरारी, एस.के.; दास, बिकास एवं कौशल, डी.के. (2011)। पूर्वी राज्यों में कृषि के अवसर एवं चुनौतियाँ। तकनीकी बुलेटिन संख्या– आर.–31 पी.ए.टी.–20। पूर्व क्षेत्र के लिए भा.कृ.अनु.प. का अनुसंधान परिसर, पटना द्वारा प्रकाशित, पृष्ठ 78।

भट्ट, बी.पी.; हेरिस, ए.ए.; डे, अमिताभ एवं सिंह, के. एम. (2012अ)। पूर्वी क्षेत्र में कृषि विकास हेतु तकनीकी विकल्प। बुलेटिन संख्या– आर.–35 पी.ए.टी.–23। पूर्वी क्षेत्र के लिए भा.कृ.अनु.प. का अनुसंधान परिसर, पटना द्वारा प्रकाशित, पृष्ठ 99।

भट्ट, बी.पी.; आवो, आलेमला; साहू, बी. एवं आमेनला, आइ. (2012ब)। चावल एवं खाद्य सुरक्षा। टुडे एंड टुमारो प्रिंटर्स एवं पब्लिशर्स, नई दिल्ली द्वारा प्रकाशित, पृष्ठ 252।

भट्ट, बी.पी.; सिक्का, ए.के.; मुखर्जी, जे.; इस्लाम, ए. एवं डे, अमिताभ (2013)। पूर्वी क्षेत्र में कृषि विकास की स्थिति। पूर्वी क्षेत्र के लिए भा.कृ.अनु.प. का अनुसंधान परिसर, पटना द्वारा प्रकाशित, पृष्ठ 519।

मीणा, एम.एस.; सिंह, के.एम. एवं भट्ट, बी.पी. (2015)। कृषि में जल प्रबंधन। नरेंद्र पब्लिशिंग हाउस द्वारा प्रकाशित।

मीणा, एम.एस.; सिंह, के.एम.; भट्ट, बी.पी. एवं कुमार, यू. (2013)। एकीकृत कृषि प्रणाली में जेंडर परिप्रेक्ष्य। ट्रेनिंग मैनुअल। पूर्वी क्षेत्र के लिए भा.कृ.अनु.प. का अनुसंधान परिसर, पटना द्वारा प्रकाशित, पृष्ठ 244।

रहमान, ए. एवं भट्ट, बी.पी. (2014अ)। पूर्वी भारत में भूजल पम्पिंग प्रणाली के लिए सौर फोटोवोल्टिक का डिजाइन दृष्टिकोण। करंट वर्ल्ड एन्वारमेंट, अंक 9, पृष्ठ 426–429।

रहमान, ए. एव भट्ट, बी.पी. (2014ब)। पूर्वी भारत में सौर ऊर्जा भूजल पंप का स्कोप। दि इकोस्केन, अंक 8, पृष्ठ 121–125।

राष्ट्रीय बागवानी बोर्ड (2015)। भारतीय बागवानी डाटाबेस 2014। राष्ट्रीय बागवानी बोर्ड, कृषि एवं किसान कल्याण मंत्रालय, भारत सरकार, नई दिल्ली, पृष्ठ 286।

राष्ट्रीय कृषि विज्ञान अकादमी (2013अ)। पूर्वी भारत के बाढ़ तथा सूखा प्रभावित क्षेत्रों में जल उपयोग क्षमता। नीति पत्र– 60, राष्ट्रीय कृषि विज्ञान अकादमी, नई दिल्ली द्वारा प्रकाशित, पृष्ठ 20।

राष्ट्रीय कृषि विज्ञान अकादमी (2013ब)। धान परती भूमि की उत्पादकता में सुधार। नीति पत्र सं.– 64, राष्ट्रीय कृषि विज्ञान अकादमी, नई दिल्ली द्वारा प्रकाशित, पृष्ठ 16।

लाइक, रंजन; शर्मा, शीतल; इदरिस, एम.; सिंह, ए.; सिंह, एस.एस.; भट्ट, बी. पी.; सहरावत, यशपाल; हम्फ्रे, ई. एवं लाधा, जे.के. (2014)। भारत के पूर्वी भारत–गंगा के मैदानों में चावल–गेहूं रोटेशन प्रणाली के प्रदर्शन में सुधार के लिए अच्छे प्रबंधन के तरीकों के साथ संरक्षण कृषि का एकीकरण। कृषि, पारिस्थिकी एवं पर्यावरण, अंक 195, पृष्ठ 68–82।

सामरा, जे.एस.; साहू, एन.; रॉय चौधरी, एस.; मोहंती, आर.के.; जेना, एस.के. एवं वर्मा, एच.एन. (2003)। पूर्वी भारत के जल जमाव क्षेत्रों के लिए सतत एकीकृत कृषि प्रणाली। तकनीकी बुलेटिन संख्या 14। जल प्रबंधन निदेशालय, चंद्रशेखरपुर, भुवनेश्वर द्वारा प्रकाशित, पृष्ठ 24।

सिक्का, ए.के.; भटनागर, पी.आर.; हेरिस, ए.ए.; कौशल, डी.के.; प्रसाद, एल. के.; डे, ए.; रेड्डी, ए.आर. एवं कुमार, यू. (2010)। पूर्वी भारत में बहु–जल उपयोग प्रणालियों के माध्यम से जल जमाव क्षेत्रों का अधिकाधिक उपयोग। तकनीकी बुलेटिन संख्या–आर.–24 पी.ए. टी.–14, पूर्वी क्षेत्र के लिए भा.कृ.अनु.प. का अनुसंधान परिसर, पटना, पृष्ठ 12।

हेरिस, ए.ए.; बिश्वास, एस.; छाबड़ा, वी.; ईलेंचेजियन, आर. एवं भट्ट, बी.पी. (2013)। उप–आर्द्र जलवायु पर्यावरण में गेहूं तथा सर्दियों के मक्का पर जलवायु परिवर्तन का प्रभाव। करंट साइंस, अंक 104, पृष्ठ–206–214।

❑❑❑